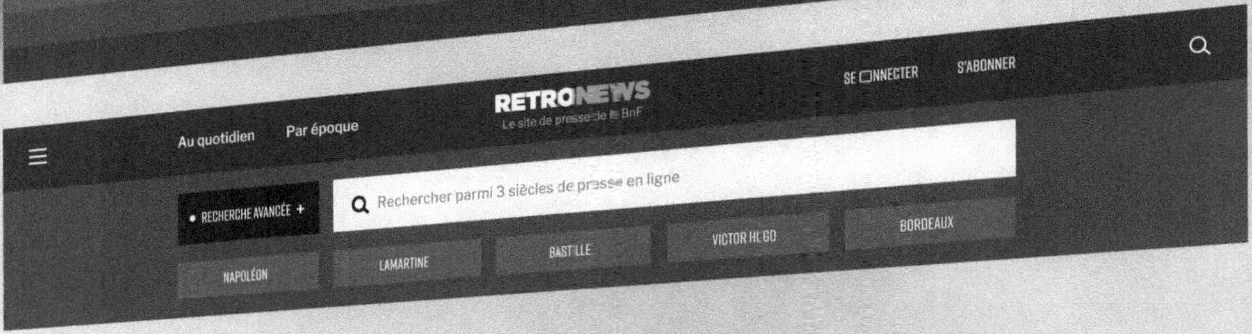

ARCHIVES
DES
DÉCOUVERTES
ET
DES INVENTIONS NOUVELLES.

On trouve aux mêmes adresses:

ARCHIVES DES DÉCOUVERTES ET DES INVENTIONS NOUVELLES FAITES PENDANT LES ANNÉES 1809, 1810, 1811, 1812, 1813, 1814, 1815, 1816, 1817, 1818, 1819, 1820, 1821, 1822, 1823, 1824, 1825 et 1826, à raison de 7 fr. le volume.................. 126 fr.

ARCHIVES
DES
DÉCOUVERTES
ET
DES INVENTIONS NOUVELLES,

Faites dans les Sciences, les Arts et les Manufactures, tant en France que dans les Pays étrangers,

PENDANT L'ANNÉE 1827;

Avec l'indication succincte des principaux produits de l'Industrie française; la liste des Brevets d'invention, de perfectionnement et d'importation accordés par le Gouvernement pendant la même année, et des Notices sur les Prix proposés ou décernés par différentes Sociétés savantes, françaises et étrangères, pour l'encouragement des Sciences et des Arts.

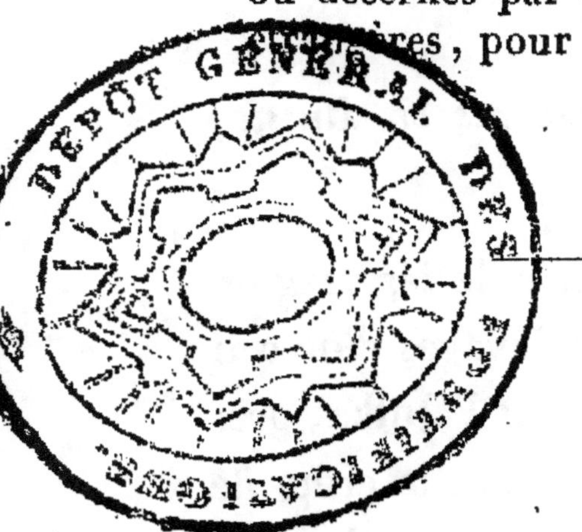

PARIS,

Chez TREUTTEL et WÜRTZ, rue de Bourbon, n° 17;
ET MÊME MAISON DE COMMERCE,
A STRASBOURG, rue des Serruriers, n° 30;
A LONDRES, 30, Soho Square.

M. DCCC. XXVIII.

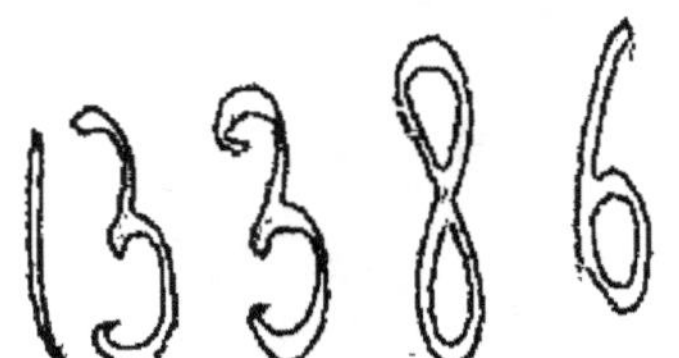

ARCHIVES
DES DÉCOUVERTES
ET
DES INVENTIONS NOUVELLES.

PREMIÈRE SECTION.
SCIENCES.

I. SCIENCES NATURELLES.

GÉOLOGIE.

Géologie d'une partie des monts Ourals en Russie; par M. MENGE.

A NIJNÉ-TAGILSKOI, il y a une butte de fer magnétique, des minerais de cuivre et des lavages d'or qui donnent une livre d'or par semaine. Sur l'Outka, près Outkinskoi, il y a du schiste argileux, et la crête de l'Oural est composée de serpentine. Au pied de la serpentine du mont Pugina, reposant sur du talc-schiste, il y a, sous la terre végétale, du platine, de l'or et du plomb natif dans un talc-schiste décomposé; 40 quintaux donnent une demi-livre de platine et d'or. La serpentine contient du fer magnétique et peu de platine sans or. Sur le côté est de Pugina, la serpentine passe à l'euphotide et à la diabase : le platine se retrouve dans cette dernière roche, à 30 verstes plus au nord, près Baronschah, et il y gît dans un porphyre vert reposant sur du calcaire bleu, à Kouschvinskoi près Tourinskoi. Le mont Gorablagodatt, à sept milles de Kouschvinskoi, est composé de fer oxidulé ; il a 400 pieds de haut, et s'élève au milieu du diabase. Il y a là du pyroxène, de la sodalite, un amygdaloïde granatifère à amandes de spath calcaire et de paranthine. Le long de la Vilva, à trois milles de Nijné-Tourinskoi, il y a de la serpentine et une couche talqueuse remplie d'or, de fer oxidulé, de fer oligiste, et rarement de platine. L'or se trouve dans l'Oural, dans de petits filons pyriteux de la diabase, et dans des filons quartzeux à pyrites, des schistes argileux et talqueux. Plus le pyrite a passé à l'état d'hydrate, plus il y a d'or. On exploite l'or à Beresovsky et Nerviansky, sur les filons quartzeux. La magnésie abonde dans toutes les roches métallifères, entre Jékatarinebourg et Bogoslowsky, à l'exception du cuivre, qui est près d'un calcaire grenu, ou entre ce calcaire et un schiste talqueux et argileux, comme à Polioskoi, à 50 verstes sud de Jékatarinebourg ; ailleurs ils sont entre le calcaire et le grunstein, comme à Bogoslovsky. Dans cet endroit, les roches de grenat accompagnent le cuivre, et la chaux carbonatée magnésifère abonde. A Beresovsky, l'oxide de chrôme est mêlé au plomb chromé; ce dernier remplace quelquefois des cristaux de spath magnésien. Tout le terrain de Beresovsky est de schiste talqueux entouré de serpentine, et traversé de réseaux aurifères. Au nord du Jekatarinebourg, l'Oural ne paraît pas contenir de grès. Le côté ouest de l'Oural est composé de schiste argileux; la crête est serpentineuse, et le versant est feldspathique et talqueux; et plus loin vient une zone granitique fort basse, et qui a 200 milles de long. On la connaît à Miask, Mourzinsk, où il se trouve des topazes, des bérils, des améthystes, des tourmalines, des grenats, etc. Il y a du grunstein à Alapaievsk, et à Souvoski commence le pegmatite de Mourzinsk. Le mont ferrifère de Nijné-Tagilskoi appartient à la formation du siénite aurifère. Il est curieux que l'or et le platine ne se trouvent que très près de la surface terrestre, et l'argent, le cuivre, le fer fort avant dans la terre. (*Zeitschr. for Mineralogie*, septembre 1826.)

Géologie de l'Amérique méridionale au nord de l'Amazone et à l'est du méridien de la Sierra-Nevada de Merida; par M. DE HUMBOLDT.

Il y a dans l'Amérique méridionale une seule grande chaîne, savoir, les Cordillières et trois groupes de montagnes, savoir : les montagnes du Brésil, les montagnes de la Parima ou de l'Orénoque, et la Sierra-Nevada de Santa-Marta. Entre ces élévations du sol se trouvent les immenses plaines de la rivière des Amazones et de celles qui s'étendent depuis les pampas de la république de Buénos-Ayres et du Paraguay jusque dans les bassins de l'Amazone et de l'Orénoque. Toutes les fois que, dans les Andes, entre les 8° latitude sud et 21° latitude nord, les cimes dépassent 2,470 toises, le trachyte les compose, et les roches primitives disparaissent. Les Cordillières ont l'allure d'un filon qui se renfle et se divise çà et là pour ne reformer plus loin qu'un seul filon. La largeur moyenne des Andes est de 18 à 20 lieues. Le plateau du Mexique offre un exemple de l'axiome que tout nœud ou élargissement d'une chaîne offre des sommités dont l'agroupement est indépendant de la direction générale de l'axe. Entre 11 et 16° de latitude, sont les volcans de Nicaragua et de Guatimala, et entre 16 et 18°, les granites-gneiss d'Oaxaca; entre 18 et 19° et demi, le nœud trachytique d'Anahua et les volcans enflammés: les montagnes du Brésil, beaucoup plus basses que les Andes, n'ont pas leurs plus hautes sommités près de l'Océan, comme c'est le cas dans les Andes.

Les montagnes sont tantôt semblables à des filons, et tantôt à un amas irrégulier de crevasses. La Sierra-Parima est principalement de granite-gneiss, et il n'y a que quelques lambeaux d'agglomérats secondaires. La même formation domine dans la Cordillière du littoral de Vénézuela. Le granite véritable appartient partout au bassin du lac de Valencia. Le mica-schiste domine dans la péninsule d'Araya et le groupe de Macanao, et il passe au schiste à l'est de Maniguarez. Au sud de la ville de Cura, il y a un terrain intermédiaire de grunstein, de serpentine, de calcaire carburé et de schiste. Au sud sont des roches volcaniques, et entre Parapara, Ostiz et Cerro de Floris, des roches pyroxéniques et phonolitiques ont traversé les roches intermédiaires. Le calcaire s'étend à l'est du cap Unase jusque vis-à-vis la Trinité, au golfe de Paria, où il y a du gypse à soufre. Le calcaire existe aussi dans la montagne de Paria et près de Carupano. Le calcaire est en partie jurassique et en partie du calcaire compacte semblable à celui des Alpes, et il contient, comme en Europe, du gypse. Il y a des grès quartzeux secondaires, récens sur le calcaire de Cumanacoa, de l'argile muriatifère sur la péninsule d'Araya; des agglomérats calcaires, du calcaire et des marnes à sélénites forment le terrain tertiaire de Cumana, d'Araya, de Cariaco, de Cebo-Blanco et Porto-Cabello. Les laves n'offrent qu'un agglomérat argilo-ferrugineux et quartzeux de calcaire compacte, entre Timeo et Calobozo, et des alternats de marne et de gypse. Les dépôts sont placés dans leur ordre de succession de bas en haut. Il y a des rochers quartzeux bizarres, au nord des steppes de Calobozo. Le terrain tertiaire s'élève à 200 toises. Le grès alterne avec le calcaire de Cumana à 550 toises, le calcaire de Coriqua à 750, le calcaire de Cumanacoa à 1050, et le gneiss à 1300 et 1350 toises.

Le terrain granitique de la Parima s'étend fort loin; les gneiss vont jusque dans la Guyane française. Il y a des dionites en boules près de Muitaco, superposées au granite-gneiss. Le pétrole sort du mica-schiste du golfe de Cariaco, et du calcaire secondaire sur l'Aréo.

Les sources chaudes de Vénézuela sont dans les roches primitives. Le gneiss mica-schiste domine dans les Cordillières du littoral. Les grès des lanos contiennent des fragmens de bois monocotylédons et des masses de fer brun, et ressemblent aux nagelfluhs de la Suisse.

Le sol tertiaire est très complexe : ce sont des calcaires coquilliers, des brèches coquillières, des grès calcaires et des marnes à sélénites. Ce terrain s'étend au loin entre Carthagène des Indes et la Cerro de la Popa. Les coquillages de ces calcaires se retrouvent dans la mer des Antilles. Les phonolites surmontent les basaltes du Mexique. (*Extr. des Voy. aux régions équinox.*, vol. x.)

Géologie du détroit de Behring.

Dans la Nouvelle-Californie, la pointe nord est composée de serpentine diallagique. L'île d'Unalaschka est composée de granite et de porphyre, et il n'y a que des roches primaires dans le Kamtschatka, les îles Aléoutes et la côte nord-ouest de l'Amérique. A Unalaschka il y a aussi un grès secondaire ancien, avec des porphyres et des amygdaloïdes. Au havre appelé *Capitaine*, il y a encore des phonolites et des basaltes. Il y a des amygdaloïdes et des porphyres sur les bords des baies de Saint-Pierre et de Saint-Paul, dans le Kamtschatka. Il y a du calcaire grenu micacé dans le micaschiste de la baie Saint-Laurent, sur la côte des Tschutkes, et vis-à-vis, dans le sund de Kotzebue. Les roches du détroit de Behring se correspondraient donc; et ses bords, élevés à l'est et bas à l'ouest, ressemblent à ceux d'un fleuve. Dans le sund de Kotzebue, il y a du porphyre siénitique, et sur la côte nord d'Unalaschka des cailloux de gneiss-ménite, roches qui pourraient supporter celles des îles Aléoutiennes. Le bassin entre ces îles et la nouvelle Californie aurait un fond primitif, et serait rempli de roches secondaires. Des îles volcaniques sont au devant du détroit de Behring, comme devant tant d'autres fentes. (*Zeitschrift fur mineralogie n°* 7, 1825.)

Géologie d'une partie des Etats-Unis d'Amérique; par M. KEATING.

Derrière Philadelphie, le calcaire et le quartz prennent la place des roches primitives, et en deçà de Lancaster les roches deviennent toujours plus schisteuses en approchant de la Susquéhanah. Sur le côté est de cette rivière, le calcaire et le grès rouge alternent avec du schiste rouge; le calcaire cède la place aux roches cristallines, à Millerstown, qui est sur la côte est de la dernière chaîne orientale des Alleghanis. Il y a, près de là, des traces de couches cuivreuses, et du marbre à Boonsborough. Le terrain houiller domine du Cumberland à Wheeling, où il y a souvent des embrasemens. Il y a des sources salées près de Zanesville et le long du Muskingum. Entre Columbus et Piqua, le sol alluvial est couvert de terre noire; et le plateau marécageux et couvert jadis d'eau est à 350 p. au-dessus du lac Erié, et à plus de 900 p.

au-dessus de la mer. Le plateau qui sépare les eaux du golfe du Mexique de celles des lacs est alluvial et couvert de bois ou de prairies basses; des blocs primitifs y abondent çà et là. Près de Chicago il y a du calcaire coquillier horizontal, qui reparaît dans la vallée de Rocky-River; des morceaux de cuivre existent sur le bord du lac Michigan. En approchant du Mississipi, le terrain devient plus montueux; un grès blanchâtre horizontal couvre le calcaire, et forme des buttes isolées. Le sable de la rivière contient des agates, près du lac Pepin. En remontant du fort Saint-Antoine, la rivière Saint-Pierre, on rencontre des blocs granitiques, puis quelques roches granitoïdes à tourmaline. Les sources du Mississipi, du Nelson et Saint-Laurent sont sur un plateau peu élevé. Jusqu'au lac de Winnepeck on ne voit que des alluvions, ou des sables; ce lac est sujet à des crues subites, ou à des sèches comme celui de Genève. L'embouchure du fleuve Winnepeck est granitique; ses bords offrent alternativement du gneiss, du mica-schiste ou du granite à veines feldspathiques; depuis le lac Bonnet, la rivière de Winnepeck est divisée en beaucoup de lacs placés en étages, les uns au-dessus des autres, et de cent verges à trois ou quatre milles de largeur. Tout le pays autour du fleuve paraît avoir été un grand lac, et il est couvert de blocs primitifs venus du lac des Bois, des rivières Saint-Pierre et Winnepeck, etc. Le lac des Bois est entouré de roches primitives. En remontant le Rainy-River on retrouve du mica-schiste et de la sienite. Le lac de Rainlike a beaucoup d'îles composées de mica-schiste et de granite; vers le Saint-Laurent, le mica-schiste passe au schiste argileux, et à la cascade Kakabika le schiste horizontal alterne avec du grauwacke et des grès à pyrites. Sur le côté nord du lac supérieur, l'auteur indique le schiste vertical au fort William, plus à l'ouest, du granite; de la wake près de Michipicotton, du schiste et du granite; à cinq milles à l'est, des roches talqueuses et amphiboliques s'associent au granite. Il y a du cuivre pyriteux épars. Entre Sault de Sainte-Marie et le fort Brady, le grès rouge horizontal domine et s'étend sur le côté sud du lac. (*Extrait d'une relation de voyage de l'auteur, entrepris en* 1823.)

Géologie d'une partie du Brésil; par MM. Spix *et* Martius.

Il y a des bas-fonds le long de la côte du Brésil, entre Bahia et Todos-os-Santos, le Rio Grande et les îles de Trinidad et de Martin Vas. L'eau de la baie de Rio-Janeiro est moins salée que celle de l'Océan. Le lac Camorin, au pied des monts granitiques de Gavia, est salé. Le Corcodavo, derrière la ville, a 2000 pieds de haut, et le Serra-dos-Orgaos 5 à 6000 pieds : toutes ces montagnes traversant le Cante-Gallo et s'étendant à Bahia-el-Santos, sont composées de granite et de gneiss; elles ne s'élèvent, le long de la côte, qu'à 4000 pieds, et sont couvertes d'une couche puissante d'argile ferrugineuse aurifère. Le terrain de Rio contient du quartz rose, du schorl, du béril, de l'apatite, de l'andalousite, de la dichroïte, du titane, du fer spathique et hydraté, du molybdène, etc. La Serra-d'Estrella s'élève à 3376 pieds sur la mer. Le granite et le gneiss s'étendent jusqu'à Soumidouro, et forment des montagnes près de Santa-Cruz et derrière Retiro. Le gneiss passe au mica-schiste derrière Bananal. La troisième crète, le Moro-Formoso, sur la frontière des provinces de Rio à Santo-Paulo, est composée de granite à fer hydraté. Au-dessus de Santa-Anna das Aureas, il y a du gneiss; et dans la vallée de Paraïba, beaucoup de blocs primitifs comme dans la Lombardie. Aldea da Escada est au pied d'une chaîne de gneiss schorlifère. Un grès rouge, alternant avec de l'argile, se montre avant Mogy das Brucas, à 2 milles de Taranna. Le Cubatao, entre Santos et Santos-Paulos, s'élève à 3000 pieds au-dessus de la mer. Autour du Santo-Paulo, le grès domine et recouvre le gneiss. Au-dessous du grès, il y a de la lithomarge rouge, jaune ou bleue, dépôt étendu qui se trouve à Poranongaba et Minas-Geraes, et qui est aurifère. Au mont Jaragan, près de Saint-Paul, il y a des lavages d'or, faits avec des grès grossiers et ferrugineux. Autour de Saint-Roque, règne le grès ferrugineux et grossier; à Ypanama il y a du fer oxidulé; dans le mont Avrassojava, qui s'élève à 1000 pieds sur le Rio Ypanama, ce minerai est en amas et filons dans un grès quartzeux, quelquefois poreux, et à druses calcédoniques. A Porto-Feliz, sur le Rio-Rietas, et à Yta il y a des rochers du même grès; il y a aussi près d'Yta du calcaire compacte, bleuâtre; en deçà de Tecte on se retrouve dans le granite, qui compose un plateau entre

Jundiahy et Minas, et contient de la siénite. Au nord de Camandacaya la même formation domine. A deux journées ouest de Mundo, il y a une source sulfureuse; à deux milles au nord de Rio-Serro, commencent les lavages d'or, et le mica-schiste quartzeux. Le granite forme la vallée entre les chaînes de Saint-Conzalo et de Paciencia, et l'or s'y rencontre dans des filons de quartz. A Corrego dos Pinheros commencent les roches talco-quartzeuses qui forment la Serra-Branca, la Serra das Lettras et Serra Mantiqueira, la Serra-Negra, da Canastra, da Marcella et dos Christaes; les monts Pyreneos, etc., et qui sont aurifères. Ces roches reposent sur du schiste argileux à Capivery. Le Morro de Born-Fin est composé de roches quartzeuses. Sur le fleuve Paraopeba, les lavages d'or donnent beaucoup de sable ferrifère, du chrôme et du manganèse. La Serra da Congordas et Morro de Solidade sont formés de mica-schiste quartzeux et de talc-schiste à fer oxidulé. Près Rodeio, la Serra da Oura-Branco a pour noyau les mêmes roches, et contient des couches de fer oligiste micacé. (*Extrait d'un voyage des auteurs, entrepris dans les annnées* 1820 *à* 1823.)

Géologie des terres Arctiques.

Les roches, pierres et autres minéraux trouvés pendant le troisième voyage du capitaine *Parry* ont été soumis à l'examen du professeur *Jameson*, d'Édimbourg; il a tiré de cet examen plusieurs conclusions intéressantes pour l'histoire ancienne du globe. Il pense que les roches primitives et secondaires, généralement placées ici dans un ordre analogue à celui qui règne partout, supportaient autrefois des roches tertiaires placées dans les creux et dans les plaines; que toute cette masse contiguë à un continent de l'Amérique a dû être brisée par une cause violente, et réduite à sa forme insulaire actuelle.

Avant que la formation des charbons de terre fût déposée (comme, par exemple, à l'île Melville), les collines primitives nourrissaient une riche et abondante végétation, surtout de plantes cryptogames et de fougères arborescentes dont les prototypes ne se retrouvent plus aujourd'hui que dans les régions tropiques du globe.

Les coraux fossiles du calcaire secondaire indiquent aussi qu'avant, durant et après la déposition des couches de charbon de terre, les eaux de l'Océan étaient tellement constituées, qu'elles contenaient des polypiers ressemblant de très près à ceux des mers équatoriales.

Avant et pendant la déposition des couches tertiaires, ces régions, aujourd'hui glacées, nourrissaient des forêts d'arbres de dicotylédones, trouvées en rapport avec ces couches dans la baie de Baffin, dans l'île de Melville, dans celle de Brian Martin et au cap York.

Ces terres arctiques sont, au surplus, riches en minerais de fer magnétique, rhomboïdal et prismatique, en pyrites de cuivre, en titanium, en graphite et en beaux cristaux de roche. (*Nouv. Ann. des Voyages*, *août* 1826.)

Dépressions que la surface du globe éprouve entre les chaînes de montagnes; par M. Andréossi.

L'auteur trouve que ces dépressions, considérées topographiquement, sont toujours comprises entre quatre cours d'eau, opposés deux à deux, qui se réunissent latéralement aussi deux à deux, pour se rendre, par un cours commun, dans leurs récipiens respectifs, sans toutefois qu'elles donnent origine à ces cours d'eau; différentes en cela des côtes, qui sont aussi des dépressions dans le faîte d'une chaîne principale, mais à l'origine de deux cours d'eau opposés; et ce caractère les fait aisément reconnaître sur les cartes où les rivières sont bien indiquées; ces dépressions sont limitées dans l'espace, par une courbe concave, dont le point le plus bas est en même temps le point le plus élevé d'une courbe convexe, perpendiculaire à la première, et le point où ces deux courbes se rencontrent, est le point de partage des canaux navigables.

Le fond de la mer a aussi ses dépressions, comme la surface des continens, et tel est le fond du détroit du Pas-de-Calais; le point qui correspond à la profondeur de seize brasses, en fait le seuil; à partir de là, dans les deux directions, la mer devient à la fois plus profonde et plus large, et si les eaux s'abaissaient de 62 brasses, on aurait découvert entre la France et l'Angleterre une dépression semblable à celle qui sépare les Vosges du Jura. Les rivières qui maintenant se jettent de part et d'autre dans cette mer, se réuniraient deux à deux, en suivant les lignes de la plus grande pente, dans un canal commun.

Si, au contraire, les eaux s'élevaient de 200 mètres, et de manière à recouvrir la dépression que l'on observe entre la montagne Noire, qui est une branche des Cévennes, et le revers de la chaîne secondaire des Pyrénées, dépression où est le point de partage du canal de Languedoc, elle deviendrait un détroit maritime plus ou moins semblable à celui de Calais.

Après ces considérations purement topographiques, l'auteur traite des dépressions sous le point de vue minéralogique. Ayant examiné celle où est le point de partage du canal de Languedoc, et qui est formée par les branches des Cévennes et des Pyrénées, il a trouvé, du côté des Cévennes, des granites, des gneiss, des marbres salins, des schistes, etc.; du côté des Pyrénées, des grès à pâte calcaire, des marnes arénacées, des poudingues à pâte marneuse, et dans l'intervalle déprimé des terrains, des sédimens ou molasses contenant du calcaire commun.

La dépression entre les Vosges et le Jura lui a offert des phénomènes analogues; du côté des Vosges sont des porphyres, des grauwackes, des grès rouges; du coté du Jura, des calcaires de différentes sortes, et le calcaire oolitique du Jura forme encore le seuil de la dépression, et y est superposé aux terrains des Vosges.

M. *Andréossy* conclut de ces circonstances, que ces dépressions de la surface du globe ont été produites par des courans qui ont agi dans deux sens différens;

et il considère l'ensemble des cours d'eau du globe comme l'image du ruissellement des eaux à l'époque où les continens ayant été mis à découvert, elles se précipitèrent vers le récipient commun. (*Analyse des travaux de l'Académie royale des sciences, pour l'année* 1826.)

Dépôts remarquables de tourbes; par M. Binge.

Il y a entre Travemunde et Niendorf une tourbière qui est à 34 à 36 pieds au-dessus de la Baltique, et qui a 60 ou 64 pieds de large, et de demi-pouce à 4 pouces d'épaisseur. Une marne la recouvre et la supporte. Il y a des cailloux dans la tourbe, qui offre aussi des restes d'arbres et des coquillages d'eau douce. En deux ans l'aspect de cette tourbière était changé, et elle s'était affaissée. On voyait bien que les mousses contribuaient à sa formation. Sur le même rivage, il y a, à demi-heure de Travemunde, une tourbière de 28 à 30 pieds au-dessus de la mer; elle a 70 pieds de large et 2 pieds d'épaisseur. Elle a le même gisement; elle s'était aussi affaissée comme l'autre, et était couverte de débris. Les environs sont remarquables par la quantité de blocs de siénite, de granite, de porphyre et de trapp. Il y a un bloc granitique de 20 pieds du rivage dans la mer, et il y a quelques dizaines d'années qu'il était sur la terre ferme. Le rivage offre encore du sable ferrifère et des belemnites. Pendant un ouragan, les vagues ont poussé si violemment des glaçons, qu'un bloc énorme a été lancé sur un rivage de 30 pieds de hauteur.

Quatre chevaux auraient pu seuls mouvoir cette masse. (*Schriften der Mineral.*, *Gesellschaft in Jena*, 1825.)

Sur le phonolite du pays de Fulde ; par M. Léonhard.

Le grès bigarré et le muschelkalk, avec le basalte et le phonolite, composent l'ancien pays de Fulde. Les phonolites forment une série de cônes, ou une ligne ou fente, courant du sud-ouest au nord-est. Ces roches s'élèvent de la plaine, ou couronnent les plateaux basaltiques. Des filons basaltiques les traversent au Pferdekopf, et près de ces masses le phonolite prend un aspect trachytique. Des fragmens de gneiss se rencontrent dans le basalte de Kalvarienberg, près de Fulde. Les cônes phonolitiques, ou partie columnaire, ont des formes grotesques; le grès bigarré et horizontal est fort incliné, et çà et là fendillé; le muschelkalk est moins étendu; il entoure les cônes, et il paraît avoir été soulevé et altéré au mont Eube. Cette roche contient de l'argile à gypse fibreux, à Ginfeld et à Schekaw, et elle offre çà et là de fortes inclinaisons. Entre cette dernière commune et Kleinsassen, il y a du basalte à amphibole et du tuf basaltique, çà et là stratiforme. Cette espèce de pépérino renferme, dans une pâte cendrée et rougeâtre, des morceaux de phonolite altéré à mica et à amphibole, du feldspath bibinaire, du mica, de l'amphibole, du pyroxène, de l'olivine, du fer magnétique, du titane oxidé, du quartz, du basalte, de la wake, du grès, de l'argile, du mica-schiste, du gneiss, de la chlorite schisteuse, des masses feldspathiques vitrifiées, des fragmens presque poreux, et du calcaire. L'auteur regarde cette brèche comme soulevée, et formée en même temps que le cône phonolitique du Milseberg. Une autre brèche basaltique à amphibole, olivine, grès et calcaire, ressort près du basalte de Wadberg. Il y a des blocs de porphyre épars à Sessen. Le Stillberg est phonolitique; le Stein est remarquable par ses colonnes et ses fentes; le Pferdekopf est une masse phonolitique, entourée de basalte. Entre ce cône et l'Eube, il y a un enfoncement cratériforme; d'où s'élève une pointe tronquée de basalte. Le phonolite y passe en trachyte, et cette dernière roche a été découverte jusqu'à présent au Hoheberg, près de Francfort, et à Sponeiche. Le basalte est poreux autour du cratère, et contient de la chabasie; des tufs à bolaires rougeâtres et gris, ou noirs, couvrent le fond et les côtés de la cavité, et renferment de l'amphibole dodécaèdre et de l'augite triunitaire. (*Zeitschr. fur mineralogie*, février 1827.)

Sur les volcans éteints de l'Eiffel et des bords du Rhin; par M. VANDERWYCK.

Les volcans du Rhin sont fort bas; la plus haute cime volcanique ne s'élève qu'à deux mille pieds au-dessus de la mer. Le lac de Laach n'est pas le résultat de l'écroulement d'un volcan; c'est un ancien cratère : il était le centre d'action d'un grand nombre de volcans, et qui forment autour de lui comme des rayons. Dans l'Eiffel, les volcans ne sont pas liés ensemble de la sorte; plusieurs éruptions y ont été sous-marines. Un courant d'eau, allant de l'ouest à l'est, a détruit en partie les volcans du Rhin et de l'Eiffel. Il y a des agglomérats volcaniques déposés par l'eau entre Daun, Mehren et Schalkermehren. Le trass de Brohlthal a été arrangé par l'eau; des marnes recouvrent les dépôts volcaniques, et alternent avec les plus récens. L'auteur distingue sur les bords du Rhin plusieurs dépôts aqueux. L'un a formé l'argile des bords du lac de Laach, les grès de Rieden, le tuf volcanique entre Wehr et Rieden, et un autre plus récent, le trass à impressions de feuilles d'arbre, et le tuf calcaire de Brohlthal. Il montre qu'un courant arrivé de l'ouest a formé des dépôts de sable, d'agglomérats, etc., avec des rochers détruits du voisinage. Les vallons en forme de bassin sont d'anciens cratères: les éruptions sous-marines sont indiquées par les *maares*. Le mont basaltique, le plus haut dans l'Eiffel, est le Acht, près de Kaltenbron. Un district basaltique considérable sépare les volcans de l'Eiffel et du Rhin, et il ne présente qu'une seule éruption récente à Boos. Au milieu des volcans de l'Eiffel, il y a un seul cône basaltique, l'Arnolshusberg. Dans le district volcanique du Rhin, dont le Mayenfeld fait partie, il n'y a point de masse soulevée; mais entre Rieden et Kempenich, il y a des volcans et des trachytes qui se lient aux masses soulevées des deux bords du Rhin, et même du Westerwald. Sur les bords du Rhin, la ponce distingue les volcans éteints, et le pyroxène ceux de l'Eiffel: les laves, les scories et les masses rejetées de ces deux contrées sont différentes. Dans l'Eiffel, ce sont des grès, des schistes, etc., scorifiés; sur le Rhin des basaltes. Les basaltes soulevés offrent aussi des différences. (*Bulletin des des Sciences naturelles*, avril 1827.)

Abaissement du niveau du lac Souwando, en Russie.

Le lac Souwando, situé dans le gouvernement russe de Wiborg, a près de quarante verstes de long. Avant l'année 1818, il était séparé du lac Ladoga par un espace d'un verste, sur lequel s'élevait une colline sablonneuse. Ses eaux surabondantes s'écoulaient dans la rivière de Wuoxa, qui unit le lac Saima avec le Ladoga. Le 14 mai 1818, les eaux du Souwando, gonflées par le dégel et par les tempêtes, se précipitèrent sur la digue naturelle qui les séparait du Ladoga, ruinèrent la colline de sable, la firent écrouler, entraînèrent les terres d'alentour, et firent disparaître à jamais la barrière qui séparait les deux lacs. Une chapelle et une maison de paysan furent englouties avec les champs et les prés; les eaux du Ladoga se troublèrent, et se couvrirent de débris; le niveau du Souwando baissa de douze archines et demie; sa longueur n'est plus que de quinze verstes. Au lieu de fournir des eaux à la Wuoxa, comme auparavant, il se jette actuellement, par un profond canal et par cascades, dans le Ladoga. L'agriculture profite déjà des terrains abandonnés par l'eau, et depuis la disparition de la colline, et la réunion des deux lacs, le paysage s'est agrandi et embelli. (*Abeille du Nord*, n° 9, 1826.)

Caverne à ossemens fossiles, découverte à Osselles, près Besançon ; par M. Buckland.

La caverne d'Osselles est de même ordre qu'un grand nombre d'excavations, dont les montagnes de la Hongrie, de l'Allemagne, et d'une partie de la France et de l'Angleterre, sont percées ; elle contient une abondance aussi étonnante d'ossemens qu'aucune de celles de la Franconie. Ces ossemens appartiennent tous à un grand ours à front bombé, que les naturalistes ont appelé l'ours des cavernes (*ursus spelæus*). Par une exception toute particulière, on n'a trouvé jusqu'ici dans cette grotte, avec les ossemens d'ours, aucun débris appartenant ni aux tigres, ni aux hyènes, ni aux herbivores contemporains de ces anciennes races, et dont on a expliqué la présence ordinaire dans ces cavernes par la voracité des hyènes qui les y traînaient pour les dévorer. Tout porte à croire que ces ossemens appartiennent à des animaux qui y vivaient et y sont morts paisiblement. L'état d'intégrité des débris ne permet pas de supposer qu'ils y aient été entraînés, soit par les courans d'eau, soit de toute autre manière. Ces débris s'y sont accumulés par un long séjour, et dans la suite ils y ont été enfouis par le limon qu'une grande inondation y a jeté. (*Ann. des Sciences naturelles*, mars 1827.)

ZOOLOGIE.

Sur les Papous, les Tasmaniens, les Alfourous et les Australiens; par MM. Lesson *et* Garnot.

Les Papous sont des peuplades noires à chevelure ébouriffée, qui végètent sur les plages des îles Waigiou et quelques autres, ainsi que dans la partie du nord de la Nouvelle-Guinée; ils ressemblent beaucoup aux nègres cafro-madacasses, et paraissent provenir d'une émigration postérieure à celle des Océaniens. Ceux des côtes vivent en tribus éparses, dans des habitations élevées au-dessus des eaux par le moyen de pieux. Leur teinte est noire et mêlée de jaune, en sorte que l'intensité de couleur varie. Ces hommes sont plutôt réduits à la vie instinctive qu'à la vie intelligente; toujours en défiance les uns des autres, ils vont nus; la plupart se sillonnent la peau d'incisions, de cicatrices mamelonnées; se peignent et se poudrent avec de l'ocre rouge; voisins des mers, ils se font des embarcations ou des pirogues légères; ils n'ont pour armes que l'arc, les flèches et de longues javelines, ou parfois un casse-tête en bois et fer.

Les Tasmaniens qui habitent la terre de Van Diemen présentent de nombreuses analogies avec les Papous.

Les Alfourous appartiennent à la même souche; ils habitent l'intérieur de la Nouvelle-Guinée, et paraissent aussi stupides que féroces; ils ont une physionomie repoussante, de gros yeux, le nez plat, les pommettes saillantes, les dents avancées, les jambes et les bras longs et grêles, une barbe dure, épaisse; des cheveux noirs, rudes, hérissés; une peau d'un brun noir sale; ils passent un bâton long de 6 pouces dans les narines; leur caractère est silencieux et farouche.

Les Australiens de la Nouvelle-Hollande sont les plus misérables et les plus abrutis peut-être de tous les peuples, dans leur profonde barbarie, par la stérilité de la terre qu'ils habitent. Ils refusent même les avantages de la civilisation pour n'en connaître que les vices les plus dégoûtans de l'ivrognerie. Ils n'ont aucune idée de pudeur pour couvrir leur nudité, et ils bravent toute modestie même au milieu des Européens; ils se garantissent à peine sous quelques écorces d'arbres de l'intempérie de leur climat. Leur chevelure dure, noire, est éparse en mèches frisées naturellement; leur peau noirâtre, sale; leurs membres sont grêles; ils ont une face aplatie, un nez très large; leur bouche est énormément fendue, avec des lèvres épaisses, des dents saillantes très blanches, de larges oreilles, et des yeux à demi fermés; le tout forme un aspect hideux et repoussant. Les femmes ont des mamelles et un ventre flétris, pendans, etc. Ils se peignent médiocrement de fards grossiers, et se passent, comme les autres Papous, un petit bâton dans la cloison du nez. Ils ont le crâne dur, et qui résiste aux coups de casse-tête qu'ils s'assènent alternativement dans leurs duels; au lieu de flèches, ils lancent des zagaies. Ils mangent une sorte de pain fait de racine de fougère; mais la plupart languissent de faim sur cette terre désolée. (*Bulletin des Sciences naturelles*, novembre 1827.)

Sur la Girafe arrivée récemment en France; par M. Geoffroy-Saint-Hilaire.

Cette jeune girafe est le premier individu de son espèce qu'on ait vu vivant en France. Née dans le Sennaar en Nubie, prise très jeune avec la compagne qu'elle avait alors, par des Arabes qui les nourrirent avec le lait de leurs chamelles, elle fut vendue au pacha d'Égypte, qui l'envoya au roi de France. En quittant son pays natal, on lui donna du lait de vache. Son voyage, depuis le Sennaar jusqu'à Alexandrie, fut très lent, et les haltes fréquentes; le pacha la garda trois mois au Caire dans son jardin. Elle arriva à Marseille au mois de novembre 1826, passa l'hiver dans cette ville, et ce ne fut qu'au mois de mai qu'elle fut mise en route pour la capitale; elle était alors âgée de vingt-deux mois. Le lait est encore sa boisson; sa nourriture consiste en un mélange de maïs et d'orge; elle mange avec prédilection les feuilles d'*acacia* et de *mimosa*; elle recherche aussi celles des *robinia*.

Une partie très précieuse de l'histoire de cet individu est perdue; on ne sait point quelle était sa taille et sa forme au moment où il a été pris par les Arabes; on ignore si ses cornes se développent avec l'âge; on ne les a point observées; on ne s'est occupé que des moyens de les conserver.

La jeune girafe a 11 pieds 6 pouces de hauteur; sa robe est remarquablement belle; son allure est l'amble; elle marche fort vite, et ne manque point d'élégance dans sa taille gigantesque; ses mœurs sont très douces; jusqu'à présent elle n'a fait entendre aucun son; elle éprouve beaucoup de difficultés pour atteindre le sol en baissant la tête; elle est obligée pour cela d'écarter les jambes de devant.

La langue de la girafe est bleuâtre et couverte d'aspérités dures et serrées; elle peut s'allonger de plusieurs pouces hors de sa bouche, et l'animal s'en sert, comme l'éléphant de sa trompe, pour accrocher les objets et les introduire dans sa bouche avec une adresse toute particulière. Le bout de la langue peut se replier en crochet, et la langue se contourner en spirale autour des rameaux verts dont l'animal veut se nourrir.

La girafe est surtout remarquable par la disproportion de ses parties; la tête et le tronc sont d'une brièveté excessive, surtout par rapport aux jambes et au cou, qui sont d'une grandeur démesurée. Elle ne reste guère immobile sur ses jambes; la marche et l'activité sont pour elle un besoin; elle se balance souvent machinalement sur ses longues jambes en levant chaque pied l'un après l'autre, davantage ceux de devant, et fort peu ceux de derrière.

Lorsqu'elle est attaquée par un animal féroce, un lion par exemple, et qu'il n'est plus temps de fuir, elle se défend vigoureusement contre son ennemi avec ses jambes de devant, et parvient assez souvent à l'assommer de son premier coup de sabot; mais si elle manque ce coup, elle est sans défense et tombe victime.

Cet animal est pour les habitans des parties centrales de l'Afrique, ce que sont pour nous les bêtes fauves de nos forêts, c'est-à-dire un excellent et abondant gibier. (*Ann. des Sciences naturelles*, juin 1827.)

Panda, nouveau genre de mammifères provenant de la chaîne de l'Himalaya, entre le Nepaul et les montagnes neigeuses; par M. le major-général HARDWICK.

Le dessous du corps de cet animal est d'une belle couleur fauve-brune, qui s'éclaircit sur le dos, et prend une nuance dorée. La couleur brune est un peu plus foncée sur le cou, les côtés de la tête et les oreilles postérieurement; et une bande de même couleur part des yeux, et va rejoindre le derrière du cou. La face, le museau et les oreilles sont blancs. Quelques poils fauves et jaunâtres se mêlent au pelage blanc du front.

L'abdomen et les extrémités sont noirs et séparés par une ligne de la couleur des parties supérieures. La queue est marquée de bandes, alternativement fauves, brunes et jaunes, et annelée de noir. La couverture laineuse de la plante des pieds est de couleur grise ou noirâtre. La longueur totale de cet animal, y compris la queue, est de 3 pieds 6 pouces.

Les caractères qui servent à en faire un genre nouveau, sont remarquables et très saillans. Parmi ces caractères, on doit remarquer la grande largeur du museau, et la construction singulière des dents; mais le caractère le plus frappant, et pour lequel on doit principalement le distinguer, dépend des pointes saillantes qui s'élèvent sur les molaires. Cette particularité est unique, et n'existe que très rarement dans tout autre genre de quadrupèdes carnivores. Ses tanières sont près des rivières et des torrens montagneux. Il vit dans les arbres et se nourrit d'oiseaux et des plus petits quadrupèdes. On le découvre souvent par son cri, qui est très fort. (*Bulletin des Sciences naturelles*, juillet 1827.)

Sur le Gour ou bœuf de l'Inde; par M. TRAIL.

Cet animal est d'une taille gigantesque; il a 11 pieds du nez au bout de la queue, et 5 pieds 6 pouces de hauteur du jarret aux pieds. Son dos est fortement voûté, et présente une courbe gracieuse et uniforme du nez à l'origine de la queue, quand l'animal se tient en repos. Cette éminence, qui peut avoir 6 à 7 pouces, et qui s'étend de la dernière vertèbre cervicale audelà du milieu des vertèbres du dos, provient d'un prolongement extraordinaire des apophyses épineuses. Elle ne ressemble point à la bosse qu'on trouve dans quelques animaux domestiques de l'Inde.

La couleur du gour est d'un noir brun foncé; approchant du noir bleu, excepté un toupet de poils frisés, blanc pâle entre les cornes, et des anneaux de la même couleur précisément sur les sabots. Le poil sur le corps est extrêmement court et uni; il a en quelque sorte l'apparence d'une peau sur laquelle on a répandu de l'huile. La tête du gour diffère peu de celle du bœuf domestique; les parties latérales de la face un peu plus courbées; le frontal plus solide et plus prononcé : les cornes sont courtes, épaisses à la base, considérablement courbées vers le bout, légèrement comprimées sur un côté, et un peu raboteuses; elles sont susceptibles de prendre un beau poli.

Les membres du gour se rapprochent davantage, pour la forme, de ceux des bêtes fauves; la queue est épaisse.

Les gours vivent en troupeaux de 10 ou de 20; ils broutent les feuilles et les tendres bourgeons d'arbres et d'arbrisseaux, et vont paître sur les bords des ruisseaux. Dans l'hiver ils restent cachés dans les forêts de saules, et n'en sortent que dans les journées chaudes pour aller paître. (*Édimb. phil. Journal*, octobre 1824.)

Sur le Daim noir du Bengale; par M. Duvaucel.

Le daim noir du Bengale est très commun dans cette partie de l'Inde et sur les bords de l'Indus, surtout dans la province d'Arachotas, située sur les flancs du Caucase, entre la Perse et l'Inde. Sa physionomie propre diffère assez notablement de celle des autres espèces; il a quelque chose des formes générales du cheval ; ses grandes oreilles et sa queue plus fournie de poils que celle des autres espèces, le distinguent d'une manière particulière ; ses cornes sont fourchues aux extrémités, avec un seul andouiller à la base. La femelle diffère du mâle par le manque de cornes. (*Asiat. Research.*, vol. XV.)

Orang-outang d'une grandeur remarquable, trouvé dans l'île de Sumatra.

Des marins, en débarquant à Sumatra, sur la côte nord-ouest, aperçurent ce singe, d'une taille énorme, et le poursuivirent. Il se réfugia sur les arbres voisins en courant et en s'aidant quelquefois de ses mains. Sa force et son agilité étaient extrêmes ; il s'élançait avec facilité d'une branche à l'autre, à la manière des autres singes, et il eût été fort difficile de le tuer sans employer la ruse. On y parvint en se cachant derrière des buissons, d'où on le frappa de plusieurs coups de feu qui lui firent de nombreuses et profondes blessures. Cinq balles le firent tomber des arbres où il cherchait un refuge ; et ce ne fut qu'avec de grandes difficultés, qu'assailli par plusieurs personnes, il put être assommé sur la place ; tout en donnant des preuves d'un grand courage et d'une force extraordinaire. En mourant, il exprima, comme le pourrait faire un homme, la douleur qu'il ressentait de ses blessures, et il y portait les mains, en témoignant, par ses doléances et ses cris plaintifs, les souffrances qui le déchiraient. Sa taille était au-dessus de 6 pieds anglais, et, dans sa plus grande hauteur, il pouvait certainement avoir 7 pieds. On ne peut se dispenser d'admettre que la vie chez ce singe est très tenace, puisqu'elle résista à plusieurs blessures profondes. Lorsque les marins qui le tuèrent le portaient à bord, l'un d'eux, en enfonçant un couteau dans ses tégumens, sentit et vit les muscles se contracter comme font les chairs encore palpitantes soumises au galvanisme.

Comme l'homme, ce singe avait trente-deux dents. La largeur des canines inférieures n'était pas moins de 2 pouces 7 lignes; les incisives présentaient une longueur d'un pouce 5 lignes.

Cet orang-outang a la face presque nue, et des poils courts, de couleur plombée, la revêtent seulement çà et là. Les yeux sont petits par rapport à ceux de l'homme; les oreilles sont longues d'un pouce et demi, et ressembleraient parfaitement à celles de l'espèce humaine si le lobule y existait; le nez est écrasé; les narines ont 8 lignes de longueur, et sont dirigées obliquement de chaque côté; la bouche très grande se projette singulièrement en avant; lorsqu'elle est fermée, les lèvres paraissent très étroites; les poils de la tête sont d'un brun rougeâtre, et ont 5 pouces de longueur; la barbe est de couleur marron; elle peut avoir 3 pouces de longueur, et forme sur la lèvre supérieure deux sortes de moustaches: la face est très ridée; la paume des mains est très longue, et est de la couleur de la face; les ongles des doigts sont très forts, convexes et noirs; le pouce ne dépasse point la première articulation du doigt indicateur.

La couleur du pelage est généralement d'un brun rouge, présentant en quelques endroits une teinte brune, et dans d'autres une couleur rouge foncée. Partout le poil est très long, et il est plus épais et plus ramassé sur le dos, où il forme une sorte de ligne remarquable. (*Même journal*, même vol.)

Nouvelle espèce de Martinet; par MM. Lesson *et* Garnot.

Ce martinet, nommé par les auteurs *martinet à moustaches*, habite la Nouvelle-Guinée, où il vole assez communément dans le jour dans des lieux marécageux du bord de la mer, et au-dessus des petites rivières, où se trouvent, en plus grande abondance, les insectes dont il fait sa nourriture.

Cet oiseau a 11 pouces de longueur totale, et la queue à elle seule en a 6; les ailes sont très longues, et se terminent à 1 pouce de l'extrémité de la queue; le bec est brun, très aplati; les tarses sont courts, nus; les doigts assez longs, de couleur brune, ainsi que les ongles qui sont peu forts; le pouce est dirigé en arrière, et long de 6 lignes; le doigt du milieu en a 9.

Les couleurs du martinet à moustaches, quoique sombres et sans le moindre éclat métallique, par l'heureuse disposition des teintes plus ou moins foncées et de blanc, produisent le plus agréable effet.

Le dessus de la tête est d'un bleu indigo noir; une bande blanche, qui prend naissance aux narines, remonte au-dessus de l'œil, et va se terminer sur les côtés de la tête, en circonscrivant la calotte foncée qui la revêt; sous la mandibule inférieure naît une touffe de petites plumes blanches qui côtoie la commissure, et se termine sur les côtés du cou par deux longues plumes blanches effilées libres, simulant parfaitement des moustaches; le dos, le croupion, la gorge, la poitrine et les flancs sont d'un ardoise brunâtre; les ailes sont de la couleur bleue indigo de la tête, excepté la moitié des couvertures qui sont d'un blanc de neige; des plumes cendrées occupent le milieu de l'abdomen, et servent de couvertures inférieures à la queue; le dessous des pennes de celles-ci est brun; les tiges sont blanchâtres; les deux grandes pennes de sa queue et les plus extérieures dépassent celles qui suivent de plus de 2 pouces; elles sont blanchâtres en dessous sur leur bord externe. (*Bulletin des Sciences naturelles*, mai 1827.)

Sur les Albatros des îles Malouines; par M. Delano.

C'est le plus grand oiseau connu qui tire sa nourriture de la mer. Il y en a de deux ou trois espèces; le plus grand est de couleur grisâtre et exactement conformé comme la mouette, ayant la tête et le bec d'une grandeur remarquable; ses coups de bec sont très rudes. Ces oiseaux ont des pates monstrueuses; leurs ailes ont quatorze pieds d'un bout à l'autre; ils déposent leurs œufs dans les rochers. Il y en a une plus petite espèce, de couleur blanche sous le ventre, et noire sur la partie postérieure des ailes et sur la tête. Ils établissent leurs nids pêle-mêle sur le sable.

Pour déposer leurs œufs, ces oiseaux choisissent une pièce de terre aux environs de la mer, aussi nivelée et dégagée de pierres que possible, et disposent la terre en carrés; les lignes se croisent à angles droits aussi exactement que pourrait le faire un arpenteur, formant les carrés justement assez larges pour des nids, avec une chambre pour ruelle entre eux. Ils enlèvent toutes les pierres qu'ils peuvent trouver ou arracher de la terre, et les déposent en dehors de la promenade extérieure, qui a communément 10 ou 12 pieds de largeur, et fait le tour sur trois côtés, le quatrième côté, près de la mer, restant ouvert. La promenade extérieure est aussi de niveau et aussi régulière et douce que les trottoirs de nos cités. Elle occupe souvent trois à quatre acres, mais il y en a de plus petites. Ces oiseaux ne quittent jamais un moment leurs nids, jusqu'à ce que leurs petits soient assez grands pour se soigner eux-mêmes. Le mâle se tient près du nid tandis que la femelle est dessus, et lorsqu'elle est sur le point de se retirer, il s'y glisse lui-même aussitôt qu'elle lui fait place.

C'est une chose digne de remarque que de leur voir faire le tour de la promenade extérieure par couples réunis de quatre à six, semblables à des soldats marchant en parade, tandis que le camp paraît être dans un mouvement continuel, les uns sortant, d'autres allant à travers les ruelles trouver leurs compagnons. Toutes les espèces d'oiseaux de ce genre tirent leur nourriture de la mer. (*Extr. d'un Voyage de l'Auteur dans les îles orientales et l'Océan pacifique.*)

Nouveau genre d'oiseau; par M. Lesson.

Cet oiseau, du genre alcedo, habite les bords de la mer à la Nouvelle-Guinée, le long des palétuviers. Il rase les grèves en volant pour saisir les petits poissons, que son bec, fortement dentelé, ne lui permet pas de laisser échapper.

Il a sept pouces de longueur totale, du bout du bec à l'extrémité de la queue, qui a 27 lignes. Le bec a deux pouces de la commissure à la pointe; il est entièrement d'un jaune doré brillant. La tête et les joues sont d'une couleur jaune-cannelle, claire et uniforme, séparée d'une teinte plus claire et en collier du manteau, par deux taches d'un noir foncé, qui ne se réunissent point tout-à-fait sur le cou. Un cercle noir entoure l'œil. Les plumes du manteau sont d'un noir de velours; celles des couvertures des ailes sont d'un bleu vert uniforme, et le croupion est d'un vert clair. Les pennes sont brunes en dedans, et bordées de verdâtre métallique en dehors. Les rectrices sont égales, d'un bleu assez foncé en dessus, brunes en dessous. La gorge est d'un jaunâtre blond très clair, qui prend une teinte plus foncée sur les côtés du ventre et sur la poitrine, pour s'éclaircir et passer au blanchâtre sur le bas-ventre. Les pieds sont assez forts, d'un jaune clair; les ongles sont noirs. (*Bull. des Sciences naturelles*, août 1827.)

Observations sur les plumes des oiseaux; par M. F. Cuvier.

Malgré leur variété de grandeur, de consistance et de couleur, toutes les plumes se composent d'un tuyau, d'une tige, et de barbes plus ou moins barbelées elles-mêmes.

L'organe destiné à la production de la plume se présente sous la forme d'un cylindre allongé qui tient profondément à la peau de l'oiseau par une extrémité nommée l'*ombilic*. Son enveloppe la plus extérieure ou sa capsule est composée de plusieurs tuniques emboîtées, dont la plus extérieure est de la nature de l'épiderme; les intérieures sont plus compactes, mais sans organisation apparente. C'est par l'extrémité de cette capsule, opposée à l'ombilic, que la tige et les barbes doivent sortir. Dans l'axe de la capsule est un noyau cylindrique aussi fibreux, et de substance gélatineuse, qui adhère à l'ombilic, et qui reçoit, par ce point d'adhésion, des vaisseaux sanguins abondans. Autour de ce noyau, ou entre lui et l'enveloppe extérieure, sont deux membranes parallèles, une interne, l'autre externe, striées obliquement, ou plutôt réunies l'une à l'autre par des cloisons parallèles, et qui se rendent obliquement d'une ligne longitudinale et supérieure vers une ligne également longitudinale, et situées de l'autre côté du cylindre. C'est dans les vides longs et étroits, qui sont entre ces cloisons, que se dépose la matière des barbes de la plume, et qu'elle se moule en barbes et en barbules, à peu près comme l'ivoire des dents se moule entre la membrane externe de leur noyau gélatineux, et la membrane interne de leur capsule. La ligne supérieure et lisse, de laquelle partent les stries, reçoit et moule, du côté de la membrane externe, l'écume cornée du dos de la plume, ou cette bande longitudinale aux deux côtés de laquelle adhèrent les barbes, et du côté de la membrane interne la substance même de la tige et la pellicule cornée aussi, qui la revêt à sa face inférieure; la ligne opposée à celle-là n'a d'autre objet que d'établir une solution de continuité entre les barbes d'un côté et celles de l'autre. Ainsi, tant qu'elles restent dans leur étui, ces barbes se courbent autour du noyau gélatineux, et l'entourent des deux côtés. A mesure que cette tige et les barbes prennent de la consistance, elles sortent par l'extrémité de la capsule, et se montrent au-dehors, poussées qu'elles sont surtout par l'accroissement que prend la base des noyaux gélatineux, et ce mouvement continue jusqu'à ce que toute la partie barbue de la plume soit sortie. La tige et les barbes sont, comme on voit, des sécrétions de membranes striées qui enveloppent le noyau gélatineux; mais c'est ce noyau lui-même qui fournit la matière de cette sécrétion. L'auteur pense que c'est surtout à lui qu'est due cette substance spongieuse qui remplit la tige. A mesure que le développement de la plume a lieu, la sommité du noyau se vide, et il s'y forme un cône ou une espèce de calotte membraneuse qui sort de la capsule en même temps que la portion de tige et les barbes qui lui correspondent. Plusieurs de ces cônes successifs se perdent ainsi, et tombent à mesure qu'ils sortent, de manière qu'il n'en reste point le long de la face interne de la tige. Dans certaines espèces ou dans certaines circonstances, le point du noyau est double, et alors la tige prend avec elle une des pointes, ce qui fait qu'elle garde dans son intérieur une suite de cônes qui occupent son axe, et y forment des cellules; mais, en général, cet axe se remplit de matière spongieuse, et sa partie inférieure seulement pince et serre dans son sillon un léger repli du noyau qui l'a formée. Quand tous les sillons où devaient se rendre les barbes et la portion de tige qui l'apporte ont été remplis par la matière cornée, et que la partie barbue de la plume est terminée, cette matière cornée se répand uniformément autour du noyau, et forme le tuyau de la plume. Lorsque ce tuyau a pris la consistance qu'il devait avoir, le noyau intérieur, désormais épuisé, ne laisse pas que de se diviser encore en cônes ou en godets enfilés à la suite les uns des autres; mais ces derniers cônes ne sortent plus au-dehors. Ce tuyau, qui s'est durci, et que la tige forme à son extrémité opposée à l'ombilic, ne leur laisse plus d'issue; ils restent dans son intérieur, et y forment ce que l'on appelle communément *l'âme de la plume*.

Les plumes se développent en quelques jours; elles atteignent, dans bien des oiseaux, une longueur d'un ou de deux pieds et davantage, et elles renaissent à peu près toutes chaque année. Dans beaucoup d'espèces, elles se renouvellent même deux fois par an. On conçoit donc quelle énergie l'économie de l'oiseau doit exercer, et tous les dangers que peut avoir pour lui une époque aussi critique que celle de la mue. (*Analyse des trav. de l'Acad. des Sciences*, pour 1826.)

Nouveau genre de reptile nommé Amphiuma ; *par* M. George Cuvier.

Le corps de ce reptile est allongé, nu, porté sur deux paires de pieds très petits, sans ongles ; sa bouche a des dents aux mâchoires et au palais ; il respire par des poumons semblables à ceux des salamandres ; on ne lui a point encore découvert de branchies à aucun âge, quoique son cou ait un orifice de chaque côté, par où l'eau qu'il a prise peut s'échapper sans pénétrer dans son œsophage. Outre l'espèce anciennement connue (*amphiuma means*), qui n'a que deux doigts à chaque pied, l'auteur en décrit une nouvelle dont tous les pieds ont trois doigts, et qu'il nomme *amphiuma tridactylum ;* on les trouve l'une et l'autre dans les marais de la Louisiane, où elles passent l'hiver enfoncées dans la vase. On avait supposé qu'elles pouvaient être les adultes des sirènes, autres reptiles qui n'ont que deux pieds et qui ont, aux côtés du cou, des branchies en forme de houppe, comme les petits des salamandres ; mais il y a des sirènes autant et plus grandes que les amphiuma ; leurs pieds ont quatre doigts ; leurs narines, leurs dents sont tout autrement disposées ; en un mot, il est certain aujourd'hui que ce sont deux genres distincts d'animaux. (*Même ouvrage, même année.*)

Sur la Raie-Hérisson; par M. Mitchill.

Cette raie, qui a été pêchée à Barnegat, près de New-York, dans l'Océan Atlantique, se roule en boule à la manière des hérissons, et paraît entièrement simuler cet animal par le nombre des piquans qui hérissent sa surface. La description de ce poisson est celle-ci : *Queue ayant deux nageoires avec les vestiges d'une troisième à son extrémité, garnie de beaucoup d'épines sur les côtés, sans que ce soient des aiguillons; couleur de la peau brune, parsemée de taches brunes plus foncées, ayant également une rangée d'une vingtaine d'épines sur chaque nageoire, qui sont cachées par la peau dans l'état d'extension des nageoires, et qui, au contraire, font saillie comme les ongles d'un chat lorsque l'animal est roulé sur lui-même, et sont susceptibles d'accrocher les corps environnans.*

Cette raie a 17 pouces de longueur totale, et 9 pouces 6 lignes de largeur. La tête arrondie est terminée cependant par une sorte de museau pointu; les nageoires pectorales sont circulaires et arrondies, et présentent, par leur connexion, une figure elliptique; les nageoires ventrales sont surmontées de trois petites éminences; les appendices générateurs ont 5 pouces de longueur; le corps entier est presque complétement diaphane, de sorte que le squelette apparaît aisément lorsqu'on place le poisson entre l'œil et la lumière; la queue épaisse et droite a 9 pouces de longueur : une tache occupe le devant de chaque œil et l'intervalle qui les sépare. La peau est visqueuse et sans écailles; une rangée d'épines occupe chaque côté du dos, et s'étend jusqu'à la queue; des épines plus petites sont éparses confusément; les dents sont réunies, compactes et pointues. (*Annals of Philos.* Févr. 1826.)

Poisson en forme de serpent, récemment découvert par M. Harwood.

La longueur totale de cet individu, qui a été pris par le capitaine Sawyer, est de 4 pieds 6 pouces anglais. La teinte de la peau est uniformément pourprée; les nageoires sont très étroites; les pectorales n'offrent pas le disque adipeux qu'on trouve dans les autres genres des apodes; il n'y a point de ligne latérale distincte. La tête et la mâchoire offrent surtout des particularités remarquables; les dents ne forment que de simples rangées aux deux mâchoires; la supérieure n'en possède que dans l'étendue des os intermaxillaires; à la mâchoire inférieure, au contraire, les dents forment un rang complet. Les os palatins sont tout-à-fait dépourvus de dents; les mâchoires sont si longues et leur articulation telle, que la gueule de ce poisson est susceptible d'une plus grande dilatation, proportion gardée, que celle de tout autre animal connu; aussi est-il très vorace.

M. *Harwood* établit pour lui un nouveau genre

sous le nom d'*ophiognatus*. (*Bulletin des Sciences naturelles*, octobre 1827.)

Nouvelle espèce de Sphinx, nommée Sphinx Amelia; *par* M. Feisthamel.

La grandeur de ce sphinx est celle d'un *hippophaë* ordinaire, et la coupe des ailes est la même; le dessus des premières est d'un gris pâle, avec le bord postérieur plus foncé, et garni d'une bande dans toute la longueur de l'aile: cette bande va en s'élargissant depuis le sommet de l'aile jusqu'au milieu et l'extrémité du bord inférieur; le bord est liseré d'un blanc jaunâtre, et prend une légère teinte de bleu ardoisé en s'approchant du corps.

Le dessus des secondes ailes est rose, entre deux bandes noires à peu près égales en largeur; la bande noire postérieure est garnie d'un petit liseré blanc jaunâtre; il y a un espace orbiculaire rose près du corps entre les deux bandes noires.

Le dessous des quatre ailes est d'un cendré rose légèrement lavé de bleuâtre à l'extrémité; le corps est d'un gris bleuâtre, avec les côtés de la moitié antérieure de l'abdomen blancs et coupés transversalement par deux petites bandes noires; les pates sont d'un blanc jaunâtre; la partie interne qui se rapproche du corps est garnie de poils bleuâtres; la trompe est d'un brun jaunâtre luisant; les antennes sont blanchâtres en dessus et grisâtres en dessous.

La chenille qui vit solitaire sur l'épilobe à feuilles de romarin (*epilobium angustifolium*), a 2 pouces de longueur; elle est d'un vert brun foncé; la tête est d'un jaune doré, ayant un croissant assez large, de semblable couleur, sur le premier anneau; les stigmates sont roses, ainsi que les pates, membraneuses et écailleuses; le ventre est d'une couleur lilas clair bordée d'une ligne blanche mêlée de rose.

Cette chenille a été trouvée sur les bords du Drac, près de Grenoble. (*Même Bulletin*, mai 1827.)

Nouveau genre de Zoophytes; par MM. Quoy et Gaymard.

Ces zoophytes se composent, dans chaque espèce, d'individus de deux formes qui se tiennent toujours deux à deux, et sont en partie enchâssés l'un dans l'autre; ils sont transparens comme du verre, et leur corps est plus ou moins pyramidal ou prismatique. Celui qui est reçu dans l'autre par son sommet, et que l'on pourrait nommer l'antérieur, n'a qu'une cavité à peu près dans son axe, ouverte en avant, et garnie à son orifice de quelques dentelures charnues, et un canal formé le long d'un de ses côtés par deux feuillets saillans de sa surface. Celui qui reçoit, qui enchâsse le sommet du premier, a trois cavités: l'une pour recevoir le sommet; l'autre, ouverte comme celle du premier, avec des pointes ou tentacules charnues à son orifice; la troisième, d'où sort une espèce de chapelet qui traverse la seconde, passe ensuite dans le canal du premier individu et pend enfin au-dehors. Ce chapelet, vu au microscope, se compose d'une quantité variable de petits suçoirs charnus et de filamens portant des globules, que l'on peut considérer comme des œufs. Dans l'espèce où il est le plus développé, sa tige traverse une multitude de petites cloches membraneuses, et c'est de chacune de ces petites cloches que pend un suçoir et un filet portant des œufs. On peut détacher ces animaux l'un de l'autre sans leur faire perdre leur vitalité. Ils ne cherchent point alors à se rejoindre, et l'on observe que le postérieur demeure plus long-temps vivace. Les formes des deux corps et leur grandeur relative sont ce qui caractérise les espèces.

Ce genre de zoophytes appartient à la même famille que les physalies et les rhizophores; mais il présente des questions physiologiques bien particulières. Pourquoi cette réunion constante de deux individus seulement et de deux individus différens? Sont-ce des sexes? sont-ce seulement des parties d'un même animal dont les auteurs n'ont pas aperçu la liaison organique, parce qu'ils se tenaient par des membranes trop frêles? (*Anal. des travaux de l'Acad. des Sciences*, pour 1826.)

Animal parasite qui vit sur le homard; par MM. AUDOUIN *et* EDWARDS.

Les auteurs ont découvert sur le homard un petit animal parasite de la classe des crustacés, qui, à la vue simple, présente un corps divisé en quatre lobes ou lanières: à la loupe, on s'aperçoit que la première paire de ces lobes est un développement du corselet, et que la deuxième se compose des ovaires. Entre les lobes du corselet est une petite tête obtuse, portant à sa face supérieure deux yeux, deux antennes, et en dessous des mâchoires cinq paires de pates; entre les deux ovaires est une petite queue articulée, et terminée par des soies. Ce parasite, dont les auteurs ont fait un nouveau genre, sous le nom de *nicothoé*, est toujours attaché étroitement aux filamens qui composent les branchies du homard. Aucune excitation ne lui fait lâcher prise, on le déchirerait plutôt; on plongerait le homard dans un liquide délétère, sans le faire abandonner par les nicothoés. Même lorsqu'on le détache, il demeure immobile, quoique le mouvement de ses fluides intérieurs prouve qu'il continue de vivre; mais il n'a pas pu être réduit toujours à cet état; il a bien fallu qu'à sa sortie de l'œuf il cherchât un homard, et sur ce homard un endroit convenable pour y fixer son séjour. (*Même ouvrage, même année.*)

Sur quelques petits animaux qui, après avoir perdu le mouvement par la dessiccation, le reprennent quand on les met dans l'eau; par M. DE BLAINVILLE.

Depuis long-temps on a observé que le filaire que l'on rencontre souvent dans la sauterelle verte, avait la singulière faculté, après avoir été complétement desséché, du moins en apparence, à l'air libre, au soleil ou à l'ombre, de reprendre peu à peu ses mouvemens aussi vifs qu'avant l'expérience, quand on lui rend l'humidité dont il avait été privé.

M. *de Blainville* a vérifié ce fait sur un individu de ce genre, trouvé dans la cornée d'un cheval : desséché et mince comme une petite lanière de parchemin, il reprit bientôt ses mouvemens ordinaires, étant humecté avec une certaine quantité d'eau.

Mais la singularité de cette espèce de résurrection est encore plus extraordinaire dans le *rotifère* de Spallanzani.

En mettant de l'eau pendant une heure sur de la poussière bien sèche, prise dans une gouttière à l'endroit où la déclivité laissait nécessairement une certaine quantité d'eau qui s'évapore sans s'écouler, on voit, au bout de trente, quarante à cinquante minutes, ces petits animaux paraître avec des mouvemens aussi vifs que ceux qu'ils avaient auparavant. Cet observateur s'est également asssuré que les individus desséchés, hors de l'abri des grains de poussière, se gonflent, reprennent peu à peu leur forme, mais ne revivent pas réellement. (*Nouv. Bull. de la Société phil.*, juin 1826.)

Insectes dont la piqûre est dangereuse.

Il existe en Livonie un insecte très rare, qu'on ne rencontre que dans les contrées les plus septentrionales, et dont l'existence a été long-temps mise en doute; c'est la *furia infernalis* de Linné. Cet insecte est si petit, qu'il est très difficile de le distinguer à l'œil nu. Quand il fait chaud, il tombe sur les hommes, et sa piqûre produit une enflure mortelle si l'on n'y apporte un prompt remède.

Pendant la fenaison, d'autres insectes, nommés *meggar*, causent également beaucoup de mal aux hommes et au bétail. Ces insectes sont de la grosseur d'un grain de sable : au coucher du soleil, ils paraissent en grand nombre, descendent en ligne perpendiculaire, percent la plus forte toile, et causent une démangeaison et des pustules qui deviennent dangereuses si on les gratte. Il se forme des enflures dans la gorge des bestiaux qui aspirent ces insectes, et qui meurent si on ne leur donne de prompts secours. On les guérit par une fumigation de lin, qui occasionne une forte toux. (*Revue encyclopédique*, juillet 1827.)

Sur le Corail rouge.

D'après l'examen fait par de célèbres naturalistes du corail rouge ordinaire, des gorgones, des alcyons, et d'un grand nombre d'autres coraux, l'on a reconnu que leurs charpentes pierreuses ou cornées ne sont que les squelettes communs d'animaux composés; qu'elles sont recouvertes, dans l'état de vie, d'une croûte ou enveloppe sensible, et que les hydres ou polypes qui s'épanouissent sur divers points de cette croûte, et que l'on a pris long-temps pour les fleurs de corail, sont les animaux partiels qui forment, par leur réunion, l'animal commun, qui ont une nutrition commune, et dont les sensations même se communiquent jusqu'à un certain point, à l'ensemble. On en avait conclu que ces animaux partiels devaient, dans tous les lithophytes, ressembler à des hydres; mais il n'en est pas tout-à-fait ainsi; les observations de M. Lesueur et celles de MM. Chamisso et Eisenhardt', ont prouvé que les animaux de plusieurs madrépores lamelleux ressemblent, pour le moins, autant à des actinies qu'à des hydres. (*Anal. des trav. de l'Acad. des Sciences*, pour 1826.)

Conservation des substances animales.

M. *Julia-Fontenelle* a présenté à l'Académie des Sciences une tête parfaitement conservée d'un sauvage de la Nouvelle-Zélande, qu'il rapporte à la deuxième espèce de la race neptunienne de Bory de Saint-Vincent. Les dents sont toutes saines et complètes; les cheveux très noirs, rudes, longs et bouclés; la couleur de la peau est d'un jaune fauve, et le tatouage est noir et très régulier, sans présenter aucune aspérité, comme en offre celui qu'on pratique après la mort des individus. Cette tête paraît être celle d'un homme de trente-cinq à quarante ans. Malgré cela, les sutures du crâne y sont parfaitement ossifiées en dedans, comme elles le seraient dans le crâne d'un vieillard.

La région occipitale est énorme; sa crête en saillie est fort prononcée, tandis que la cavité frontale est étroite; une cloison verticale de plus de deux lignes de hauteur se trouve dans l'intérieur du crâne, particularité qui n'avait été observée jusqu'ici que chez les animaux. M. *Julia-Fontenelle* en conclut que l'angle facial de cette tête et de celle des autres habitans de la Nouvelle-Zélande étant très étroit, de même que la cavité frontale, et leur intelligence étant des plus bornées, cette race d'hommes peut être considérée comme un anneau qui sert de passage entre le genre homme et le genre orang-outang.

La tête dont il s'agit n'est point tannée; elle n'a été que trempée dans une solution de sel marin, et séchée ensuite graduellement. Cette manière d'embaumer les cadavres l'emporte de beaucoup sur les embaumemens des Égyptiens. (*Revue encyclopédique*, décembre 1827.)

BOTANIQUE.

Végétation des plantes sur le Pic du midi de Bagnères; par M. Ramond.

Les botanistes ont remarqué, dans la végétation, des changemens à peu près semblables, quant au nombre des plantes, et quant aux genres et aux espèces auxquels elles appartiennent, lorsqu'ils se sont rapprochés du pôle, ou qu'ils se sont élevés vers les sommets des hautes montagnes. Le refroidissement progressif de la température dispose les végétaux à se ranger sur les divers étages des chaînes, comme aux différentes zônes de la terre; et l'une de ces échelles représente l'autre en petit. On comprend néanmoins que cette conformité ne peut pas être complète; ni la succession des jours et des nuits, ni l'état et le poids de l'air, ni la nature des météores, ni les facilités ou les difficultés de la dissémination des plantes, ne sont les mêmes, et par ces raisons il est toujours intéressant d'étudier, sous ce rapport, la végétation des montagnes, surtout celle des pics isolés dont, par beaucoup de causes, les caractères doivent être plus prononcés.

C'est ce qui a engagé feu M. *Ramond* à s'occuper de la végétation du pic du midi de Bagnères, sommité de la lisière septentrionale des Pyrénées, élevée de plus de 3000 mètres au-dessus de la mer, et qui se trouve séparée des sommets semblables les plus voisins, par des intervalles rabaissés et longs de deux et trois lieues. L'auteur y est monté trente-cinq fois en quinze années; la chaleur de l'air s'y porte rarement en été au-dessus de 16 à 17°; mais son sol schisteux et noirâtre s'échauffe bien davantage, et il élève quelquefois le thermomètre à 35°, lorsque l'air libre ne le fait monter qu'à 4 ou 5. A cet échauffement du sol se joint la vivacité de la lumière, la transparence de l'air. L'évaporation que cette transparence provoque, fait vivement contraster la froideur des nuits avec la chaleur des jours; les neiges n'y sont nulle part perpétuelles, et toutefois ce n'est guère qu'après le solstice qu'il commence à s'y montrer des fleurs; la floraison devient générale pendant le mois d'août, et se soutient pendant celui de septembre; passé le 15 octobre il n'y a plus rien; l'automne y finit quand le nôtre commence; tout le reste de l'année appartient à l'hiver; mais pendant un été si court, la température varie encore souvent et brusquement, par l'influence des plaines environnantes; souvent, au milieu du plus beau jour, on voit le sommet du pic s'entourer de nuages, et sa surface se couvrir d'une gelée blanche; et c'est surtout par ces vicissitudes que le climat des montagnes doit se différencier de celui des régions arctiques, où tout concourt à donner aux phénomènes atmosphériques une continuité qu'ils ne peuvent avoir dans nos montagnes.

Malgré le peu d'étendue de l'espace du pic du midi, on y trouvé 133 espèces de plantes, dont 70 ordinaires et 60 cryptogames; parmi ces dernières, il y a 51 lichens; les hépatiques, les mousses, les fougères n'ont fourni que 11 espèces. Parmi les autres plantes, une seule a la consistance d'un arbrisseau: c'est un très petit saule (*salix retusa*). Des arbres ne pourraient résister aux ouragans de ces cimes; rien n'y subsiste que ce qui rampe, ce qui se cache ou ce qui plie. Parmi les herbacées, il n'en est que cinq annuelles, toutes les autres sont vivaces. Les plantes annuelles n'ont qu'une existence précaire dans une région dont les intempéries compromettent tour à tour la fécondation des germes, la maturation des fruits, la germination des graines. Les plantes vivaces, au contraire, peuvent attendre les jours favorables. Ces plantes appartiennent à 50 genres et à 23 familles. Les composées seules forment un sixième du total; les cypéracées et les graminées un septième; les crucifères, les caryophyllées, chacune un douzième; les lysimachies, les joubarbes, les saxifrages, les rosacées, les légumineuses, autant de dix-huitièmes. A l'exception de quelques espèces communes, ces plantes sont généralement étrangères aux contrées limitrophes, mais il s'en retrouve une partie sur les Alpes ; une autre est propre à la chaîne des Pyrénées, et il en est plusieurs que l'on ne revoit que dans les régions polaires. (*Analyse des Trav. de l'Acad. des Sciences*, pour 1826.)

Sur un nouveau genre de Conferves marines ; par M. Raffenau de Lille.

Parmi les productions marines d'une nature ambiguë, que l'on a rangées tantôt dans le règne animal, tantôt dans le règne végétal, il s'en trouve une de substance presque crétacée, remarquable par des tiges grêles, surmontées de chapiteaux en forme de disques minces, rayonnés et un peu concaves dans leurs centres ; c'est l'*acetabulum* de Tournefort, la *corallina androsace* de Pallas, le *tubularia acetabulum* de Gmelin, l'*acétabulaire méditerranéen* de Lamarck, l'*acetabularia integra* de Lamouroux. Cette seule énumération de quelques-uns de ses noms montre que les naturalistes les plus récens la regardent comme un polypier. M. *Raffenau de Lille*, qui l'a suivie avec soin dans les étangs salés des environs de Montpellier, en a pris une autre opinion. On l'y observe souvent en touffes épaisses, soit sur des coquilles, soit sur des tiges à demi-décomposées de zostera. A l'état de vie, sa couleur est verte ; les cellules rayonnantes de son disque renferment des séries de globules visibles sans microscope. Elle se montre d'abord comme de petits tubercules ou des mamelons verts, dont la racine n'est qu'un cal un peu épaissi ; elle devient tubuleuse et s'élève quelquefois à 3 ou 4 pouces de hauteur, sans développer encore son disque ; mais le plus souvent, dès leur premier allongement, ses tubes présentent des nœuds séparés par de légers étranglemens, et l'on voit sur le contour des parties dilatées de petites saillies qui sont comme des ébauches de bourgeons disposés en anneaux, et ces bourgeons se développent quelquefois en rameaux, divisés en deux, trois ou quatre fois de suite. Les parties ramifiées ne diffèrent point des conferves marines ordinaires ; ce sont des tubes fermés à leurs points de jonction, et qui renferment une matière verdâtre. A mesure que les tiges s'allongent, elles produisent de nouveaux cercles de rameaux, et en même temps les cercles précédens et inférieurs se détruisent ; leurs points d'attache même cessent de paraître. Il arrive enfin que les tubes d'un de ces cercles sont soudés, et forment ainsi un plateau celluleux à compartimens disposés en rayons, qui est d'abord transparent, et qui s'élargit jusqu'à la maturité. Souvent il s'élève du centre de ce plateau une houppe de ramifications flottantes, qui ne diffèrent point de celles qu'avait produites la jeune tige. La pulpe de l'intérieur des cellules du disque se distribue par degrés en globules qui demeurent renfermés jusqu'à ce que ce disque se rompe par accident ou par vétusté ; ils tombent alors au fond de l'eau, sans y montrer aucun mouvement spontané.

L'auteur soupçonne que ces globules sont les

moyens de reproduction de l'acétabulaire. Il pense que c'est un végétal de la famille des conferves : l'analyse chimique a confirmé cette classification. (*Même ouvrage, même année.*)

Sur l'organisation et la reproduction des Truffes; par M. Turpin.

La truffe est un végétal entièrement dépourvu d'appendices foliacés et de racines; ce n'est qu'une masse arrondie, souterraine, absorbant la nourriture par tous les points de sa surface, et dont la reproduction ne peut s'opérer que par des corps nés dans l'intérieur de la substance. Cette masse se compose, 1°. de vésicules globuleuses destinées à la reproduction ; 2°. de filamens courts et stériles, que l'auteur appelle *tigellules*. Le tout forme une chair blanche d'abord, qui, en vieillissant, devient brune, à l'exception de quelques veines blanchâtres. Ce changement de couleur est dû à la présence des corps reproducteurs ou truffinelles. Chaque vésicule globuleuse est destinée à donner naissance, de ses parois internes, à une multitude de corps reproducteurs; mais il n'y en a réellement qu'un petit nombre qui remplisse cette destination. Ces vésicules privilégiées se dilatent notablement, et produisent intérieurement d'autres vésicules plus petites, dont une, deux, trois ou quatre grossissent, brunissent, se hérissent extérieurement de petites pointes, et se remplissent en dedans de vésicules entre-greffées. Ces petites masses, ainsi formées sont les truffinelles qui deviendront des truffes après la mort de leur mère. Ainsi les parties brunes de la truffe sont celles qui contiennent les truffinelles, et les veines blanchâtres interposées sont celles qui n'en contiennent pas. La truffe mère, ayant accompli son accroissement individuel et la formation des corps reproducteurs, se dissout peu à peu, en fournissant à ceux-ci les alimens appropriés à leur jeune âge. La cavité qu'elle remplissait dans le sein de la terre se trouve donc occupée par une multitude de jeunes truffes, dont les plus robustes affament ou étouffent les autres, s'agglomèrent souvent ensemble, et reproduisent la série des phénomènes que nous venons de décrire. (*Extrait d'un rapport de M.* Cassini, *lu à l'Académie des Sciences, le* 20 août 1827.)

Sur les Granules spermatiques des végétaux; par M. A. Brongniart.

L'auteur considère les granules renfermés dans le pollen comme analogues aux animalcules spermatiques des animaux, et il repousse l'opinion de Koelreuter et de la plupart de ses successeurs, qui attribuent la fécondation à un fluide très subtile et invisible; en conséquence, il a pensé que les granules spermatiques des végétaux méritaient d'être étudiés avec soin, et il a procédé à ces recherches de la manière suivante : M. *Brongniart* fait éclater dans une goutte d'eau sur le porte-objet du microscope, quelques grains de pollen; il divise avec la pointe d'une aiguille les traînées qui en sortent, et il les observe à l'aide de deux plus forts grossissemens du microscope achromatique d'Amici, l'un à 630; l'autre à 1050 diamètres; enfin il dessine ces granules au moyen de la *camera lucida*, adaptée à l'instrument, et ces dessins rendent sensibles aux yeux les diverses formes et dimensions des granules de seize espèces de plantes. Ces granules sont ou sphériques, ou ellipsoïdes, ou cylindracés, ou presque lenticulaires. Les variations de grandeur sont comprises entre des limites fort étendues; car tandis que M. *Brongniart* évalue à $\frac{1}{116}$ de millimètre le grand diamètre des granules cylindriques, il ne donne que $\frac{1}{700}$ de millimètre aux granules sphériques du cèdre du Liban; ainsi la grandeur des granules spermatiques n'est pas plus que celle des embryons en rapport avec la grandeur des végétaux qu'ils produisent. (*Extrait d'un rapp. fait à l'Académie des Sciences, par M.* Cassini.)

Sur quelques monstruosités végétales; par M. Eisenhart.

Ces monstruosités ont été observées la première fois en 1823, et la seconde fois en 1824, sur les fleurs de fraxinelle (*dictamnus albus*); l'individu qui les porte avait la hauteur ordinaire de la plante. Les feuilles des tiges et l'inflorescence n'offraient rien d'anormal; il en était de même du calice; mais les pétales, les étamines et le pistil avaient subi une métamorphose. Par leur couleur et leur conformation, les premiers se rapprochaient du calice; les étamines, au nombre de dix comme à l'ordinaire, étaient, comme les pétales, disposées beaucoup plus régulièrement que dans les fleurs normales; les anthères existaient et conservaient des grains de pollen; mais aucune d'elles ne s'était ouverte. Le style était plus court que dans la fleur normale; l'ovaire offrait deux sortes de monstruosités : tantôt il formait cinq feuilles vertes, libres, presque sessiles, d'abord érigées, puis étalées, et tantôt cinq capsules implantées sur un pédoncule commun, court et gros, et garni comme à l'ordinaire de poils et de glandes. En 1824, il n'y avait plus de capsules, et tous les ovaires étaient transformés en feuilles sur plusieurs tiges; les fleurs du sommet étaient prolifères; les fleurs secondaires offraient un moindre degré de développement que les fleurs mères ou les fleurs non prolifères; au lieu du nombre quinaire, on voyait souvent régner dans leurs parties similaires le nombre quaternaire; d'autres différences se remarquaient dans les dimensions, dans la couleur des folioles, du calice, des pétales, des filamens et des feuilles germinales. On voit donc que la disposition aux conformations monstrueuses avait fait des progrès d'une année à l'autre. (*Linnæa*, 4e cah. 1826.)

Nouvelle espèce de Grenadille; par MM. LINK *et* OTTO.

La feuille est glabre, à trois lobes, deux glandes pédicellées, marquant la base du pétiole et celle de chacun des deux côtés du lobe du milieu et les côtés rentrans des deux lobes extérieurs; les stipules sont en forme de croissant; le pédoncule est fort long, axillaire, et porte une seule fleur d'un très beau rouge.

Cette belle plante croît sur les coteaux voisins de Rio-Janeiro. Elle demande une bonne terre mêlée de sable de rivière et d'un peu d'argile, plus d'humidité que de sécheresse, et une température de 12 à 16° Réaumur. Elle fleurit en mai et juin, puis en septembre et octobre. On la multiplie par éclats; du reste, son traitement est celui des autres plantes de cette famille. Elle atteint à Berlin une élévation de quatre pieds et plus. (*Verhandl. des Vereins zur Beford. des Garterbaues*, 4e cahier, 1826.)

MINÉRALOGIE.

Mines de zinc de la Silésie supérieure; par M. Manès.

Les calamines de la Silésie supérieure sont déposées au sud de Tarnowitz, dans une suite de bassins situés sur le calcaire vieux, et remplis d'argile grise, jaune ou brune, dans laquelle la calamine se présente en veines ou disséminée en parties irrégulières. Cette calamine est en général d'un jaune grisâtre ou blanchâtre; quelquefois elle remplit les fentes du calcaire, ou l'imprègne et forme alors la roche nommée *Sucharre*. Dans certaines localités, au-dessus de la couche à *calamine blanche*, on observe une couche à calamine rouge, séparée de la première par une couche d'argile d'un rouge brun, plus compacte que celle-ci et divisée en fragmens irréguliers par des fentes remplies d'argile ocreuse. Les couches calaminaires renferment souvent, dans leurs parties supérieures, des minerais de plomb sulfuré, carbonaté, ou oxidé terreux; au-dessus d'elles sont des couches d'argile compacte grise ou brune, qui vont jusqu'à la surface ou qui sont recouvertes par plusieurs toises de terrain d'alluvion. La *calamine blanche* est un carbonate de zinc mêlé de douze à quinze parties sur cent de silice, oxide de fer, chaux, cadmium, etc. La *calamine rouge*, moins riche, est un mélange de trois carbonates, de zinc, de fer et de manganèse, ou seulement de carbonate de zinc et d'oxide de fer.

La grande poussée des terres oblige à ne préparer que des champs d'exploitation très bornés. On pénètre jusqu'aux couches calaminaires, par des points nombreux, au fond desquels on établit divers systèmes de travaux par galerie, suivant la puissance et la consistance du gîte exploitable. On sépare, dans la mine, la calamine du calcaire, et on l'expose, pendant long-temps, à l'air en petits tas, pour la séparer de l'argile qui lui est restée adhérente. Cinq mines de calamine sont exploitées dans la Silésie supérieure; elles produisent annuellement plus de 100 mille quintaux métriques de calamine, qu'on vend à raison de 3 francs le quintal.

Le traitement de la calamine se compose des opérations suivantes : 1°. calcination de la calamine sur la sole d'un fourneau à réverbère. En vingt-quatre heures on calcine ainsi 100 quintaux de calamine brute en brûlant 15 boisseaux de houille, et on obtient 60 à 65 quintaux de calamine calcinée; 2°. distillation de cette calamine calcinée dans des moufles de terre placés dans un four à réverbère et communiquant avec un récipient extérieur ; chaque moufle contient un demi-quintal de calamine mélangée d'un volume égal (environ 22 livres) de petit coke. On chauffe à la houille avec un fort courant d'air ; le zinc se sublime et coule en gouttelettes dans le récipient ; il est mélangé d'oxide qui se forme par la combustion d'une partie du métal sublimé. Dans cette opération 100 quintaux de calamine calcinée emploient 33 quintaux de coke et 522 quintaux de houille, et ils produisent 48 quintaux de zinc mêlé d'oxide. Un fourneau de dix moufles donne 17 quintaux de zinc par semaine ; 3°. refonte de zinc impur ; elle a lieu dans des pots de fer de 12 pouces de diamètre et de profondeur, suspendus à la voûte d'un four à réverbère et portant sur une plaque de fer. On y puise le zinc fondu avec une cuiller, et on le coule sur une plaque horizontale de grès. Chaque pot peut contenir 2 à 3 quintaux de métal. En douze heures on fond ainsi 15 quintaux de zinc, en brûlant 2 boisseaux de houille. Le déchet est de 15 pour 100 ; mais les crasses retiennent 70 pour 100 de zinc, et sont repassées à la distillation avec la calamine.

Par l'ensemble de ces opérations, on obtient de la calamine brute 30 pour 100 de zinc, au lieu de 45 pour 100 qu'elle contient réellement, et on brûle 12 boisseaux de houille par quintal de zinc obtenu. Ce zinc revient à 26 ou 28 francs le quintal métrique ; on le vend à peu près 36 francs : la presque totalité est expédiée à Hambourg. (*Annales des Mines*, 2me livraison, 1826.)

Sur les carrières de Silex pyromaque et sur les procédés en usage pour la fabrication des pierres à feu.

La forme extérieure du silex pyromaque est globuleuse, irrégulière, en rognons et à croûte blanche. La cassure est conchoïde, lisse et cornée ; il est phosphorescent par frottement, pèse 2,5, et contient 97 pour 100 de silice. On le trouve en couches horizontales en Angleterre, en Allemagne et en France, surtout dans le département de Loir-et-Cher, où on l'exploite entre Saint-Aignan et Selles, dans deux villages et vingt-quatre hameaux ; cette exploitation occupe deux cents chefs *caillouteurs*.

Le volume du silex varie de la grosseur d'une pomme à celle d'un décalitre. Il faut descendre de 5 à 26 mètres sous terre pour trouver le bon caillou. Les puits sont rectangulaires et échelonnés, sans muraillement ni étayage ; les galeries ont un mètre $\frac{1}{2}$ de largeur sur 2 mètres de hauteur ; on les creuse jusqu'à 15 et 16 mètres, distance à laquelle l'air peut se renouveler, pour entretenir la combustion d'une chandelle. L'ouvrier travaille à genoux ; il est armé d'un pic et d'une pelle. La durée du travail, qu'on appelle *bordée*, est de quatre heures ; l'exploitation se fait au compte du propriétaire ou par collection de cinq à six caillouteurs qui achètent le droit d'exploitation. Après chaque bordée, les cailloux sont partagés et séchés au soleil ou devant le feu, puis on procède à leur travail de la manière suivante.

Le caillouteur assis pose le silex sur une cuisse, le frappe d'abord de quelques petits coups d'assommoir ou masse en fer forgé, puis d'un coup sec le partage en morceaux, qu'il reprend ensuite chacun, et dont il sépare les lames ou copeaux, à l'aide d'un marteau à deux pointes en acier non trempé. L'ouvrier habile donne à ses copeaux l'épaisseur convenable et sait abattre tout son caillou sans rien perdre. Les femmes et les enfans façonnent les pierres à feu au moyen d'un instrument rond en acier non trempé nommé *roulette*. Cette opération n'exige qu'une légère main-d'œuvre pour donner à la pierre les dimensions voulues. Ils se placent à cet effet devant un billot adossé au mur, vis-à-vis une croisée, et armés de ciseaux en acier non trempé : ces ciseaux sont fortement maintenus dans une position inclinée, dépassant le plan supérieur du billot de 7 à 8 centimètres, et à 50 l'un de l'autre. Chaque ouvrier a son ciseau sur lequel il appuie le copeau qu'il façonne à petits coups de roulette; le copeau sort alors de ses mains disposé en pierre à fusil de forme et de calibre différens. Un caillouteur peut faire 1,500 à 2,000 pierres par semaine. (*Annales de la Société linnéenne de Paris*, novembre 1826.)

Sur le muraillement des puits des mines de Fins, département de l'Allier; par M. Guillemin.

Les puits des mines de Fins sont circulaires ; le muraillement se fait en briques, sans employer de boisages provisoires, au fur et à mesure qu'on descend, c'est-à-dire aussitôt qu'on est à une profondeur à laquelle on ne pourrait plus excaver sans danger. On place alors dans le terrain un cadre de bois, sur lequel on pose une courbe circulaire, également en bois, dont le diamètre est égal à celui qu'on peut donner au puits : sur cette courbe, on élève la maçonnerie dans toute la hauteur excavée, puis on soutient le tout au moyen de chaînes ou de tirans, qui, du cadre inférieur, vont s'attacher à un cadre semblable appuyé sur la surface du sol. On creuse ensuite au-dessous du cadre inférieur, en laissant d'abord pour le soutenir en partie une saillie ou corniche, qu'on n'enlevera qu'au moment de murailler. Arrivé de nouveau à la profondeur qu'on peut atteindre, on y place à l'aplomb des parois du puits une seconde courbe circulaire, sur laquelle on muraille jusqu'au cadre placé plus haut; on serre fortement le dernier rang de briques contre le cadre avec des coins de bois; puis, pour soutenir cette portion de mur, on cloue autour du puits un certain nombre de planches de la courbe supérieure à celle de dessous. On continue ainsi en s'approfondissant de plus en plus; mais, quelque grande que soit la profondeur à laquelle on peut atteindre en une fois sans murailler, on place des courbes en bois à des distances l'une de l'autre qui n'excèdent jamais deux ou trois mètres, et on lie toutes ces courbes ensemble par des planches clouées sur elles. Quand, en creusant, on trouve un rocher solide, on en profite pour *décharger* le puits au moyen d'un cadre en bois dont les extrémités s'appuient sur ce rocher, et qui supporte les courbes et la maçonnerie placées au-dessus de lui.

Les *courbes* sont en bois de chêne, de 6 à 8 pouces de large, selon la nature du terrain, et de 4 pouces d'épaisseur; elles sont toujours serrées avec des coins de bois; les briques sont taillées en voussoir de 8 pouces de long, 4 pouces de large et 3 pouces d'épaisseur; le mortier est fait avec beaucoup de soin; le vide qui reste entre la bâtisse et les parois de l'excavation est rempli exactement avec des déblais, et quelquefois avec de l'argile délayée. On remplit aussi avec soin les vides qui se forment souvent derrière les parties supérieures du muraillement quand on creuse plus profondément. La durée d'un puits muraillé est de cinquante ans, tandis que celle d'un puits boisé n'est que de quinze ou vingt ans; sa dépense de construction est aussi moins considérable. (*Annales des Mines*, 4e liv., 1826.)

Sur le quartz gélatineux; par LE MÊME.

Cette substance, blanche, d'un éclat résineux, passant au terne, translucide sur les bords, à cassure conchoïde, rayant à peine le verre, et rayée par l'acier, happant à la langue, est remarquable surtout par la propriété qu'elle a d'absorber une grande quantité d'eau; elle en contient habituellement 11 pour 100 qui n'y est pas combinée, puisqu'on peut la chasser entièrement par une dessiccation prolongée; et plongée dans l'eau distillée, elle en absorbe encore en laissant dégager beaucoup de bulles d'air, de manière à en contenir jusqu'à 25 pour 100. Infusible au chalumeau, ce minéral se dissout presque instantanément dans la potasse caustique en ébullition. Son analyse chimique a donné 97,7 de silice, et 2,3 d'alumine. Différent des quartz et des silex par beaucoup de caractères, et surtout par la densité qui est moindre dans le rapport de 18 à 26, il a beaucoup de ressemblance avec le quartz concrétionné thermogène d'Haüy; il se trouve dans des grès recouverts par les grès houillers, avec lesquels il présente une stratification concordante et superposée de la même manière, à des poudingues qui recouvrent immédiatement le terrain primitif à Tortézias, département de l'Allier. Tantôt il sert de ciment à ces grès, tantôt il forme au milieu d'eux des amas souvent considérables dont les surfaces exposées à l'air passent au quartz nectique. La partie gélatineuse contient toujours des grains de quartz arrondis, de même qu'il est rare que les grès soient dépourvus de cette *gelée*. Aucune source des environs n'est thermale, saline ni incrustante. (*Mêmes Annales*, 5e livraison, 1826.)

Sulfate de soude cristallisé trouvé en Suisse; par M. de Gimbernat.

Ayant observé des efflorescences salines dans un tas de gypse qu'on exploite par deux galeries près de Muhlingen, sur la rive gauche de la Reuss, l'auteur a examiné la galerie d'où il provenait, et il a vu, à la faveur de la lampe, que les surfaces de la roche, récemment taillées, étaient parsemées de plaques éclatantes comme aux mines de sel gemme; il a reconnu, à la saveur, que ces cristaux sont du sulfate de soude, et que la poudre blanche qui tapisse les parois de la galerie est le même sel tombé en efflorescence, en perdant son eau de cristallisation par le contact de l'air. Il y a trois bancs de gypse secondaire, parsemés de sulfate de soude cristallisé, et séparés par une mince interposition de marne feuilletée, laquelle renferme aussi ledit sel, mais en moindre quantité que le gypse. Cette formation salifère a environ dix pieds d'épaisseur; on ignore sa profondeur, les bancs étant en position presque verticale. (*Annales de Chimie*, septembre 1826.)

Sur la fleur d'urane, nouvelle espèce minérale; par M. Lippe.

Ce minéral est d'un jaune très pur et très vif, intermédiaire entre les teintes du jaune citron et du jaune de soufre; on le trouve en petites masses cristallisées, trop petites pour que l'on puisse déterminer sa forme; il n'a qu'un faible éclat, est opaque et très tendre. Chauffé légèrement au chalumeau, il devient d'un jaune orangé: il est soluble avec effervescence dans les acides; et sa solution de couleur jaune donne un précipité brun par le prussiate de potasse. Il paraît donc que c'est un carbonate d'urane. Il a été trouvé dans une veine d'argent à Joamchisthal, en Bohême, sur l'urane oxidé, avec l'ocre d'urane et le pharmacolite. Il se distingue de l'ocre d'urane par son éclat plus vif et sa teinte plus pâle, et du sulfate d'urane par son insolubilité dans l'eau. Il doit probablement sa naissance à la décomposition du minerai d'urane, sur lequel il forme une espèce de croûte. (*Edimb., Journ. of Sciences*, juin 1826.)

Nouvelle propriété optique du dichroïte *ou* cordierite; *par M.* Marx.

Ce minéral, déjà si intéressant par les diverses couleurs qu'il manifeste lorsqu'on l'expose à la lumière directe, et surtout à un rayon polarisé, le devient encore plus par la propriété que l'auteur vient d'y découvrir, celle de polariser lui-même la lumière qui le traverse. On sait que M. Biot a reconnu le premier cette propriété dans la tourmaline transparente, et qu'il se sert de deux lames de cette substance, taillées parallèlement à l'axe, et placées l'une sur l'autre à angles droits, pour étudier les propriétés optiques des autres minéraux ; on peut employer au même usage les lames de dichroïte ; celui de Bodennais est très propre à ce genre d'expérience. Ce qu'il y a de remarquable, c'est que, suivant M. *Marx*, ces lames peuvent être taillées indifféremment, ou dans le sens parallèle à l'axe, ou dans le sens perpendiculaire. Ce savant pense que le dichroïte n'appartient point au système rhomboédrique, et qu'il possède deux axes optiques, dont l'angle est divisé en deux parties par l'axe de cristallisation. (*Zeitchr. fur Mineralogie*, novembre 1826.)

Haidingérite, *nouvelle substance minérale; par M.* Berthier.

Cette substance est un minerai d'antimoine, d'espèce nouvelle, trouvé en Auvergne. Elle est ordinairement en masses confusément lamellaires, mêlées de quartz hyalin, de chaux carbonatée ferrifère, et de pyrites en grains cubiques; sa surface est souvent irisée; elle a moins d'éclat que la surface d'antimoine ordinaire, et sa nuance ne tire pas sur le bleu; elle est composée de sulfure d'antimoine et de proto-sulfure de fer, unis en proportions telles que le premier sulfure contient deux fois autant de soufre que le second. (*Globe*, 30 juin 1827.)

Haytorite, *nouveau minéral découvert dans les environs de Hay-Tor, dans le Devonshire; par M.* Tripe.

Ce minéral s'est présenté en pièces séparées, accompagnées de petites masses de calcédoine, de grenat, d'actinote, de talc et d'octaèdres de fer oxidulé; le tout était enveloppé d'une argile ferrugineuse. Ces cristaux, qui sont généralement assez grands et nettement terminés, sont d'un brun rougeâtre et d'un jaune d'ocre, ou d'une belle couleur blanche. Quelques unes de leurs faces sont lisses et éclatantes, tandis que les autres sont rudes et ternes. Ils sont semi-transparens ou translucides; ils raient le cristal de roche, et, par leur éclat, leur couleur, leur cassure et leur aspect général, ils ressemblent à de la calcédoine. (*Philos. Magaz.*, janvier 1827.)

Ilmenite, *nouvelle substance minérale; par* M. Kupfer.

Ce minéral a été trouvé au pied de l'Ilmen, dans l'Oural, à une lieue de Miask, au milieu d'un granit à mica noir, à feld-spath blanc et à quartz gras ou laiteux, dans lequel des zircones sont aussi disséminés. L'ilmenite se présente fréquemment en masses compactes, très rarement en cristaux; la couleur de cette substance est le noir; celle de la poussière tire sur le brun; sa cassure est conchoïde et a l'éclat de la cire; elle n'offre point de clivage sensible; les fragmens sont à bords tranchans et translucides dans les parties les plus minces; sa pesanteur spécifique est de 4,75 à 4,78; elle agit faiblement sur l'aiguille aimantée sans manifester la vertu polaire. Traitée seule sur le charbon au chalumeau, elle n'éprouve aucun changement; avec le borax et le phosphate de soude elle se dissout aisément en un verre d'un brun noirâtre, qui est translucide et d'un vert bouteille sur les bords; elle est difficilement soluble à chaud dans l'acide nitro-muriatique. (*Archives de Kastner*, t. x.)

Prothéeite, *nouveau minéral découvert en Tyrol.*

Ce singulier minéral a été découvert, en masses éparses, au pied d'un roc composé d'une sorte de mica-schiste en décomposition, qui quelquefois le revêt en partie, dans le Zillerthal en Tyrol. Il s'offre presque toujours sous la forme d'un prisme rectangulaire, ordinairement sans sommets distincts, et raboteux à ses extrémités. Les quatres faces sont striées ou même cannelées longitudinalement. Ces cristaux varient de dimensions ; il en est de fort petits, d'autres de moyenne grandeur, et même de très grands.

Cette substance offre fréquemment des fissures dans son intérieur ; elle est presque opaque dans les gros échantillons, quelquefois translucide ou diaphane ; sa couleur est le vert de chrysolite plus ou moins foncé, ou le blanc, ou bien elle est mi-partie de blanc et de vert ; elle est très pesante et froide au toucher ; son éclat est très vitreux ou intermédiaire entre le vitreux et l'éclat du diamant ; elle est assez dure pour rayer sensiblement le verre blanc ; infusible et inaltérable au chalumeau, et fortement électrique par le frottement. Les cristaux blancs ont une texture fibreuse, qui, ainsi que le défaut de couleur, paraît être l'effet d'une décomposition ; et c'est probablement aussi à cette altération qu'il faut attribuer ces variétés d'aspect si nombreuses que développent la taille et le poli et que l'on croirait à peine pouvoir appartenir à un même minéral. Les parties vertes et transparentes, taillées à facettes, ressemblent parfaitement à la plus belle chrysolite, tandis que les parties fibreuses blanchâtres, taillées en cabochon, offrent, sur un fond incolore, quand on fait mouvoir la pierre au jour, un ou deux reflets parallèles d'un beau blanc, qui se promènent sur la surface arrondie ; ces reflets sont accompagnés d'un éclat très vif et de couleur d'iris, qui ne sont point fixes dans la pierre, comme celles du cristal de roche et de plusieurs autres gemmes, mais se meuvent avec des reflets blancs. Ce phénomène de reflets, mobiles et semblables à ceux de l'opale, s'observe aussi fréquemment dans la pierre brute, qui présente, lorsqu'on la fait mouvoir au grand jour ou à la lumière, des teintes d'un rouge de cuivre foncé sur toutes ses faces, avec un certain éclat métallique. (*Bulletin des Sciences naturelles*, mai 1827.)

Pyrochlore, *nouvelle espèce minérale; par M.* Woehler.

Le pyrochlore a été trouvé, pour la première fois, dans la siénite zirconienne du pays de Fredericksvard, en Norwége, par M. Tank. Ce minéral se représente près de Laurwig en forme de filons, dans une siénite remarquable par les gros cristaux de zircone qu'elle contenait, et de plus par l'éléolite verte, de grands cristaux de hornblende noirâtre, et de l'apatite cristallisée. Sa teinte ordinaire se rapproche beaucoup de celle du sphène d'un brun sombre; celle de la cassure fraîche paraît presque noire: il est opaque, et seulement translucide sur les bords amincis; presque toujours il est à l'état cristallin, sa forme primitive est un octaèdre régulier. La grosseur de ces cristaux varie depuis celle d'une tête d'épingle jusqu'à celle d'un pois. Ils sont le plus souvent implantés dans le feldspath, et souvent aussi dans l'éléolite. La pesanteur spécifique de cette substance est de 4,216 à 10° R. Elle raie le spath fluor, et est rayée par le feldspath; sa poussière est d'un brun clair; sa cassure est écailleuse, sans aucun indice de clivage. Chauffée au chalumeau, elle devient d'un jaune brunâtre clair, et fond difficilement en une scorie d'un brun noirâtre. Son analyse a donné sur 100 parties :

Acide titanique...................	62,75
Chaux..............................	12,85
Oxidule d'urane..................	5,18
Oxide de sérium..................	6,80
Oxidule de manganèse...........	2,75
Oxide de fer......................	2,16
Oxide de zinc.....................	0,61
Eau.................................	4,20
	97,30

La perte provient principalement de l'acide fluorique. (*Zeitschrift fur Mineralog.*, novembre 1826.)

Scheererite, *nouvelle substance minérale; par M.* Stromeyer.

Cette substance se présente en petites lamelles ou en grains cristallins blanchâtres, faiblement nacrés et plus ou moins transparens, formant de petits nids au milieu du lignite. Elle est un peu plus pesante que l'eau ; n'est point grasse au toucher, est très friable, n'a aucune saveur remarquable, et ne développe aucune odeur à froid ; mais lorsqu'elle est chauffée, elle répand une faible odeur aromatique ou d'empyreume. Elle entre en fusion à 36° de Réaumur, et produit un liquide incolore qui ressemble à une huile grasse ; ce liquide, par le refroidissement, cristallise en aiguilles rayonnées, qui paraissent être des prismes à quatre pans. On peut cependant la conserver plusieurs jours à l'état de fusion ; mais sitôt qu'on vient à la toucher avec un fil de platine ou une baguette de verre, elle se solidifie instantanément et cristallise en aiguilles. Si on la chauffe fortement dans un tube ou un petit ballon de verre, elle se volatilise sans se décomposer, et se condense de nouveau sous la forme d'aiguilles dans le haut du tube ; elle exige cependant, pour sa volatilisation, un degré de température qui surpasse l'eau bouillante. Il paraît même que sa vapeur n'éprouve aucune altération lorsqu'on la fait passer à travers un tube de verre porté jusqu'à la chaleur rouge. Chauffée dans une cuiller de platine, elle s'enflamme, et brûle en répandant une faible odeur, avec une flamme légèrement fuligineuse et sans laisser le moindre résidu. Elle est complétement insoluble dans l'eau ; l'alcool la dissout au contraire avec facilité, surtout lorsque son action est aidée par une certaine chaleur. La solution est incolore ; elle devient d'un blanc de lait par l'addition de l'eau, et si elle a été saturée à chaud et qu'on la laisse refroidir, elle précipite une certaine portion de la matière dissoute. Il se forme aussi des cristaux en aiguilles par l'évaporation spontanée ; elle est également soluble dans les éthers sulfurique et acétique, et dans les huiles grasses et volatiles. La potasse caustique est sans action sur elle ; elle est attaquée par l'acide nitrique, et paraît même se décomposer lorsqu'on la fait digérer long-temps dans cet acide concentré; l'acide sulfurique concentré la dissout aussi avec assez de facilité. M. *Stromeyer* regarde ce minéral comme une combinaison binaire d'hydrogène et de carbone analogue à la naphtaline. (*Arch. de Kastner*, t. x.)

Sur le minéral appelé kyouptsing *ou* modyoothwa *par les Birmans ; par M.* Abel.

Ce minéral, dont les Birmans font un grand cas, est d'un vert foncé et d'une surface polie; le terme moyen de sa pesanteur spécifique est de 3,03; il résiste à l'action du chalumeau. Mêlé avec du borax et soumis à une forte chaleur, sa matière colorante fournit, avec le flux, un verre verdâtre et dur, et sa substance un émail blanc : alors la pierre était grasse au toucher, et elle se cassait avec une extrême difficulté; ses fragmens étaient sur leurs bords très transparens : à en juger par ses caractères extérieurs, l'auteur incline à la classer parmi les néphrites; et il la considère comme étant le jade oriental des minéralogistes; mais une analyse subséquente l'a convaincu que ce minéral diffère dans le fait, tant du jade néphrite que de la préhnite, avec lesquels il a quelque analogie, par des caractères chimiques distincts : il se trouve composé de silice, de chaux, d'alumine, de fer, de manganèse et de chrôme. Il ajoute que cette pierre diffère du néphrite par la proportion dans laquelle y entre la silice, et en ce qu'elle contient très peu ou point de manganèse, et qu'elle lui ressemble par la présence du chrôme. D'un autre côté, elle diffère de la préhnite par une proportion beaucoup moindre d'alumine, et par la présence du chrôme et du manganèse; mais elle lui ressemble par les proportions relatives de silice et de chaux. (*Asiatic. Journ.*, août 1826.)

Sur les mines de diamans de l'Inde; par M. Voysey.

Les mines que l'auteur a visitées sont celles de Banganpolly, village situé à deux milles de la ville de Nandiale, dans l'Inde méridionale. Il a trouvé la brèche sous une roche arénacée compacte, composée de grains de jaune rouge et jaune, de quartz, de calcédoine et silex corné, de diverses couleurs, cimentés par une pâte siliceuse; elle passe à un poudingue formé de cailloux roulés, agglutinés par une terre argilo-calcaire à texture friable, dans laquelle on trouve fréquemment des diamans.

La brèche qui renferme les diamans est à des profondeurs variables. Dans un endroit, l'auteur l'a observée à une profondeur de 50 pieds, l'assise supérieure étant formée de grès, de schiste argileux et de calcaire schistoïde. L'épaisseur de la brèche était de 2 pieds, et immédiatement dessous était un banc de poudingue composé de fragmens de quartz et silex corné, cimenté par une matière argilo-calcaire et des grains de sable. Il est probable que ce banc serait très productif en diamans. C'est dans le sol d'alluvion des plaines situées au bas des montagnes, et surtout en remontant le long des bords des rivières Kistna et Pennar que sont situées les mines qui ont produit les plus gros diamans du monde. Parmi elles sont les fameuses mines de Golcondah, qui sont au nombre de vingt environ ; et les plus célèbres sont celles de Gani-Parteala, situées à trois milles de la rive gauche de la Kistna.

L'auteur pense que les diamans qu'on trouve dans ce sol d'alluvion, provienennt des débris de brèche arénacée, arrachés et transportés au loin par quelque grande inondation, dont l'époque est antérieure aux temps historiques. (*Asiatic. Researches*, t. xv.)

Mines de diamans découvertes à Panna, en Perse.

On rencontre des diamans dans les environs de cette ville partout où il existe du sable siliceux. A une profondeur de 3 à 4 pieds la terre, tantôt rougeâtre, tantôt de couleur brun foncé, contient un grand nombre de petits cailloux assez semblables à de la mine de fer ; les seules terres où l'on trouve le diamant. Les ouvriers ramassent ces pierres dans des corbeilles, les lavent dans de l'eau, étalent sur la terre les cailloux ainsi lavés, et jettent ceux qui ne renferment rien de précieux. La majeure partie de ces diamans n'excède pas le prix de 500 roupies; quelques uns coûtent jusqu'à 1,000, mais il est très rare d'en rencontrer de plus chers. Les ouvriers assurent que le nombre n'en diminue pas dans le pays, et qu'il est aussi facile d'en ramasser dans un terrain déjà fouillé depuis long-temps, que dans les endroits où l'on n'a point encore touché. (*Bulletin des Sciences naturelles*, octobre 1827.)

Or natif, découvert dans l'état de Vermont (Amérique septentrionale).

Le bloc d'or qu'on a découvert à Newfane, pesait huit livres; il est très pur et a le lustre métallique de l'or vierge, mais sa couleur est d'un jaune plus foncé que celui des guinées anglaises; il est doux et malléable; sa pesanteur spécifique est de 15,5;

Le sol dans lequel cet or a été découvert est diluvien, et se compose de pierres usées par l'action de l'eau, de gravier commun et de sable; mais dans les environs ce sol est argileux et présente des couches de terre à potier. Les roches, dans cette région, appartiennent toutes à la classe primitive, et consistent en blendes et porphyres dont les lits alternent avec le schiste micacé. (*Niles register*, 2 septembre 1826.)

Lingot d'or d'une dimension remarquable trouvé en Russie.

Parmi les lingots d'or massif trouvés aux mines de Zlato-Oust, en Sibérie, il s'en trouve un qui pèse 24 livres 69 zolotniks. Lorsqu'on l'a extrait, il n'était recouvert que d'une légère couche d'argile rougeâtre; il présente la forme irrégulière de la surface pierreuse dans laquelle il était placé, et qui recouvrait l'or primitif; mais les angles se sont arrondis du moment que l'on a brisé son enveloppe. (*Bulletin des Sciences naturelles*, octobre 1827.)

Platine natif trouvé en Sibérie.

On a trouvé dans la mine de Nijne-Taguilski, en Sibérie, appartenant à M. le conseiller-privé Demidoff, un morceau de platine natif, pesant 10 livres 54 zolotniks de Russie (4166 grammes). Ce morceau, de figure ronde, grenu à sa surperficie, offre, dans quelques endroits, l'éclat métallique. Sa pesanteur spécifique n'étant que de 16, il en résulte qu'il contient les différens alliages que l'on rencontre dans le platine. Il est à remarquer que l'on a découvert ce morceau extraordinaire en creusant une couche d'argile. (*Revue encyclopédique*, septembre 1827.)

Mine de fer natif, découverte dans le Connecticut, aux Etats-Unis d'Amérique.

Cette mine a l'apparence extérieure du fer carburé, dont elle contient une proportion assez considérable. Le fer qui s'y trouve à l'état métallique n'est pas aussi malléable que le fer météorique; il est trop mélangé de carbure pour avoir beaucoup de tenacité. Son action sur le barreau aimanté ne diffère point de celle du fer pur. On y trouve de temps en temps des fragmens *d'acier natif* cristallisés, assez durs pour rayer le verre. L'analyse a prouvé que ce métal n'y est point allié; ce qui le distingue de l'acier natif de Saxe, dans lequel Klaproth a trouvé du plomb et du cuivre. Aucune mine ne serait aussi riche que celle-ci, si le filon tout entier était de même nature que le fragment analysé. De 500 parties de minerai, réduites à 465 par la soustraction de 35 parties de fer carburé, on a tiré 630 parties de peroxide de fer, ce qui donne 441 parties de métal pur.

Le fer natif dont il s'agit est en filon bien caractérisé ; il diffère du fer météorique par l'absence du nickel, par les veines du quartz qui l'enveloppent. (*Extrait du Journal de Silliman*, cahier de mars 1827.)

Mine de cuivre découverte en Russie.

Cette mine est située à 40 verstes (10 lieues) de Kichatima, près de la petite rivière Rassipoukha; sous la couche, épaisse d'environ 6 mètres, et composée d'un mélange de sable et d'argile, se trouve une autre couche, presque d'égale épaisseur, d'une argile molle et grasse, et toute remplie de malachite, en partie sous la forme de veines de diverses épaisseurs, et en partie sous celle de morceaux irréguliers ou de masses mamelonnées. Cette couche est remplie de cailloux ferrugineux, d'un brun jaunâtre, et parfois de quartz hyalin blanc en petite quantité. L'expérience a prouvé que l'argile dans laquelle on rencontre la malachite, donne un indice sûr de l'existence du cuivre dans le terrain. Après avoir creusé à une profondeur de 8 mètres, on a trouvé que la couche d'argile contenant la malachite, gisait sur une pierre calcaire qu'on commence à fouiller, espérant trouver par-dessous des veines de cuivre encore plus riches. L'inclinaison des couches se dirige vers les bords de la Rassipoukha; c'est pourquoi on a commencé dans cette direction une seconde fouille, dans le but de la réunir à la première.

Dans les derniers jours d'août 1827, on a tiré de cette fouille, à la superficie, un morceau de malachite du poids de 165 kilogrammes, et de 7 décimètres de longueur. Il est composé de malachite, en partie compacte, en partie fibreuse, recouverte en certains endroits d'un grès ferrugineux d'un brun jaunâtre, et de quartz; la plus grande partie est couverte de l'argile qui domine dans cette minière. Les parties extérieures de la malachite ont la forme de mamelons ou de gouttes d'un vert rougeâtre : son intérieur est rempli de cavités dont les parois sont tapissées d'une malachite fibro-soyeuse, ou d'une substance noire qui semble n'être que la crasse du cuivre. (*Bulletin des Sciences naturelles*, novembre 1827.)

II. SCIENCES PHYSIQUES.

PHYSIQUE.

Sur la chaleur spécifique des gaz ; par MM. De Larive *et* Marcet.

Il résulte des nombreuses expériences faites par les auteurs, et qui avaient pour objet d'exposer des volumes égaux de différens gaz à une source de chaleur égale pendant un même temps, et à juger par l'augmentation de la force élastique de chaque gaz, la température qu'il possède au bout de ce temps fixe,

1°. Que, sous la même pression, et à volumes égaux et constans, tous les gaz ont la même chaleur spécifique;

2°. Que toutes les autres circonstances restant les mêmes, la chaleur spécifique diminue en même temps que la pression, et également pour tous les gaz, suivant une progression très peu convergente, et dans un rapport beaucoup moindre que celui des pressions ;

3°. Qu'il existe pour chaque gaz un pouvoir conducteur différent, c'est-à-dire que tous les gaz n'ont pas tous le même pouvoir pour communiquer la chaleur. (*Annales de Chimie*, mai 1827.)

Sur le décroissement de la température lorsqu'on s'élève dans l'atmosphère.

Il est généralement reçu que la température décroît de 1° F. pour une élévation de 300 pieds de l'atmosphère; cela doit varier non seulement avec la température moyenne du lieu, mais encore avec diverses circonstances qui dépendent de la situation relative des deux hauteurs où les observations sont faites. Si le point inférieur est dans une plaine basse, et le plus élevé à l'air libre, le décroissement ne doit pas être le même que lorsque le premier est au pied, et le second au sommet d'une montagne, ou l'un le plus bas et l'autre le plus haut d'une grande ville; ou enfin l'un au bord de la mer, et l'autre au sommet d'une colline dans l'intérieur des terres. Dans ces différens cas la loi doit varier, et cette loi ne peut se déduire que par une série d'observations nombreuses et soignées.

Dans le premier de ces cas, où le plus haut point est à l'air libre, on n'a observé aucune diminution de température dans les régions arctiques. Cette expérience curieuse, due au capitaine Parry et à M. Fischer, a été faite au moyen d'un cerf-volant auquel était attaché un thermomètre à index dans une position horizontale.

Les observations de sir Th. Brisbane, faites à Sidney (Nouvelle-Galle méridionale), à deux hauteurs, l'une de 13 et l'autre de 65 pieds, ont donné, pour différence entre la plus haute station et la plus basse, que depuis $\frac{1}{2}$° jusqu'à 3°. (*Edinb. Journ. of Sciences*, t. XIII.)

Sur la résistance que diverses substances opposent à la rupture déterminée par un effet de tension; par M. NAVIER.

Les expériences entreprises par l'auteur avaient pour objet principal de calculer avec exactitude la résistance des tuyaux, et en général des vases d'une figure quelconque, dans l'intérieur desquels on a renfermé un fluide soumis à une forte pression : le fondement de cette recherche était la connaissance de la force qui est nécessaire pour rompre les substances avec lesquelles les parois des vases sont formées lorsque ces substances sont exposées à une tension longitudinale. On a donc soumis à des expériences de ce genre les divers corps avec lesquels les vases sont communément exécutés, et dont la force de cohésion n'était pas suffisamment déterminée par des expériences antérieures. Ces corps sont la tôle de fer, la tôle de cuivre, le plomb laminé, le verre et le cristal. Voici les résultats des expériences :

Résistance moyenne pour un millimètre carré de la section transversale.

	kilog.
Tôle de fer tirée dans le sens du laminage..	41
———— perpendiculairement au sens du laminage........................	36,4
Tôle de cuivre..............................	21,1
Plomb laminé............................	1,35
Tubes et tiges pleines, en verre et en cristal.	2,18

Le fer commence à s'allonger sensiblement, et paraît s'altérer sous des charges égales au $\frac{1}{3}$ au moins de celles qui produisent la rupture. Le même effet a lieu pour le cuivre, avec des charges égales à la moitié de celles qui produisent la rupture; et pour le plomb, avec des charges qui surpassent un peu cette moitié : le fer s'allonge quelquefois de $\frac{1}{10}$ de sa longueur avant de rompre, et le cuivre des $\frac{2}{3}$ de cette longueur, les dimensions transversales diminuant en conséquence : le plomb, après s'être allongé de $\frac{1}{10}$ environ, s'étire lentement sous la dernière charge qui produit la rupture.

Une remarque importante a fixé l'attention de l'auteur; elle consiste en ce que, dans la plupart des cas, la paroi des vases est tendue à la fois suivant plusieurs directions, tandis que les substances que l'on soumet aux expériences ne sont jamais tendues que dans un sens. Or, on pouvait penser que, par l'effet de l'existence simultanée de ces diverses tensions, la matière de la paroi pouvait être affaiblie, en sorte qu'elle ne présenterait plus, suivant une direction déterminée, la même force qui avait été observée dans les expériences. Pour reconnaître si cette cause d'erreur avait effectivement lieu ou non, on a fait rompre deux vases sphériques en tôle de fer de $0,^{m}30$ de diamètre sur $2\frac{1}{2}$ millimètres d'épaisseur, par des pressions intérieures de plus de 160 atmosphères. Les efforts qui ont déterminé la rupture, calculés d'après le théorème énoncé ci-dessus, répondaient à des tensions de 46 kilogrammes par millimètre carré, à peu près égales à celles qui avaient été trouvées par les expériences directes et même un peu supérieures, ce que l'on a attribué à ce que la tôle était de meilleure qualité. On a cru pouvoir en conclure qu'une substance tirée à la fois dans plusieurs sens, présentait néanmoins dans chaque direction la même résistance à la rupture que si cette direction était la seule suivant laquelle la substance fût sollicitée. (*Analyse des travaux de l'Académie des Sciences pour l'année* 1826.)

Sur les compressibilités relatives de différens fluides à de hautes températures; par M. Oersted.

Il résulte des expériences de l'auteur, faites avec beaucoup de soin,

1°. Que la compression *de l'eau* est proportionnelle aux forces comprimantes; celle produite par une atmosphère est à peu près les 45 millionièmes du volume;

2°. Que, relativement à la température de l'eau comprimée jusqu'à 48 atmosphères, aucune chaleur n'est dégagée par cette compression;

3°. Que la compressibilité *du mercure* ne dépasse guère un millionième de son volume pour chaque atmosphère;

4°. Que celle de l'*éther sulfurique* est à peu près trois fois celle de l'alcool, environ deux fois celle du sulfure de carbone, et seulement une fois et tiers celle de l'eau;

5°. Que la compressibilité de l'eau, contenant des

sels, des alcalis ou des acides, est moindre que celle de l'eau pure;

6°. Enfin, que la compressibilité du *verre* est excessivement petite et bien inférieure à celle du mercure. (*Edinb. Journ. of Scienc.*, avril 1827.)

Sur la Compression de l'eau et de quelques autres liquides par des forces considérables; par M. Perkins.

La machine à comprimer l'eau, employée par M. *Perkins*, se compose principalement d'un cylindre de bronze de 34 pouces de longueur sur 13 pouces et demi de diamètre extérieur, et à l'intérieur de 29 pouces de longueur sur 1 pouce et demi de diamètre. A la partie supérieure joue un piston d'acier de $\frac{5}{16}$ de pouce de diamètre. La pression exercée sur le piston est mesurée par un levier dont les deux bras sont entre eux comme 1 est à 10, les poids comprimant étant suspendus au bout du bras le plus long. Au fond du récipient se trouve un petit vase plein de mercure; dans ce mercure plonge l'extrémité ouverte d'un tube rempli d'eau. L'eau du tube et le mercure du vase sont séparés au moyen d'un petit piston placé dans le tube. Derrière ce piston se trouve un *index* à frottement, qui suit les mouvemens rétrogrades du piston, et qui sert à reconnaître la réduction du volume de l'eau emprisonnée dans le tube; tout le récipient est rempli d'eau.

Cette machine fut essayée sous une pression maximum de 2000 atmosphères, d'où il résulte une diminution de l'eau égale à $\frac{1}{12}$ de son volume primitif.

L'acide acétique concentré étant soumis à une pression de 1100 atmosphères, se transforma en une belle cristallisation, à l'exception de la 10e partie environ du liquide qui, examinée de près, n'était plus que très faiblement acide.

La même machine peut servir à comprimer les gaz; un gazomètre fut rempli d'eau à moitié, puis retourné et plongé dans un autre tube rempli de mercure. Sous une pression de 500 atmosphères on trouva que tout l'air avait été absorbé par l'eau; mais aucune bulle de ce gaz ne sortit du liquide quand on fit cesser la pression.

Pour s'assurer si, sous une telle pression, le verre lui-même n'était pas perméable à l'eau, une petite fiole qui gardait l'air au moyen d'un bouchon très bien ajusté, fut soumise à une pression de 500 atmosphères sans éprouver de changement; sa paroi intérieure était parfaitement sèche, bien que la fiole eût demeuré 15 minutes dans l'eau sous cette pression; mais à une pression de 800 atmosphères, on trouva la fiole réduite en poussière.

Dans le cours de ses expériences sur la compression de l'air atmosphérique en contact avec le mercure, M. *Perkins* observa que ce gaz commençait à se liquéfier sous une pression de 500 atmosphères, car lorsqu'on le retirait, le mercure montait un peu dans le gazomètre au-dessus de son niveau primitif. Après une compression de 600 atmosphères, le mercure s'élevait dans le gazomètre à $\frac{1}{8}$ de la colonne primitive du gaz; à 800 atmosphères, le mercure montait à environ $\frac{1}{3}$ de cette colonne ; à 1000 atmosphères, le mercure s'élevait aux $\frac{2}{3}$ de la colonne, et de petites gouttelettes liquides commençaient à s'y former ; à 1200 atmosphères le mercure se soutint aux $\frac{3}{4}$ du tube, et l'on vit sur le mercure un très beau liquide transparent, dont la hauteur était environ $\frac{1}{2000}$ de partie de la colonne d'air.

De l'hydrogène percarboné, soumis à une pression de 40 atmosphères, commence à se liquéfier, et à 1200 atmosphères tout est réduit en liquide. (*Philosoph. Transactions*, pour 1826.)

Phénomène singulier que présente la vapeur dans les générateurs des machines de M. Perkins.

Lors de ses premières expériences sur la vapeur fortement comprimée, les tubes dont M. *Perkins* se servait étaient trop faibles, et les soupapes de pressions ne se trouvaient pas chargées de poids suffisans, en sorte que l'eau était repoussée ; la couche de vapeur interposée entre la surface métallique et l'eau étant un mauvais conducteur du calorique, ce métal ne tardait pas à devenir rouge, et dans ce moment la vapeur elle-même se trouvait repoussée, en sorte qu'il y avait une couche de calorique entre la vapeur et la surface du métal chaud. L'auteur observa ce fait pour la première fois lors de la rupture d'un générateur très fort, de 3 pouces d'épaisseur, et 8 pouces de diamètre intérieur, mais qui, étant fait avec un alliage de cuivre et d'étain, céda beaucoup plus tôt que ne le ferait la fonte. Au moment de cette rupture, il y avait un feu vif sous le générateur; on remarqua un bruit sourd assez faible qui fut également entendu par les ouvriers qui se trouvaient près du fourneau. On pensa d'abord que le générateur avait crevé; mais comme on n'aperçut ni vapeur ni eau, et que la machine continua à marcher comme à l'ordinaire, sous une pression de 20 atmosphères, on crut que la rupture, s'il y en avait une, n'était que partielle. On laissa donc tomber le feu, et aussitôt que la température eut assez baissé, il se produisit un sifflement, et toute l'eau et la vapeur se répandirent dans le feu. En examinant le générateur, on reconnut que son fond s'était fendu dans presque toute sa largeur, et que cette ouverture était assez grande pour donner passage à l'eau à mesure que la pompe l'introduisait dans le générateur froid. En réfléchissant sur ce phénomène, l'auteur crut reconnaître qu'il avait lieu par la propriété répulsive de la chaleur. Afin de s'en assurer il fit chauffer au rouge le fond d'un générateur vide; lorsqu'ensuite on y introduisit l'eau, il se forma aussitôt de la vapeur, et la machine travailla comme de coutume sans qu'on s'aperçût d'aucun dégagement de vapeur par la fente. La machine travailla ainsi toute la journée, et le soir, lorsqu'on laissa le feu s'éteindre, la même action se reproduisit. Pour lever tous les doutes à cet égard, l'auteur fit l'expérience suivante : à l'une des extrémités d'un des tubes dont se compose le générateur, on pratiqua une ouverture d'un huitième de pouce de diamètre, à laquelle on ajusta à vis un fort tuyau de fer de 3 pieds de long, d'un pouce de diamètre extérieur, et d'un demi-pouce de diamètre intérieur ; à un bout de ce tuyau était un petit robinet, et à l'autre bout du tube générateur fut fixée une soupape de sûreté, chargée de 50 atmosphères, ou 317 kilog. par pouce carré ; au même bout était également un tuyau qui amenait l'eau de la pompe foulante. Après avoir porté au rouge l'extrémité du tube générateur, dans laquelle on avait fait l'ouverture, on y introduisit de l'eau ; la vapeur formée s'échappa par la soupape de sûreté, chargée comme on vient de le dire, tandis qu'en ouvrant le robinet il n'en sortit rien. On ralentit alors le feu, et lorsque la température de la vapeur fut suffisamment abaissée, le mugissement de la vapeur devint épouvantable.

On ne sait pas encore à quelle distance s'étend la force répulsive de la vapeur ; mais on s'est assuré qu'elle s'exerce au-delà d'un seizième de pouce, puisque la vapeur ne peut traverser une ouverture d'un huitième de pouce de diamètre. (*Ann. de Chimie*, décembre 1827.)

Phénomène nouveau de la vapeur ; par M. Clément Desormes.

Quand la vapeur est comprimée dans une chaudière, et qu'elle en sort en un jet bruyant et très violent, par un orifice percé dans une plaque un peu large, un disque plat qu'on lui présente est fortement repoussé s'il est d'abord un peu éloigné de l'orifice ; mais si on le rapproche et qu'on l'appuie sur la plaque comme pour fermer l'ouverture, bien que la vapeur sorte encore de toute part, et qu'elle presse plus le disque qu'auparavant, on peut le laisser libre; non seulement il ne sera pas soulevé, mais si l'issue de la vapeur est tournée contre la terre et que, par conséquent, le jet pousse le disque en bas aussi-bien que son propre poids, il ne tombe pas, il reste suspendu, et pour lui faire quitter une position si peu naturelle, il faut l'en arracher avec effort.

L'auteur attribue ce phénomène au vide qui se fait dans le jet de vapeur, par suite de la grande vitesse de ses molécules et de la forme conique de l'espèce de tuyau d'écoulement que forment ces deux plateaux rapprochés, entre lesquels la vapeur est forcée de passer. Elle se dilate vers les bords, par suite de sa force vive, bien au-dessous de la pression atmosphérique, et celle-ci agit assez fortement sur le disque mobile pour résister à la vapeur.

M. *Clément* conclut de cette expérience que les soupapes de sûreté ordinaires des machines à vapeur, qui sont de véritables disques posés sur des orifices à bords plats, présentent un danger inhérent à leur forme. A peine sont-elles soulevées pour laisser échapper une lame de vapeur, que de là même résulte l'impossibilité de s'élever davantage, et si la production de vapeur est trop considérable pour la petite ouverture qui a pu se faire, et pour la force de la chaudière, celle-ci peut faire explosion, quoique les soupapes soient ouvertes. (*Bulletin des Sciences technologiques*, janvier 1827.)

Sur un phénomène que présentent les machines soufflantes; par M. Hachette.

MM. Thenard et Clément ont observé, sur une machine soufflante, dépendante des foyers de Fourchambault (Nièvre), un phénomène qui paraît, au premier coup d'œil, contraire aux lois générales du mouvement. On leur a fait voir qu'une planche de sapin, placée tout près de l'embouchure de la tuyère de la machine soufflante, était poussée fortement vers le parement auquel la tuyère aboutissait.

M. *Hachette* a produit le même phénomène avec un soufflet d'appartement à double vent, dont la tuyère aboutit au centre d'un disque en cuivre. L'orifice de la tuyère, à fleur du disque, est de 6 millimètres de diamètre : un disque de papier, ou en carte mince, a été placé sous le disque de cuivre. Pendant que l'air du soufflet sortait par les bords circulaires des deux disques opposés de même diamètre, le disque inférieur restait en suspension, et il tombait aussitôt que le soufflet cessait l'action impulsive de l'air.

M. Clément a trouvé que quand un fluide élastique se meut dans un tuyau de forme évasée, ou dans un ajutage conique, la pression du fluide, sur les parois intérieures de l'ajutage, peut être moindre que la pression atmosphérique. Il ajoute que ce fait étant admis, on doit en conclure que quand les parois sont flexibles, elles devront être écrasées par le poids de l'atmosphère. M. Baillet a répété cette expérience;

elle consiste à donner à une feuille de papier la forme d'un entonnoir, ou d'un cornet ouvert par les deux bouts, et à adapter au petit bout la buse d'un soufflet ordinaire : aussitôt qu'on fait jouer le soufflet, le cornet s'aplatit, et l'air expulsé ne s'échappe dans l'atmosphère que par une ouverture moindre que n'était l'ouverture primitive du cornet. (*Bull. de la Soc. d'Encour.*, avril 1827.)

Sur la flamme ; par M. G. Libri.

On sait que la lampe de sûreté de Davy est fondée sur le principe du refroidissement de la flamme occasionné par le tissu métallique qui l'emprisonne, quand cette flamme tend à se propager du dedans au dehors. M. *Libri* combat cette théorie ; il prouve qu'il y a répulsion mutuelle entre des corps gazeux échauffés.

La flamme s'infléchit dans le voisinage d'un fil métallique qu'on lui présente, et cette répulsion est la même, soit que l'on emploie un fil conducteur ou un fil non conducteur ; mais elle augmente directement comme le volume, et inversement comme la distance de la flamme. Un même fil, porté progressivement à une température très élevée, agit toujours de la même manière sur la flamme qu'il repousse ; enfin, deux flammes rapprochées l'une de l'autre, se repoussent mutuellement.

L'auteur a analysé la flamme d'une chandelle de la manière suivante. Il exposa cette flamme à un rayon solaire, et en reçut l'ombre sur une feuille de papier : cette ombre de la flamme était la plus obscure à son sommet, et cette obscurité diminuait vers la base; autour de l'ombre conique de la partie visible de la flamme, l'on voyait une ombre cylindrique moins intense, formée des gaz qui s'échappaient de la chandelle sans brûler. D'après ces observations, l'auteur propose de construire ainsi la lampe de sûreté. Fils métalliques très fins, pour que la lumière, qui subit une diffraction dans leurs interstices, se répande plus également tout autour; fils parallèles entre eux, et maintenus tels par le moindre nombre possible de fils transversaux, afin de ne point trop affaiblir la lumière de la lampe; forme sphérique du tissu métallique, comme entraînant la plus faible déperdition de lumière. (*Antologia*, janvier 1827.)

Sur la constitution de la flamme; par M. Blakadder.

Il résulte des expériences faites par l'auteur, pour reconnaître la composition de chacune des parties de la flamme, 1°. que la flamme des corps combustibles doit être considérée comme la combustion d'un mélange détonnant de gaz inflammable, ou de vapeur et d'air; car il ne faut pas regarder la combustion comme ayant lieu seulement à la surface extérieure de la flamme, et ce fait est prouvé en plaçant un morceau de bougie ou de phosphore dans une large flamme d'alcool : la flamme de la bougie et celle du phosphore apparaîtront au centre de la flamme d'alcool, d'où il résultera que cette dernière contient de l'oxigène dans sa partie intérieure; 2°. que la forme de la flamme est conique, puisque la plus grande chaleur se fait ressentir au centre du mélange détonnant; 3°. que la chaleur va en diminuant vers le sommet de la flamme, puisque la quantité d'oxigène y est plus faible; 4°. que lorsque la mèche prend un grand accroissement par l'addition de la partie charbonnée, elle refroidit la flamme au moyen du rayonnement qu'elle produit, et empêche une certaine quantité d'air de se mêler avec la partie centrale de la flamme. En conséquence, le charbon qui sort par le sommet de cette flamme est seulement chauffé au rouge, et la plus grande partie échappe à la combustion. (*Edinburg philos. Journal*, juillet 1826.)

Observations du pendule, faites par M. DE FREYCINET, *dans son voyage autour du monde, pendant les années* 1817, 1818, 1819 *et* 1820.

L'auteur a employé quatre pendules invariables, dont trois en laiton, et le quatrième à tige de bois. Les premiers consistaient en une tige et une lentille lourde de laiton, coulées ensemble; ces tiges étaient cylindriques pour deux des pendules, et aplaties pour le troisième; le quatrième pendule avait sa tige formée de deux lames minces en bois de sapin verni, maintenues parallèlement par des brides en laiton; les couteaux des pendules métalliques étaient d'acier, et celui du pendule de bois était d'un alliage particulier et fort dur; à ces pendules étaient joints quatre chronomètres de Berthoud, et un cinquième de Bréguet, un compteur astronomique, quelques thermomètres à mercure, et des baromètres à niveau constant.

Les observations du pendule commencèrent à Paris, et se continuèrent successivement à Rio de Janeiro, au cap de Bonne-Espérance, au port Louis de l'Ile-de-France, à l'île Rawak, sous l'équateur, près de la Nouvelle-Guinée, à Guam, capitale des îles Mariannes, à Mowi, l'une des îles Sandwich, à Port-Jackson, dans la Nouvelle-Hollande, dans la baie française des îles Malouines, et, pour la seconde fois, à Paris, au retour de l'expédition. Cette vérification apprit que les pendules métalliques avaient été bien conservés; mais le pendule en bois a offert, avant et après le voyage, des anomalies inexplicables, parce qu'elles ne dépendent ni des variations de température ni de celles de l'humidité. C'est pourquoi on n'a tenu compte que des observations faites avec les trois pendules métalliques, pour obtenir les résultats suivans :

1°. L'aplatissement de l'hémisphère sud ne diffère pas sensiblement de celui de l'hémisphère nord;

2°. Ils sont l'un et l'autre plus considérables que celui $\frac{1}{305}$ qu'indique la théorie des inégalités de la lune;

3°. On peut le fixer entre $\frac{1}{280}$ et $\frac{1}{282}$;

4°. Les parallèles n'ont point une forme régulière, et par conséquent la terre n'est pas exactement un solide de révolution, ce que prouvent déjà les expériences et les mesures faites précédemment tant dans l'Ancien que dans le Nouveau-Monde;

5°. Les expériences de l'Ile-de-France, de Guam et de Mowi, comparées à celles de Paris, donnant toujours une différence d'oscillations de beaucoup moindre que celle que la théorie exige, on est conduit à admettre sur ces trois points une irrégularité de forme assez importante.

6°. Enfin, si l'on retranche de l'ensemble des expériences celles de l'Ile-de-France, de Guam et de Mowi, qui sont influencées par des causes locales très remarquables, on trouvera que l'aplatissement moyen du globe est $= \frac{1}{186,2}$. (*Bulletin des Sciences mathématiques*, janvier 1827.)

Sur le froid produit par l'évaporation, et sur son emploi dans l'hygrométrie; par M. August.

Comparant la différence entre la température produite par l'évaporation et celle observée au même instant dans l'air atmosphériqne ambiant, ou, en d'autres termes, comparant la différence de température indiquée par un thermomètre humecté et par un thermomètre sec, avec la différence de température des thermomètres intérieur et extérieur de l'hygromètre de Daniell, ou, ce qui est la même chose, avec l'abaissement de température nécessaire pour précipiter la vapeur dans l'air, M. *August* trouva que la première était, à très peu de chose près et assez constamment, la moitié de la seconde au moment de la condensation. Or, ce rapport établi, on n'aura qu'à comparer un thermomètre avec un thermomètre ordinaire pour s'assurer des quantités variables d'eau contenues dans l'atmosphère. Une certaine disposition des instrumens facilitant la réussite des observations, fut nommée par l'auteur *psychromètre*. Plus les indications des deux thermomètres qui constituent essentiellement le psychromètre seront rapprochées, plus l'air sera humide, et le double de la différence des deux indications nous dira de combien la température devra s'abaisser pour que les vapeurs atmosphériques se condensent.

Le rapport entre le psychromètre et l'hygromètre de Daniell n'est pas cependant absolument constant et universel; il n'a lieu exactement qu'aux états barométriques ordinaires (de 331 à 340 lignes de Paris), et à des températures moyennes (de 10° à 24° R.). (*Annalen der Physick*, *par* Poggendorf, novembre 1825.)

Sur la force d'adhésion des vis; par M. Bevan.

L'auteur a cherché à déterminer quelle force est nécessaire pour enlever les vis connues sous le nom de *vis à bois*. Celles qu'il a employées avaient deux pouces anglais de long, $\frac{22}{100}$ de pouce de diamètre à l'extérieur des filets, et $\frac{15}{100}$ au fond de la cavité, en sorte que la saillie totale de chaque filet était de $\frac{35}{1000}$ de pouce. Douze filets embrassaient une étendue d'un pouce.

Ces vis *traversaient* de part en part des pièces de

bois d'un pouce d'épaisseur. Les poids suivans étaient nécessaires pour les arracher :

	livres anglaises.
Frêne sec	790
Chêne sec	760
Acajou	770
Orme	655
Sycomore	830

La vis ne se détachait guère que deux minutes après le commencement de l'expérience.

Quand on employait des bois tendres, la force nécessaire pour retirer les vis était la moitié des précédentes. (*Phil. Magaz.*, octobre 1827.)

Sur l'écoulement de l'air atmosphérique et du gaz hydrogène carboné dans les tuyaux de conduite; par M. Girard.

L'auteur tire des nombreuses expériences qu'il a entreprises sur l'écoulement des fluides aériformes dans les tuyaux de conduite, les conséquences suivantes :

1°. Le gaz hydrogène carboné et l'air atmosphérique amenés au même état de compression, se meuvent suivant les mêmes lois, et éprouvent exactement les mêmes résistances dans les mêmes tuyaux de conduite, et cela indépendamment de leurs densités spécifiques;

2°. Les résistances qu'éprouvent des fluides aériformes à se mouvoir dans les mêmes tuyaux, sont exactement proportionnelles aux carrés de leurs vitesses moyennes;

3°. En conséquence de cette loi et des lois du mouvement linéaire, les dépenses du gaz, pour une conduite donnée, de grosseur uniforme, sont toujours en raison directe de la pression indiquée par le manomètre placé dans le réservoir qui alimente l'écoulement, et en raison inverse de la racine carrée de la longueur de la conduite par laquelle l'écoulement s'opère. (*Bulletin des Sciences technologiques*, décembre 1827.)

Instrument pour faire le vide et pour condenser l'air; par M. Buchanan.

Cet instrument se compose de deux corps de pompe possédant chacun leur piston. Le premier étant vertical, repose par son fond sur le milieu du second, qui est horizontal et communique avec ce dernier au moyen d'une petite ouverture. Un tube part du fond du cylindre horizontal, et va sous le récipient de la machine pneumatique. Quand le piston horizontal est au fond de son cylindre, l'ouverture qui va de ce cylindre au cylindre vertical est en arrière du piston, et communique avec l'air extérieur; on laisse alors le piston vertical; on tire le piston horizontal au-delà de cette ouverture, puis on soulève le piston vertical, et ainsi de suite indéfiniment. Il est facile de voir quel ordre de mouvemens il faut exécuter pour comprimer l'air, et quelle disposition favorable on peut donner à cet instrument. (*Edinb. Journ. of Sciences*, janv. 1827.)

Sidéroscope, *ou instrument propre à reconnaître la présence du fer dans les métaux; par M.* Lebaillif.

Pour construire cet instrument, on choisit une paille mûre d'avoine stérile, de seigle ou de froment, très fine, de 9 pouces de longueur et bien droite. A l'extrémité la plus déliée, on insère, par la pointe et jusqu'à son milieu, une aiguille à coudre, aimantée, de 16 lignes de longueur, et de grosseur moyenne. C'est à cette aiguille, sortant à moitié de la tige de paille, que tous les corps seront présentés latéralement, et dans le milieu de leur épaisseur.

A l'autre extrémité de la paille seront disposées parallèlement entre elles deux aiguilles, de même longueur, également aimantées, mais ne pesant qu'un grain; ces aiguilles, qui servent à neutraliser en grande partie le magnétisme terrestre, doivent être placées avec beaucoup de soin et en parfait équilibre.

L'appareil est ensuite suspendu, le plus légèrement possible, à un fil de cocon dédoublé, d'un pied de long, dont l'autre extrémité s'enroule sur un petit curseur à ressort, qui, pendant le travail, occupe la partie supérieure d'un étrier en laiton. On le place sous une cage de verre, laquelle est elle-même établie sur une table de marbre.

Toutes les monnaies, principalement celles d'argent, attirent le sidéroscope avec plus ou moins de vivacité; il en est de même de toutes les substances métalliques minérales, végétales, animales et composées, qui contiendraient le moindre atome de fer attirable, de nickel ou de cobalt. Le platine exerce aussi une action assez prononcée; mais le bismuth repousse l'aiguille, phénomène nouveau et non encore expliqué.

Cette aiguille est d'une extrême sensibilité, et bien supérieure aux aiguilles de boussole les plus légères; elle indique avec une exactitude remarquable les variations diurnes. (*Bulletin des Sciences mathématiques*, juillet 1827.)

Chalumeau à mouvement spontané; par M. LEETON.

On prend des bouteilles de gomme élastique de couleur brune, qu'on puisse tirer en lames assez minces pour qu'elles deviennent transparentes; on les met tremper pendant un quart d'heure dans l'eau bouillante; lorsqu'elles sont refroidies, on introduit dans le col un tube de cuivre jaune, portant près de son extrémité une saillie qui sert à fixer la bouteille, qu'on attache avec un fil ciré très fort. Ce tube de cuivre est muni d'un robinet vers son milieu, et à son autre extrémité il se visse à une pompe de compression, au moyen de laquelle on fait entrer dans la bouteille le gaz qu'on veut y introduire; la bouteille se dilate et on peut aller jusqu'à ce qu'elle ait acquis un diamètre de 14 à 17 pouces. Cela fait, on dévisse la pompe, et l'on met à sa place le tube du chalumeau, garni, s'il est nécessaire, de toile métallique très-fine. Cet instrument ainsi préparé peut donner un jet de gaz constant pendant une demi-heure ou une heure, selon la force du courant qu'on veut établir. La bouteille ne reprend pas son volume primitif en se vidant ; elle occupe un espace à peu près double. On peut sans danger y comprimer le mélange détonnant d'oxigène et d'hydrogène ; en cas d'inflammation, la vessie se déchire sans blesser l'opérateur. (*Repertory of Arts*, 1824.)

Instrument pour augmenter la force du son ; par M. Wheatstone.

Cet instrument, nommé *microphane*, est composé de deux plaques métalliques qui peuvent s'appliquer chacune contre une oreille, et desquelles partent à angles droits deux tiges cylindriques de fer ou de laiton, de 16 pouces de longueur sur $\frac{1}{8}$ de pouce de diamètre. Ces tiges viennent se réunir en pointe en avant de la figure, et l'on met cette pointe en contact avec le corps solide ou liquide dont on veut percevoir le son. Cet instrument a la propriété de renforcer considérablement les sons. (*Journ. of Sciences*, juillet 1827.)

Manière de faire jouer la machine pneumatique d'un mouvement continu ; par M. Ritchie.

Deux petites roues sont situées dans le même plan vertical que les crémaillères attachées aux deux pistons de la machine pneumatique ; chaque roue porte soixante dents tout autour de sa circonférence ; mais avec cette différence que la moitié de ces dents consécutives sont placées sur l'une des moitiés de l'épaisseur de la roue ; et l'autre moitié des dents sur l'autre épaisseur, l'une des deux roues étant située au-dessus de l'autre, de manière à ce que les dents de la première, qui sont par-devant, correspondent avec les dents de la seconde, qui sont par-derrière, et *vice versâ*. Les crémaillères des pistons engrènent avec les roues, l'une avec les dents de devant, l'autre avec les dents de derrière; en faisant tourner continuellement dans le même sens l'une des roues, on produira le mouvement alternatif ascendant et descendant des pistons. (*Edinb. Journ. of Sciences*, 1826.)

Balance très simple et très sensible; par LE MÊME.

Le fléau de cette balance est en bois, le couteau d'acier le traverse et repose sur deux fragmens de tube de verre, placés à la partie supérieure d'un pied en bois. Les couteaux des bassins sont fixés de même dans le fléau de bois. Ce fléau porte à son milieu une aiguille dont la pointe parcourt un arc de papier collé sur le pied de l'instrument. Le poids exact d'un objet s'obtient par la méthode de la double pesée, au moyen de cette balance, avec autant de précision qu'en se servant d'une balance construite à grands frais. (*Même journal*, juin 1826.)

Niveau reflecteur; par M. BUREL.

L'instrument est composé d'un petit miroir vertical suspendu à une clef tournante qui lui donne un mouvement giratoire autour de son axe vertical. Ce miroir, partagé horizontalement par un fil délié servant de ligne de foi, est fixé dans un pendule dont le lest est appliqué immédiatement derrière le miroir. Deux axes horizontaux, qui se croisent à angles droits et dont les quatre pivots sont terminés en couteaux, lui laissent des oscillations libres dans tous les sens, jusqu'à ce qu'un déclic, poussé de bas en haut par un contrepoids dont le bras du levier varie à volonté, vienne s'appliquer contre le culot du pendule, et atténuer et détruire tout balancement possible.

Comme la suspension ci-dessus donne au système une position perpendiculaire à l'horizon, qui reste invariable, la rectification de la glace se fait autour d'une de ses arêtes horizontales, au moyen de trois visses et d'un ressort pressé derrière la glace.

Pour faire usage de cet instrument, on le tient dans une position bien verticale; ses oscillations étant annulées par le déclic, l'œil de l'observateur s'y verra de lui-même par réflexion, selon une horizontale, qui, se prolongeant au-delà du miroir jusqu'au voyant de mire, en fera connaître la hauteur au-dessus du sol. Il est ensuite aisé de ramener l'image de l'œil sur la ligne de foi, à l'endroit où elle sort du miroir, afin que le même coup d'œil aperçoive la ligne dans le lointain. On obtient ainsi un coup de niveau très exact. (*Bull. de la Soc. d'Enc.*, août 1827.)

CHIMIE.

Recherches sur l'Indigo; par M. Berzelius.

M. *Berzelius* reconnaît dans l'indigo quatre principes bien distincts, qui sont, 1°. une substance particulière qui a une grande analogie avec le gluten; 2°. une substance brune; 3°. une substance rouge; 4°. une substance bleue.

1°. *Substance glutineuse de l'indigo*. Elle est soluble dans l'eau, et a une odeur d'osmazone; chauffée, elle entre en fusion, brûle avec flamme, et dépose peu à peu des cendres blanches; distillée, elle fournit une huile empyreumatique et une eau fortement ammoniacale. Sa solution aqueuse est précipitée par les mêmes réactifs que le gluten, dont elle se distingue, cependant, par sa solubilité dans l'eau et son défaut de viscosité. Les acides sulfurique, hydro-chlorique ou acétique, n'enlèvent pas toute la matière glutineuse de l'indigo; il en reste toujours une partie qui ne se dissout qu'en traitant ce dernier par la potasse caustique.

2°. *Brun d'indigo*. Il est presque impossible d'obtenir ce principe à l'état de pureté; sa saveur est presque nulle; il n'est ni acide ni alcalin; chauffé, il se boursouffle, répand une odeur empyreumatique, brûle avec flamme et laisse un charbon poreux. Il a une grande affinité pour les acides, avec lesquels il forme des combinaisons très peu solubles dans l'eau; il s'unit avec une égale tendance aux alcalis, mais pour donner lieu à des combinaisons solubles dans l'eau. La propriété de ne pas être précipité par le tannin, par le chlorure de mercure et par l'hydrocyanate de potasse et de fer, le distingue de l'albumine et du glûten.

3°. *Rouge d'indigo.* Il donne avec l'alcool une belle teinture rouge ; insoluble dans l'eau, dans les acides étendus et dans les alcalis, il est légèrement soluble dans l'acool et l'éther. Les acides sulfurique et nitrique le dissolvent ; cette dissolution, étendue d'eau, laisse précipiter du rouge d'indigo non altéré. Chauffé rapidement, il se fond et brûle avec une flamme épaisse ; distillé à l'air libre, il se volatilise et donne un sublimé sous forme de petites aiguilles blanches, brillantes, diaphanes, insolubles dans l'eau ; dépourvües de saveur et d'odeur, n'étant ni acides ni alcalines, et se dissolvant lentement dans l'alcool et l'éther.

4°. *Bleu d'indigo.* Il est sans odeur et sans saveur, et n'a point de propriétés acides ni alcalines. Chauffé à l'air libre sur une lame de platine, il donne une belle fumée pourpre ; et, lorsqu'on élève rapidement la température, il se fond, bout, brûle avec une flamme claire et beaucoup de fumée, et laisse un charbon qui se consume lentement. La fumée pourpre est du bleu d'indigo à l'état de gaz, qui, lorsqu'on distille ce corps dans le vide pneumatique, se prend en aiguilles cristallines dans le bec de la cornue ; mais en même temps une quantité assez considérable de bleu d'indigo est décomposée ; les cristaux sont d'une structure lamellaire et d'une belle couleur pourpre. Le bleu d'indigo, qui contient de l'azote, a la propriété singulière de pouvoir subsister à l'état gazeux. Ce corps est insoluble dans l'eau; il donne une teinte bleue à l'alcool bouillant; mais celui-ci se décolore ordinairement au bout de quelque temps, après avoir déposé des traces de bleu d'indigo. Il est insoluble dans l'éther, les acides faibles et les alcalis; le chlore et les acides sulfurique et nitrique le détruisent. (*Annalen der Chemie*, 1827, n°s 5 et 6.)

Sur les Sulfo-Carbonates; par LE MÊME.

Le sulfure de carbone peut se combiner avec les sulfures et donner lieu à des sulfo-carbonates. Le seul moyen de préparer ces composés consiste à remplir un flacon avec un sulfure assez énergique mêlé d'eau et de sulfure de carbone, à bien boucher ce flacon et à le maintenir à une température de 30°: alors la combinaison s'opère peu à peu; elle n'a pas lieu avec les sur-sulfures.

Les sulfo-carbonates se décomposent par la chaleur, et il y en a même plusieurs qui se décomposent par la dessiccation. Les sulfo-carbonates des radicaux alcalins présentent, en dissolution concentrée, une couleur rouge foncée; leur saveur est hépatique, un peu caustique et analogue à celle du poivre. En les mêlant avec l'acide muriatique, on obtient la liqueur rouge huileuse découverte par M. Zeise, et qui est une combinaison de sulfide hydrique et de sulfide carbonique.

Les dissolutions des sulfo-carbonates, lorsqu'elles sont étendues, se décomposent rapidement à l'air; mais les dissolutions concentrées peuvent être évaporées à une chaleur douce, sans altération sensible. (*Ann. de Chimie*, t. XXXII.)

Faculté que possèdent les gaz de traverser le mercure; par M. FARADAY.

Ayant rempli aux $\frac{4}{5}$ trois flacons d'un mélange bien sec de deux volumes de gaz hydrogène et d'un volume de gaz oxigène, l'auteur ferma ces flacons renversés sur le mercure, avec leurs bouchons bien dressés et dépolis, mais non graissés, et il les conserva dans cette position, enfoncés de toute la hauteur du bouchon, dans le mercure pendant quinze mois; au bout de ce temps il examina les gaz; l'un des flacons ne contenait que de l'air atmosphérique, sans trace d'hydrogène; le second et le troisième contenaient environ moitié de leur volume d'air atmosphérique et moitié du mélange d'oxigène et d'hydrogène.

Il suit de là que les gaz ont dû passer du flacon dans l'atmosphère et de l'atmosphère dans le flacon, en glissant autour du bouchon et en traversant le mercure.

Il y a lieu de croire que si les bouchons eussent été enduits d'un corps gras, les flacons auraient été exactement fermés, et que les gaz s'y seraient conservés. (*Ann. of Phil.*, novembre 1826.)

Fluidité du soufre à des températures ordinaires ; par LE MÊME.

Ayant placé une bouteille de Florence, contenant du soufre, sur un bain de sable chaud, on l'y laissa. Le lendemain matin, le bain étant froid, on trouva la bouteille cassée; la presque totalité du soufre avait disparu. Les parois internes de la bouteille étaient enduites de soufre, consistant en grands et petits globules entremêlés. Le plus grand nombre de ceux-ci, formant peut-être les deux tiers du tout, se trouvaient dans l'état de solidité et d'opacité ordinaire; les autres globules étaient fluides, quoique la température eût été; durant quelques heures, celle de l'atmosphère. En touchant l'une de ces gouttes, elle devient immédiatement solide, cristalline et opaque, prenant l'état ordinaire du soufre, et ressemblant parfaitement, dans son apparence extérieure, aux autres globules. Cette métamorphose s'opérait très rapidement : à peine avait-on appliqué un fil de fer ou tout autre corps sur ces gouttes, de manière à les comprimer, qu'aussitôt elles se solidifiaient. Cet effet pouvait s'obtenir au moyen d'un mouvement prompt. En passant le doigt sur ces gouttes elles y laissaient une sorte de tache; touchées soit par du métal, soit par du verre, soit par du bois, soit par la peau, la transmutation semblait également rapide, mais elle paraissait exiger un contact actuel. Nulle vibration du verre, sur lequel ces gouttes reposaient, ne les rendait solides, et plusieurs d'entre elles conservèrent, durant une semaine, leur état de fluidité. Cet état du soufre paraît évidemment analogue à celui de l'eau qui a passé à l'état d'immobilité au-dessous de son point de congélation. D'autres corps possèdent aussi la même propriété; mais il n'en existe aucun où la différence entre le point de fluidité ordinaire et celui que l'on pourrait obtenir de cette manière soit aussi grand : cette différence était de de 130^{d} Fahrenheit, et on aurait pu l'augmenter encore, si on eût fait l'application d'un froid artificiel. (*Journ. of Sciences and Arts*, juillet 1826.)

Tubes pour conserver les liquides; par LE MÊME.

Pour conserver certains liquides dont on n'a qu'une petite quantité, et qu'il importe de mettre à l'abri de tous corps étrangers, l'auteur se sert de tubes qu'il dispose de la manière suivante :

On ferme un tube ordinaire à la lampe, on tire ensuite le bout opposé en l'évasant en entonnoir; on verse dans l'entonnoir le liquide à conserver, puis on chauffe le bout fermé; l'air s'échappe du tube pour la plus grande partie, et par le refroidissement le liquide s'y introduit de lui-même; on casse alors la partie effilée, et, dirigeant sur le bout la pointe de la flamme du chalumeau, on le ferme. Lorsqu'on veut prendre très peu de liqueur ou la totalité, on casse le petit bout du tube effilé et on chauffe plus ou moins le liquide. (*Technical Rep.*, 1825.)

Nouveau moyen d'extraire l'or du minerai de platine; par M. Arkhipoff.

On a mis, dans un vase de verre, 5 livres 22 zolotnicks de platine, provenant des mines de Goroblagadatsch, et contenant des paillettes d'or, 18 zolot. de mercure, et 4 d'acide nitrique; on a agité le mélange avec une lame de cuivre; on y a ensuite ajouté de l'eau, de manière à ce qu'il en soit recouvert d'un pouce et demi; puis on y a plongé une lame de cuivre, en la promenant dans tous les sens. Il s'est attaché à cette lame de l'amalgame d'or qu'on en a facilement enlevé en la frottant sur l'eau, et en réitérant la même manœuvre jusqu'à ce qu'il ne s'attachât plus rien à la lame : tout l'or s'est trouvé séparé du platine.

L'amalgame distillé a laissé 53 zolotnicks d'or; on a chauffé le platine sur une plaque de fer pour volatiliser le mercure; le résidu a pesé 4 livres, 63 zolot.; la perte n'a été que de 2 zolotniks, et elle doit être attribuée au sable fin que contenait le minerai. (*Journ. des Mines de Pétersbourg.*)

Examen chimique de la résine du figuier; par M. Bizio.

Cette résine est molle et visqueuse aussitôt après son extraction; elle n'a pas de saveur ni d'odeur; sa densité est moindre que celle de l'eau : chauffée, elle se fond; peu après elle produit une espèce d'ébullition qui est suivie de sa complète décomposition. Elle ne s'enflamme pas à l'approche d'une lumière, parce qu'elle se fond et tombe; elle n'est soluble ni dans l'eau chaude ni dans l'eau froide; elle ne l'est pas dans l'alcool froid, mais elle l'est dans l'alcool chaud, d'où elle se précipite par refroidissement. L'éther la dissout à froid en petites proportions, et à chaud en quantité beaucoup plus considérable. Les huiles grasses et volatiles sont ses meilleurs dissolvans. L'acide sulfurique concentré dissout très bien cette résine à froid, et donne une belle couleur rouge : cette couleur tourne au brun après un jour; cependant alors la résine se précipite par l'eau sans avoir été altérée. A chaud, si l'on ajoute de l'eau pure, la couleur passe au brun; il se fait un précipité, et la liqueur reste d'un beau rouge. Le précipité, bien lavé et desséché, se dissout en entier dans l'alcool. Cette liqueur orangée étant évaporée, le résidu se dissout parfaitement dans l'eau; c'était du tannin artificiel.

L'acide nitrique, à chaud, attaque fortement cette résine; la potasse et la soude n'en dissolvent qu'un peu à chaud, en fournissant une masse demi-transparente. (*Giorn. di Fisica*, 1827.)

Préparation de l'acide mellitique; par M. Woehler.

On verse, sur de la mellite bien pulvérisée, une solution concentrée de carbonate d'ammoniaque, ce qui produit de suite un dégagement d'acide carbonique, et on fait bouillir jusqu'à l'évaporation complète de l'ammoniaque ajoutée en excès; on filtre alors le mellitate d'ammoniaque obtenu, afin d'enlever l'alumine de la mellite, et le laisser cristalliser. Les cristaux purs sont ensuite dissous dans l'eau, et précipités par l'acétate de plomb. Le mellitate du plomb, ainsi obtenu, est bien lavé et décomposé par le gaz acide hydrosulfurique. On évapore, jusqu'à siccité, la solution filtrée de l'acide mellitique qu'on vient d'isoler : ce dernier se présente alors sous forme d'une poudre blanche, à peine cristallisée; dissout à froid dans l'alcool, et abandonné à une évaporation spontanée, il se cristallise en aiguilles très fines, groupées en étoiles; il est très acide, inaltérable à l'air, bien soluble dans l'eau et l'alcool; il supporte, avant de se carboniser, un degré assez élevé de chaleur, et n'entre pas en fusion : chauffé dans un tube de verre, il se sublime. L'acide sulfurique concentré froid est sans action sur lui; mais bouillant, il le dissout sans l'altérer.

Les mellitates que M. *Woehler* a préparés sont ceux d'alumine (mellite), de chaux, d'ammoniaque, de soude, de potasse, d'argent, d'argent et de potasse, de plomb et de cuivre.

La mellite est composée d'acide mellitique 41,4, d'alumine 14,5, d'eau 44,1, de légères traces de fer et d'une substance résineuse. (*Ann. der Chemie*, 1826, n° 5.)

Moyen de séparer l'arsenic du nickel et du cobalt; par LE MÊME.

On fait un mélange d'une partie de kupfernickel fondu et réduit en poudre fine, de 3 parties de carbonate de potasse, et d'autant de soufre; on fond le tout dans un creuset de Hesse couvert. Quand la masse est refroidie, on verse dessus de l'eau qui opère la solution du foie de soufre, et laisse pour résidu une poudre cristalline d'un jaune de laiton. Cette poudre est du sulfure de nickel, qu'on lave avec soin. De l'acide muriatique, versé dans la solution du foie de soufre, donne un précipité jaune, abondant, de sulfure d'arsenic. Pour se convaincre de l'absence de l'arsenic dans le sulfure de nickel ainsi obtenu, l'auteur en fit dissoudre environ une once dans de l'acide nitrique: le résidu de soufre ne contenait pas d'arsenic; il fit passer, pendant vingt-quatre heures, un courant de gaz hydrogène sulfuré dans la solution du nitrate, de manière à l'en saturer complétement; mais il ne se forma qu'un très faible dépôt brun noir, composé en grande partie de sulfure de cuivre. L'auteur exposa ce précipité à une haute température avec un peu de nitre; il traita la masse par l'eau; il ajouta à la solution de l'eau de chaux, et il n'obtint qu'un précipité très peu important, qui n'était que du carbonate de chaux. L'oxide de cuivre, obtenu par la déflagration, fut essayé au chalumeau, et ne montra pas la moindre trace d'arsenic.

Dans la fusion du kupfernickel avec le carbonate de potasse et le soufre, il suffit d'une chaleur portée graduellement jusqu'au rouge, et à peine capable de faire entrer le mélange en fusion.

Le traitement du cobalt est le même que celui du nickel; seulement la précaution de faire fondre une seconde fois le sulfure métallique avec du foie de soufre est ici une condition indispensable. (*Archiv für Bergbau*, 1826.)

Sur la distillation de l'huile de ricin ; par MM. Bussy *et* Lecanu.

Cette huile donne, par la distillation, trois sortes d'acides. Le premier, que les auteurs nomment *ricinique*, est fusible à 22° au-dessus de la congélation de l'eau ; un autre, qu'ils appellent *stéaro-ricinique*, se cristallise en belles paillettes, et ne se fond qu'à 130° ; le troisième, qu'ils appellent *oléo-ricinique*, demeure, au contraire, liquide à plusieurs degrés au-dessous du point de la congélation de l'eau. Les acides sont volatiles, plus ou moins solubles dans l'alcool, et complétement insolubles dans l'eau ; ils forment, avec diverses bases, surtout avec la magnésie et l'oxide de plomb, des sels dont les caractères sont très distincts. L'huile de ricin, qui ne donne ni acide oléique ni acide margarique, ne contient donc ni oléine ni stéarine, et elle est d'une nature particulière.

En effet, soit qu'on la distille, ou qu'on la convertisse en savon, elle donne des résultats qui lui sont propres. Lorsqu'on l'a distillée, par exemple, après que les huiles volatiles et les acides ont passé dans le récipient, il reste dans la cornue un acide solide, équivalent aux deux tiers de son poids, blanc-jaunâtre, boursoufflé, semblable à de la mie de pain, qui brûle aisément sans se fondre, qui n'est soluble que dans les alcalis, et qui forme avec eux une sorte de savon. Les auteurs croient qu'on pourrait en tirer un vernis propre à être employé sur les tôles qui doivent subir une assez forte chaleur. (*Analyse des travaux de l'Académie des Sciences*, pour 1826.)

Température la plus basse à laquelle l'oxide de fer est complétement réduit par le gaz hydrogène; par M. G. Magnus.

L'auteur a placé de l'oxide de fer dans une boule soufflée au milieu d'un tube de verre barométrique; il a fait passer du gaz hydrogène pur à travers le tube, et il a placé la boule successivement dans l'eau bouillante, dans l'huile de navette bouillante, et dans un bain de plomb fondu. Pendant l'immersion dans l'eau et dans l'huile, il n'y eut point de réduction, puisqu'il ne se produisit pas d'eau; mais quand on plongeait la boule dans du plomb fondu, on vit l'eau ruisseler dans la partie intérieure du tube, et la réduction s'opérer complétement. Pour déterminer la température du plomb, on enfonca dans le bain deux tubes de verre contenant l'un du mercure, et l'autre du zinc: le mercure entra en ébullition, et le zinc ne se fondit pas. Il s'ensuit que la réduction de l'oxide de fer commence à avoir lieu à peu près à la température de l'ébullition du mercure.

Après avoir laissé refroidir le fer dans le gaz hydrogène, on l'a fait sortir du tube, et il s'est enflammé aussitôt qu'il a eu le contact de l'air. (*Ann. der Phys.*, juin 1826.)

Sur la décomposition des sulfures métalliques par l'hydrogène; par M. Rose.

L'hydrogène ayant une affinité moindre pour le soufre que pour l'oxigène, il s'ensuit qu'il n'y a que peu de sulfures métalliques réductibles par l'hydrogène, et ce seront les sulfures des métaux dont les oxides se réduisent très facilement par ce même gaz. D'après les expériences de M. *Rose*, ce sont les seuls sulfures d'antimoine, de bismuth et d'argent qui se réduisent facilement par ce moyen. Le sulfure d'étain produit de l'hydrogène sulfuré par l'hydrogène, et il est très probable que le sulfure d'étain n'est pas réductible complétement, du moins à une température un peu moindre que celle qu'exige la fusion du verre. Les sulfures de plomb et de cuivre ne sont pas décomposés par l'hydrogène, et à plus forte raison le sulfure de zinc. Le sulfure de nickel et le sulfure de plomb sont dans le même cas.

L'affinité du chlore pour l'hydrogène est plus forte que n'est celle du soufre pour ce gaz; mais elle est plus faible que celle de l'oxigène pour l'hydrogène. L'iode, dans sa combinaison avec l'hydrogène, est déplacé par le chlore: aussi l'oxide de cuivre se réduit-il facilement par l'hydrogène, plus difficilement par le chlorure de cuivre, mais néanmoins complétement; en partie seulement par l'iodure de cuivre. Le sulfure de cuivre enfin n'est pas décomposé par l'hydrogène. Le phosphure de cuivre, avec le maximum de phosphore, n'est pas non plus complétement décomposé par ce gaz. (*Même journal*, 1825.)

De l'action réciproque de différens corps mis en contact avec les éthers sulfurique, nitreux, acétique et hydrochlorique; par M. Henry.

L'auteur conclut des différens essais qu'il a faits: pour *l'éther sulfurique*, 1°. que les métaux facilement oxidables, et que les oxides capables de s'unir avec l'acide acétique, donnent naissance à des quantités plus ou moins sensibles d'acétates, en décomposant probablement, non pas l'éther sulfurique, mais l'éther acétique, qui s'y trouve toujours, et que c'est à la saturation de l'acide acétique mis à nu par suite de cette décomposition, que l'éther sulfurique doit, en s'évaporant, de ne pas rougir le papier de tournesol, tandis qu'il agit différemment lorsque, exposé à une légère chaleur, il laisse décomposer par l'action de l'air cette petite quantité d'éther acétique dont il est mêlé, et qui n'a pas été combinée aux oxides; 2°. que le phosphore et le soufre se dissolvent dans l'éther sulfurique à la température ordinaire, le premier surtout en proportion assez grande; 3°. que le protochlorure de fer y cristallise en prismes à 6 pans, et en rhomboïdes d'un vert émeraude.

Pour les éthers nitreux et acétique : que ces éthers sont décomposés facilement avec le temps, sans l'intermédiaire de la chaleur, par beaucoup de corps, de manière à donner naissance, entre autres produits, à leurs acides, à des acétates et à l'alcool qui dissout les sels formés. Les résultats fournis par l'éther acétique se rapprochent beaucoup de ceux observés pour l'éther sulfurique.

Quant à l'éther hydrochlorique, on peut dire également qu'il dissout le soufre et le phosphore d'une manière très sensible. (*Journal de Pharmacie*, mars 1827.)

Sur la combinaison appelée pourpre de Cassius; *par M.* Marcadieu.

Le pourpre de Cassius se forme en mélangeant des dissolutions d'hydrochlorate d'or et de protoxide d'étain; elle est formée d'oxide d'étain et d'or présumé à l'état métallique. L'auteur annonce que lorsqu'on traite par l'acide nitrique de l'argent qui contient quelques traces d'or, le résidu de cette action est d'une teinte voisine du pourpre; mais que si l'on a passé préalablement l'argent par la coupelle avec du plomb, on n'obtient, pour résidu de l'acide nitrique, qu'une poudre d'or. Dans le premier cas, il trouvait que le résidu pourpre était une combinaison d'oxide d'étain et d'or. Ainsi, de l'or et de l'étain fondus en petite proportion avec de l'argent pur, donnent un culot qui, traité par l'acide nitrique, laisse pour résidu du pourpre de Cassius. L'étain, mis avec de l'argent aurifère dans l'acide nitrique, donne le même résultat; mais on ne l'obtient point si on remplace l'étain par son oxide. De ces expériences, l'auteur conclut que l'or se trouve à l'état métallique dans le pourpre de Cassius. (*Ann. de Chimie*, février 1827.)

Comparaison entre l'éther muriatique pesant, et l'huile du gaz oléfiant ; par M. Vogel.

L'éther muriatique pesant se forme quand on fait passer un courant de chlore dans l'alcool. Durant la préparation de cet éther, l'auteur observa un singulier phénomène : lorsque l'alcool était proche de son point de saturation, la présence de la lumière solaire faisait que les bulles de chlore qui arrivaient au fond de l'alcool s'élevaient avec une flamme purpurine jetant une lumière très vive, et produisant une vapeur blanche et de violentes secousses dans le liquide. Pour en séparer l'acide muriatique qui pouvait s'y trouver, il est bon de saturer par la craie, et de distiller ; l'alcool part avec l'éther, et on sépare ces deux liquides en y mêlant de l'eau, dans laquelle l'éther est très insoluble. Quant à l'huile du gaz oléfiant, elle se forme par la réaction du chlore et du gaz oléfiant. Les recherches chimiques que M. *Vogel* a faites sur ces deux produits, savoir, l'action d'une haute température, celle de la potasse et du phosphore, qui s'y dissout, font conclure une identité de composition, bien que les propriétés physiques diffèrent un peu, comme suit : densité de l'éther, 1,134 (à 10° R.); de l'huile, 1,214; l'odeur de l'huile est plus aromatique, et sa saveur est plus sucrée que celle de l'éther. (*Journ. de Pharmacie*, décembre 1826.)

Substance amère produite par l'action de l'acide nitrique sur l'indigo ; par M. Liebig.

On traite de l'indigo par 8 ou 10 fois son poids d'acide nitrique d'une force moyenne, à une chaleur très modérée, puis, après l'action, on porte la liqueur à l'ébullition, et on ajoute un peu d'acide nitrique tant qu'il y a dégagement de vapeurs rouges ; les cristaux jaunes obtenus après le refroidissement sont lavés à l'eau froide, puis on les fait dissoudre dans de l'eau bouillante. Passée au filtre, la dissolution produit des cristaux plus purs. Pour achever de les purifier, il faut les neutraliser dans de l'eau bouillante par le carbonate de potasse, et le sel de potasse qui en résulte subit des cristallisations répétées. Enfin on décompose par les acides nitrique, sulfurique ou muriatique, ce sel de potasse dissous dans de l'eau chaude, et après le refroidissement on obtient la substance particulière jaune, qui est l'*amer* d'indigo parfaitement pur. L'auteur la considère comme un acide auquel il donne le nom de *carbazotique*. Les *carbazotates* de potasse, de soude, de baryte, de chaux, de magnésie, détonnent fortement par la chaleur ; celui d'ammoniaque s'enflamme sans explosion et sans flamme ; ceux d'argent et de protoxide de mercure fusent simplement. (*Ann. de Chimie*, mai 1827.)

Sur un nouvel acide ; par M. Julia Fontenelle.

Cet acide est cristallisable, mais la forme de ses cristaux n'a pas encore été bien déterminée ; il est moins soluble dans l'eau froide que l'acide tartrique. Sa solution aqueuse précipite l'eau de chaux en flocons blancs, comme celle de l'acide tartrique, puis le précipité calcaire redissous par l'acide hydrochlorique reparaît en versant de l'ammoniaque dans la liqueur, tandis que celui produit par l'acide tartrique, redissous par le même acide, n'est plus précipité par cet alcali. Cet acide a une affinité plus grande pour la chaux que les acides hydrochlorique et nitrique; car il la précipite des hydrochlorate et nitrate de cette base, comme cela a lieu avec l'acide oxalique; mais il diffère de celui-ci en ce qu'il ne trouble nullement sa solution de sulfate de chaux. Il forme avec la potasse un sel acide, peu soluble dans l'eau froide; il précipite l'acétate de plomb, et le précipité contient une assez grande proportion d'eau combinée, tandis que le tartrate de plomb est anhydre; cependant le nombre équivalent de cet acide est, à quelques millièmes près, le même que celui de l'acide tartrique. Soumis à la dissolution dans une cornue, il se décompose en donnant un produit liquide jaunâtre, très acide comme l'acide tartrique, et laisse un charbon léger qui brûle au contact de l'air, sans résidu. (*Journal de Chimie médicale*, décembre 1826.)

Manière d'agir des chlorures alcalins comme corps désinfectans; par M. GAULTIER DE CLAUBRY.

L'auteur a vérifié, par des expériences directes, la théorie de M. Gay-Lussac, sur l'action du chlorure de chaux considéré comme corps désinfectant. Un courant d'acide carbonique traversant une dissolution de chlorure de chaux, donne lieu à un dégagement de chlore et à un précipité de carbonate de chaux; cette action est, à la vérité, très lente, mais à la longue elle est complète. Un courant d'air infect opère de la même manière la décomposition du chlorure de chaux, et l'air en sort entièrement pur. La potasse caustique n'a pas le même effet sur l'air corrompu. Il est donc bien établi que le chlorure de chaux étant décomposé graduellement par l'acide carbonique de l'air, dégage du chlore qui décompose seulement alors les miasmes répandus dans l'air; mais ces miasmes ne sont point absorbés par la dissolution du chlorure de chaux. (*Ann. de Chimie*, novembre 1826.)

De l'action des alcalis et des terres alcalines sur quelques sulfures métalliques; par M. Berthier.

Les alcalis caustiques décomposent les sulfures de plomb, de cuivre, de mercure, de zinc, d'étain et de fer. Les carbonates alcalins les décomposent tous aussi, mais seulement lorsqu'il y a contact de chaleur: en l'absence du charbon, il y a quelques sulfures sur lesquels ils n'ont aucune action. La baryte, la strontiane et la chaux mêlées de charbon, se comportent avec les sulfures comme les alcalis. Dans toutes ces décompositions il se forme des sulfures à base de métaux alcalins ou alcalino-terreux, et ces sulfures retiennent en combinaison une certaine quantité de sulfure soumis à l'expérience. Cependant, lorsque celui-ci a pour base un métal très volatil, la décomposition peut en être complète. La proportion du sulfure qui reste dissous dans les sulfures alcalins dépend de plusieurs circonstances; la présence du charbon a toujours pour effet de la diminuer beaucoup; elle est d'autant moindre aussi que la fusion a lieu à une température plus élevée. La réduction à l'état métallique de la portion de l'alcali, ou de la terre alcaline qui se combine avec du soufre, s'opère soit par l'action d'une portion de soufre de sulfure métallique, quand le métal est peu oxidable, et alors il se forme de l'acide sulfurique qui reste dans la scorie combiné avec l'excès d'alcali; soit par l'action du métal lui-même lorsqu'il est très oxidable. L'addition du charbon empêche l'acidification du soufre et l'oxidation du métal: alors c'est ce corps qui réduit l'alcali ou la terre alcaline. (*Annales de Chimie*, octobre 1826.)

Sur le sulfate de soude anhydre; par M. Thomson.

Dans une fabrique de carbonate de soude à Glasgow, on décompose le proto-sulfate de fer par le sel marin, et le sulfate de soude qui en résulte est transformé en carbonate par la méthode ordinaire. Depuis quelque temps on avait pris l'habitude de faire bouillir les solutions de sulfate de soude, et pendant cette opération il se formait dans la bouilloire de grands cristaux octaédriques, compactes, transparens. Ils ne perdent rien par la chaleur; ils sont un peu efflorescens; leur pesanteur est de 2,645 : fondus dans un creuset de platine, ils se comportent par le refroidissement comme le sulfate aqueux : 100 parties d'eau dissolvent 10,58 parties de ce sel à 57° Fah., et ce dernier cristallise ensuite en sulfate ordinaire. Le sulfate anhydre n'est point acide. Il existe donc maintenant trois sulfates de soude : 1°. un sulfate anhydre ; 2°. un sulfate hydraté, avec dix atomes d'eau ; 3°. un sulfate cristallisant à une température élevée dans une solution supersaturée, en s'appropriant huit atomes d'eau. (*Ann. of Philosophy*, décembre 1826.)

Combinaison du chlore et du cyanogène ou *cyanure de chlore ; par M.* Serrulas.

Le chlore et le cyanure de mercure humide en contact, étant exposés aux rayons d'un soleil ardent, il se forme du bi-chlorure de mercure, de l'hydrochlorate d'ammoniaque, un *liquide jaune*, des traces de cyanure de chlore et de l'acide carbonique ; le liquide jaune se forme en plus grande quantité à la lumière solaire, quand le chlore est mis en contact avec la cyanure de mercure dissous dans un peu d'eau.

Le cyanogène et le chlore parfaitement secs n'agissent pas l'un sur l'autre, même à la lumière ; mais, humides et exposés à cette lumière, ils réagissent.

L'acide hydrocyanique versé dans des flacons de chlore non desséché, et dans l'obscurité, donne lieu à une formation abondante d'hydrochlorate d'ammoniaque, à de l'acide carbonique et à de l'oxide de carbone. Quand le chlore est en grand excès, il y a encore production d'une autre substance solide, qui à l'air répand des vapeurs d'acide hydrochlorique. Enfin l'acide hydrocyanique et le chlore exposés aux rayons solaires, produisent de l'hydrochlorate d'ammoniaque et du liquide jaune : celui-ci est insoluble dans l'eau et soluble dans l'alcool ; en le distillant sur du chlorure de calcium et du marbre, on finit par le transformer en un liquide blanc extrêmement acide et piquant, en un corps solide cristallisé, et en acide hydrochlorique absorbé par le marbre. (*Annales de Chimie*, septembre 1827.)

Sur le cyanure de brôme; par LE MÊME.

Le brôme, dont M. Balard a enrichi la chimie (voyez *Archives de* 1826, p. 135), a tant d'analogie avec le chlore et l'iode, qu'il forme avec les autres corps des combinaisons semblables à celles que le chlore et l'iode forment eux-mêmes : c'est ce que confirment les nouveaux résultats de M. *Serrulas*. Ces nouveaux résultats consistent dans la production d'un éther hydrobromique et d'un cyanure de brôme qui s'obtiennent de même que l'éther hydriodique et le cyanure d'iode, qui s'en rapprochent singulièrement par leur aspect et leurs propriétés. L'éther hydrobromique est un liquide incolore plus pesant que l'eau, très volatil, d'une odeur forte et éthérée, d'une saveur piquante, très soluble dans l'alcool, dont il est précipité par l'eau. Quant au cyanure de brôme, il cristallise en longues et belles aiguilles très déliées, sans couleur, d'une grande solidité, d'une odeur extrêmement piquante, et d'une action si forte sur l'économie animale, qu'un grain de cyanure dissous dans un peu d'eau suffit pour tuer un lapin. D'ailleurs, dans toutes les épreuves auxquelles le cyanure du brôme a été soumis par M. *Serrulas*, il ne s'est présenté aucun phénomène qui puisse faire croire que le brôme soit un corps composé. Il résulte des expériences faites par l'auteur que le brôme se solidifie à 20° au-dessous de zéro; qu'il exerce une grande action sur l'hydriodure de carbone, et que de là résulte, avec beaucoup de chaleur, un bromure d'iode soluble dans l'eau, et un hydrocarbure de brôme presque insoluble, au contraire, dans ce liquide éthéré et sucré. (*Extrait d'un rapport fait à l'Académie des Sciences, par MM.* Thenard *et* Chevreul.)

Moyen d'extraire le brôme des eaux mères des salines; par M. Desfosses.

On fera bouillir l'eau mère avec environ un sixième de son poids de chaux vive, préalablement réduite en bouillie. Le dépôt ayant été lavé, les eaux de lavage seront réunies et évaporées jusqu'à ce que le sel qui se dépose, et que l'on retire, devienne piquant et amer. A cette époque, l'eau mère sera réduite à un dixième de son volume primitif; on l'introduira dans une cornue de verre avec un peu d'acide muriatique et de peroxide de manganèse; on adaptera à la cornue un tube qui viendra plonger dans une éprouvette étroite et longue, contenant de l'eau et environnée de glace. On soumettra ensuite à la distillation, et 30 livres d'eau mère ainsi traitée donneront environ un gros de brôme. (*Journal de Pharmacie*, mai 1827.)

Sur l'acide iodo-fluorique; par M. VARVINSKI.

En faisant arriver dans un ballon des vapeurs d'iode et de gaz fluo-silicique, l'auteur a remarqué que les parois du ballon se couvraient d'une pellicule blanche, et qu'en même temps la vapeur d'iode était absorbée. L'appareil ayant été démonté, on versa de l'eau dans le ballon; une partie de la silice se décomposa instantanément sous forme de gelée. Après avoir filtré la dissolution, on obtient une liqueur jaunâtre; ajoutant ensuite du carbonate d'ammoniaque en excès, la silice qui reste dans la dissolution se précipite, et le gaz acide carbonique se dégage avec effervescence. La dissolution filtrée était très alcaline; mais chauffée jusqu'à l'ébullition, elle perdait un peu de son alcalinité, et devenait à la fin parfaitement acide. Dans cet état, elle déposait, par le refroidissement, une multitude de petits cristaux qui avaient une belle couleur jaune d'or, et possédaient toutes les propriétés d'un très fort acide. Ce sont ces cristaux que l'auteur appelle *acide iodo-fluorique*. (*Bulletin des Sciences physiques*, décembre 1827.)

Sur le fluorure de chrôme; par M. UNVERDORBEN.

En distillant, dans une cornue de plomb, un mélange d'une partie de spath fluor, une partie de chromate de plomb, et 3 parties d'acide sulfurique fumant, on obtient un gaz composé de fluor et de chrôme, et que l'on peut recueillir sur le mercure dans des vases de platine. Ce gaz ne se liquéfie pas à 0° ; l'eau le décompose en acide fluorique et en acide chromique, et quand le liquide n'est employé qu'en petite quantité, l'acide chromique se sépare à l'état anhydre, et sous forme de petits cristaux. Le gaz forme, avec l'ammoniaque sèche, un composé jaune pulvérulent et volatil.

Pour analyser le fluorure de chrôme, l'auteur l'a recueilli dans de l'eau tenant de la silice en suspension ; il a évaporé à sec, et a reçu le gaz fluo-silicique, qui s'est dégagé dans une dissolution de muriate de chaux, mêlée d'ammoniaque ; enfin il a dosé le chrôme en le transformant en protoxide. D'après le résultat qu'il a obtenu, le composé doit contenir

Chrôme....................	0,334
Fluor.....................	0,666

L'acide chromique anhydre, chauffé à une température ménagée, se fond en un liquide rouge-brun ; une chaleur plus élevée le transforme en protoxide avec dégagement d'oxigène. Cet acide absorbe le gaz ammoniac avec production d'une vive lumière, et presque aussitôt il se décompose avec formation d'eau et d'azote.

Les acides tungstique et molybdique, et les oxides d'antimoine, d'étain et de titane, ne donnent pas de fluorure avec le spath fluor et l'acide sulfurique. Avec l'oxide de titane, lorsqu'on opère dans une cornue de verre, il se dégage une vapeur qui paraît être un composé de fluorure de silicium et de fluorure de titane. (*Ann. der Phys.*, 1826.)

Moyen de découvrir la présence de l'acide borique dans les minéraux; par M. Turner.

On fait un flux avec une partie de fluate de chaux, et 4 ½ parties de bi-sulfate de potasse; on en mêle une certaine quantité avec le minéral pulvérisé (une à deux fois le poids du minéral); on humecte le mélange sur la paume de la main, et on en place une petite portion sur le fil de platine, puis on chauffe au chalumeau dans la partie de la flamme située entre l'extrémité de la mèche et l'extrémité du cône bleu. Lorsque le minéral renferme de l'acide borique, la flamme se colore en un beau vert autour de la matière d'essai, quelques instans avant que la fusion s'opère; la couleur disparaît aussitôt que la fusion a lieu, et ne se reproduit plus.

Le fluate de chaux, le bi-sulfate de potasse isolément, le fluate de chaux et le sulfate d'ammoniaque, l'acide sulfurique, ne présentent pas le même phénomène avec les minéraux qui renferment de l'acide borique. Il est probable qu'avec le mélange de fluate de chaux et de bi-sulfate de potasse, il se forme de l'acide fluoborique. (*Edinb. phil. Journal*, 1826.)

Sur l'acide hyposulfurique; par M. Heeren.

L'auteur s'est occupé des phénomènes qui accompagnent la préparation de cet acide, et particulièrement des considérations cristallographiques sur les différens hyposulfates; il a remarqué que dans la préparation de l'acide hyposulfurique, la plus grande partie de l'acide sulfurique, qui se développe simultanément, se forme aux dépens du peroxide de manganèse, et qu'une petite partie est formée aux dépens de l'hydrate hyperoxidule du même métal; que, de plus, cette dernière circonstance donne lieu à la production du sulfate de manganèse. Cherchant alors à quelle influence on pouvait attribuer la formation d'une plus ou moins grande quantité d'acide hyposulfurique, par rapport à l'acide sulfurique qui se développe simultanément, il a observé qu'une température basse, une petite quantité d'hydrate hyperoxidule de manganèse, un grand degré de finesse de la poudre de manganèse employée, étaient des conditions nécessaires pour obtenir proportionnellement plus d'acide hyposulfurique que d'acide sulfurique; enfin que la plus grande partie de l'acide hyposulfurique se formait au commencement de l'opération, tandis que vers la fin seulement, l'acide sulfurique se développait en plus grande proportion. (*Ann. der Phys. und Chem.*, 1826.)

Composition chimique des cendres de tabac; par M. Payen.

Cent parties de cendres de tabac contiennent :

Carbonate de chaux	42
Phosphate de chaux	6
Silice	12
Chlorure de potassium et sodium	28
Sulfate de potasse	9
	97

Le reste est sous-carbonate de potasse, oxides de manganèse et de fer, sulfate et sulfure de chaux, charbon et matière animale.

On peut regarder comme une composition moyenne de la cendre des côtes mélangées, la proportion de 0,35 de sels solubles dans l'eau, et de 0,65 de matières insolubles.

Cette cendre brute est un très bon fondant pour le verre à bouteilles : elle équivaut presque, pour cet usage, à la soude de varec; elle peut même entrer en petite quantité dans la composition du verre à vitres.

Le salin obtenu de la lixiviation des cendres peut être utilement employé dans la composition du verre blanc, dans la fabrication de l'alun, et dans la préparation du salpêtre. (*Ann. de l'Industrie*, mai 1827.)

Acide citrique extrait des groseilles; par MM. Chevalier et Tilloy.

M. *Chevalier* fait fermenter, pendant trois semaines, le citrate de chaux brut dans de l'eau aiguisée d'acide nitrique, puis il clarifie l'acide citrique au charbon animal épuré par l'acide hydrochlorique, enfin il terre l'acide pour achever de le blanchir. Il obtient ainsi 4 gros $\frac{1}{2}$ d'acide pur de 10 livres de groseilles.

M. *Tilloy* fait d'abord subir aux groseilles la fermentation alcoolique, et il les distille. Il sature ensuite les vinasses par la craie; il répète cette saturation de l'acide deux fois, enfin il traite l'acide par le charbon, et il obtient de 200 kilog. de groseilles 10 à 12 litres d'eau-de-vie à 20°, et un kilog. d'acide citrique pur. (*Même journal, même cahier.*)

Alliages métalliques nouveaux; par M. COOPER.

L'auteur a essayé les proportions suivantes pour composer un alliage imitant l'or : 1°. 16 parties de cuivre, 4 de platine, 3 de zinc, lui ont donné un alliage bien homogène, compacte, susceptible d'un beau poli, ayant une couleur d'or passable. Il a fondu le cuivre d'abord, puis il a jeté, dans le métal en fusion, le zinc et le platine enveloppés de papier et en ajoutant un peu de résine. Il tint l'alliage en fusion pendant une demi-heure, puis le coula dans une lingotière graissée.

2°. Il est parvenu à faire un alliage, pour miroir, très beau, et d'un blanc argentin tirant un peu sur le bleu, très dense, très friable, et susceptible d'un très beau poli. Voici les proportions employées :

Cuivre	320 gr.
Étain	165
Zinc	20
Arsenic	10

En ajoutant aux proportions ci-dessus 60 grains de platine, l'alliage prit un aspect un peu jaunâtre; le grain en fut plus fin, la pesanteur spécifique plus grande et le poli beaucoup plus beau. (*Techn. Rep.*, juillet 1827.)

ÉLECTRICITÉ ET GALVANISME.

Propriété particulière des conducteurs métalliques de l'électricité; par M. Delarive.

M. Marianini avait démontré que des plaques métalliques, interposées dans un courant d'électricité, ne retenaient point d'électricité en mouvement, mais acquéraient, pour un temps plus ou moins long, de nouvelles propriétés, en vertu desquelles la face de la plaque, tournée vers la source de l'électricité positive, devenait l'élément positif, et la face tournée vers la source d'électricité négative, l'élément négatif des piles de Ritter; c'est-à-dire que la plaque se trouvait transformée en une véritable paire électro-motrice que ne détruisait ni le lavage ni le frottement des faces de la plaque.

M. *Delarive* a observé que les extrémités d'une pile en activité sont des fils de platine, plongeant, sans se toucher, dans une dissolution saline. La pile ayant agi suffisamment, on enlève les deux fils de platine, on les attache aux extrémités du fil d'un galvanomètre, et on les fait plonger, par leurs bouts libres, dans un autre liquide conducteur. Aussitôt la déviation de l'aiguille aimantée annonce, dans le galvanomètre, l'existence d'un courant qui va du fil précédemment négatif au fil précédemment positif, à travers le liquide conducteur, le sens du courant étant ainsi contraire à celui du courant dans la pile.

L'auteur enlève à chaque fil de platine la portion précédemment immergée dans le conducteur liquide traversé par le courant, et les portions restantes conservent leur polarité, quoique à un moindre degré, comme quand on a brisé des aimans. Ainsi, ce n'est plus le contact des deux matières hétérogènes, qui seul puisse produire un courant électrique. Le même métal identique, dans toute sa longueur, peut offrir une polarité électrique, analogue à la polarité magnétique, dérivant probablement d'une série de décompositions du fluide électrique d'un bout à l'autre du fil métallique. (*Mém. de la Soc. d'Hist. nat. de Genève*, t. III.)

Des décompositions chimiques, opérées avec des forces électriques à très petite tension; par M. Becquerel.

Quand deux fils métalliques de différente nature sont soudés bout à bout, le courant électrique que l'on y produit a le même sens, que l'on chauffe à droite ou à gauche de la soudure; mais il n'en est pas de même quand les métaux ne se touchent que par quelques points. Ainsi, deux fils, l'un de platine, l'autre de cuivre, étant simplement réunis par des anneaux pratiqués à l'un des bouts, ces deux anneaux étant passés l'un dans l'autre, et les autres extrémités des fils communiquant avec les pôles du galvanomètre, si l'on brûle un peu de soufre sur l'anneau de cuivre, tandis que l'on rougit l'anneau de platine au moyen d'une lampe à alcool, l'électricité négative est fournie par le platine. Au contraire, si l'on chauffe l'anneau de cuivre plus fortement que celui de platine, ce dernier métal fournira l'électricité positive.

La couche de sulfure qui se forme sur le cuivre augmente l'intensité du courant.

Si l'on fait brûler du soufre à l'un des bouts du fil de cuivre qui forme le galvanomètre, et que l'on pose l'autre bout dessus, le courant électrique qui en résulte est plus intense que celui qui provient d'une simple différence de température. Si maintenant on plonge dans les branches d'un tube en U, plein de nitrate de cuivre dissous, des fils de cuivre qui viennent communiquer chacun avec l'un des bouts de l'appareil, le fil négatif se recouvre de cuivre métallique, et le fil positif d'oxide. Mêmes résultats pour des fils d'étain plongés dans une dissolution de muriate d'étain, pour des fils de zinc, d'argent, de plomb, mis dans leurs dissolutions respectives. Les fils de platine sont sans action sur la dissolution de platine. Des fils de platine, d'or, d'argent, etc., plongés dans les dissolutions d'étain, de plomb ou de cuivre, sont sans action. Néanmoins, quand on plonge deux fils d'argent dans les dissolutions de sulfate et de nitrate de cuivre, le fil positif est toujours attaqué par l'acide, et il ne se forme pas de précipité sur le fil négatif. Dans le nitrate d'argent, les fils de platine produisent un précipité.

Soient deux petits vases de verre, l'un renfermant une dissolution de nitrate de baryte, et l'autre une dissolution de sulfate de cuivre; un petit tube recourbé et plein d'une dissolution légère de sel marin établit la communication entre ces vases. On plonge dans le sulfate le fil de cuivre négatif, et dans le nitrate le fil positif : si l'acide sulfurique se rendait à ce pôle, il y formerait un précipité de sulfate de baryte; mais cela n'arrive point après cinq heures d'expérience, tandis que le fil négatif se recouvre de cuivre et que le fil positif s'oxide; donc l'oxigène est plus facilement transportable, d'un pôle à l'autre, que l'acide sulfurique. Ce phénomène est modifié par la distance plus ou moins grande des fils qui servent de pôles. (*Ann. de Chimie*, février 1827.)

De l'électricité dégagée dans les actions chimiques; par LE MÊME.

L'auteur indique comment on peut s'assurer de l'existence et de la direction des courans électriques, par le contact des oxides, des sulfures, etc., avec les métaux qui en sont les radicaux. Ce procédé consiste à mettre dans deux capsules de porcelaine une dissolution saline, et à les faire communiquer par une mèche d'amiante. On plonge deux métaux pareils, un dans chaque capsule, et nul courant ne s'observe; mais si l'on recouvre d'oxide ou de sulfure un de ces métaux, alors il y a un courant qui démontre que le métal est positif par rapport à son oxide et à son sulfure. Quant au sens du courant produit par le contact des métaux avec les dissolutions salines neutres, pour le déterminer, on remplit les deux capsules de la même dissolution inégalement saturée, et l'on y plonge deux métaux identiques; c'est ainsi que l'auteur a vu que le cuivre est négatif par rapport à la dissolution de sel marin.

Un autre exemple frappant d'électricité dégagée par des actions chimiques, est celui de la décomposition de l'eau oxigénée contenue dans une cuiller de platine. Si l'on vient à y plonger de l'éponge de platine, il y a une vive effervescence, et le courant d'électricité qui s'observe n'est point le résultat du contact du platine avec l'eau oxigénée, puisque l'action serait la même de part et d'autre. (*Même journal*, juin 1827.)

Sur les actions magnétiques excitées dans les corps par l'influence d'aimans très énergiques; par LE MÊME.

Les effets magnétiques produits dans l'acier ou le fer doux, par l'influence d'un barreau fortement aimanté, diffèrent essentiellement de ceux qui ont lieu dans tous les corps où le magnétisme est plus faible. Dans les premiers, quelles que soient les directions qu'ils prennent par rapport au barreau, la distribution du magnétisme s'y fait toujours dans le sens de la longueur, à l'exclusion de toute autre direction, tandis que dans le tritoxide de fer, le bois, la gomme laque, etc., elle a lieu la plupart du temps dans le sens de la largeur, et toujours lorsqu'on n'emploie qu'un seul barreau, et quelle que soit la direction de l'aiguille.

Cette différence d'effets qui établit une ligne de démarcation entre ces deux espèces de phénomènes, tient à ce que le magnétisme étant très faible dans le tritoxide de fer, le bois, etc., on peut négliger la réaction du corps sur lui-même; dès lors, l'action directe du barreau doit l'emporter. Néanmoins, ce principe seul n'explique pas les diverses positions que prennent, en présence du barreau, les corps soumis à leur influence, et dans lesquels la distribution du magnétisme se fait ordinairement dans le sens de la largeur. (*Même journal*, décembre 1827.)

Sur le magnétisme qu'on peut exciter dans tous les métaux; par M. SEEBECK.

L'auteur, faisant de nouvelles recherches sur la propriété qu'ont les métaux de diminuer le nombre des oscillations des aiguilles aimantées, a cherché à déterminer les différens degrés de cette force dans chaque métal. Il s'est servi d'une aiguille de 2 pouces $\frac{1}{8}$ de long, suspendue à un simple fil de soie, à 3 lignes au-dessus des plaques métalliques, et a observé qu'entre les deux amplitudes de 45° et 10°, elle faisait 116 oscillations au-dessus d'une plaque de marbre, 112 au-dessus d'une couche de mercure, 106 au-dessus d'une plaque de bismuth, et 6 au-dessus d'une plaque de fer.

M. *Seebeck* s'est assuré aussi que la nature métallique de l'aiguille aimantée avait la même influence sur les oscillations que les plaques métalliques sous-jacentes, et qu'en alliant des métaux métalliques avec d'autres métaux qui diminuent la force magnétique, il en résultait des alliages dépourvus de toute influence sur les oscillations de l'aiguille aimantée. Il a trouvé que les alliages de 4 p. d'antimoine avec 1 p. de fer, de 3 p. de cuivre avec 1 p. d'antimoine, et

2 p. de cuivre avec 1 p. de nickel, ne produisaient pas la moindre diminution dans le nombre des oscillations. De tout cela, il a tiré la conséquence que ces trois alliages convenaient le mieux pour la confection des boussoles, et que celui de cuivre et de nickel méritait la préférence comme étant le plus malléable. (*Ann. der Chem. and Phys.*, 1826.)

Causes qui produisent les excitations électriques; par M. WALKER.

L'auteur annonce que, pour l'excitation de l'électricité par contact, il faut constamment trois corps d'une faculté excitative différente, et que tous les phénomènes sont soumis à cette condition. Si, par exemple, on met en contact deux portions d'un même métal, et qu'il y ait de l'électricité produite, celle-ci provient de ce qu'il y a trois états différens de température qui sont mis en jeu, et dont l'une est le résultat des deux autres, non moyennes entre celle-ci. Ce qui l'autorise surtout à adopter cette idée, c'est que les courans électriques étaient d'autant plus apparens, qu'il se produisait un troisième état de température plus sensible.

M. *Walker* ajoute que des trois corps nécessaires pour faire un circuit galvanique, il n'y en a que deux qui doivent être considérés comme excitateurs de l'électricité; le troisième ne sert qu'à tenir libres les électricités. Les excitateurs devront se toucher immédiatement ou médiatement : lors du contact médiat, il faut que les excitateurs métalliques soient liés par des métaux, et les excitateurs liquides par des liquides, s'il doit y avoir quelque effet électrique. Des expériences viennent à l'appui de ces énoncés. Les variations de la surface des métaux, leur poli, etc., n'ont aucune influence, selon l'auteur, sur la facilité avec laquelle l'électricité se produit, pas plus que la grandeur des surfaces mises en contact. (*Même journal*, n°. 8, 1825.)

Influence magnétique des rayons solaires ; par M. Christie.

L'auteur, en recherchant l'influence des rayons solaires sur le magnétisme des aiguilles, est arrivé à ce résultat curieux que la vitesse d'oscillation d'une aiguille aimantée est un peu plus grande à la lumière solaire qu'à l'ombre, et qu'elle arrive bien plus vite au repos dans le premier cas que dans le second. En effet, une aiguille horizontale de 6 pouces de longueur, pesant 42,75 grains, et soutenue dans une boîte de laiton, au moyen d'un cheveu, étant écartée primitivement de 30° de son zéro, a donné un arc final de 5° à l'ombre, et de 2° 30 seulement au soleil, en exécutant 50 vibrations en 118 secondes. Cette diminution d'amplitude des arcs n'est pas due à la chaleur acquise par la boîte métallique de l'aiguille en présence des rayons solaires, mais à ces rayons eux-mêmes. On a obtenu le même résultat avec des aiguilles faites de substances non magnétiques placées dans des boîtes de bois. (*Transactions philosoph.*, année 1826.)

Sur les rotations électriques et magnétiques; par M. Babbage.

Une petite lame de laiton, terminée par deux cercles situés dans le même plan que la lame, fut suspendue par son centre, au moyen d'un fil de soie, au-dessus d'un disque de verre, à une distance de $\frac{1}{4}$ de pouce. Le disque porté par une tige en bois faisant 38 tours en une minute, il y eut un petit mouvement de l'aiguille dans le même sens. On chargea l'aiguille d'électricité, on imprima au disque un mouvement moins rapide, et l'aiguille se mit à tourner avec le disque, quelle que fût la direction du mouvement imprimé à ce dernier. Le mouvement de l'aiguille était d'autant plus rapide, que le disque tournait moins vite; l'effet atteignait son *maximum* quand le disque faisait environ 5 tours par minute. Quand l'aiguille n'était pas électrisée, un mouvement très rapide du disque ne produisait sur elle aucun effet. En mettant un petit bâton de cire à cacheter électrisé à la place de l'aiguille, ce bâton fit plusieurs tours quand le disque n'allait pas très vite, mais il restait à peu près fixe quand le disque tournait très rapidement.

On sépara le disque de verre de l'aiguille située au-dessus, en interposant un plan de verre très mince; l'aiguille était en carton, recouverte d'une couche de cire et posée sur un pivot au moyen d'une chape d'agate. Quand le disque faisait 26 tours $\frac{1}{2}$ par minute, l'aiguille achevait sa première révolution en

22′ 45″, et sa dixième révolution dans les 5′ suivantes. Quand le disque faisait 19 tours $\frac{7}{8}$ par minute, l'aiguille achevait sa première révolution après 35′ 52″ de temps, et sa dixième après 42′ 18″. Des disques de cuivre, de plomb, d'étain, de laiton, produisirent le même effet que le disque de verre.

Une aiguille de laiton fut suspendue dans un tube de verre vertical, par un long fil d'argent; l'ouverture inférieure du tube était fermée par une gaze grossière à $\frac{1}{8}$ de pouce de l'aiguille. Un disque d'étain placé en dessous à $\frac{1}{16}$ de pouce de la gaze, et faisant 78 tours en 1′, n'eut aucune action sur les oscillations de l'aiguille; mais en remplaçant cette dernière par une aiguille de cire à cacheter et électrisée, celle-ci se mit à osciller, et de telle manière que l'oscillation rétrograde, c'est-à-dire en sens inverse du mouvement du disque, allait en augmentant, et l'oscillation directe en diminuant. Ce singulier résultat fut observé 17 fois sur 20 observations répétées. En plaçant sous le disque une petite lampe allumée, le centre des oscillations de l'aiguille recula ainsi de 7 à 8°; avec une aiguille de laiton, le mouvement rétrograde n'était guère que de 1 à 2°; d'autres fois le mouvement, d'abord rétrograde, devenait direct; enfin, il arrivait que le mouvement était direct dès le commencement de l'expérience.

L'auteur conclut de toutes ces expériences, qu'il faut y considérer deux genres de résultats distincts, les mouvemens directs et les mouvemens inverses d'une aiguille située au-dessus d'un disque tournant avec plus ou moins de rapidité. Les mouvemens directs de l'aiguille, c'est-à-dire ceux qui s'exécutent dans le sens de la rotation du disque, appartiennent aux corps non conducteurs de l'électricité. Soit que ces corps s'électrisent par le mouvement, soit qu'on les charge préalablement d'électricité, ce fluide ne pouvant s'y mouvoir que lentement, il arrive que l'état d'équilibre, troublé par le mouvement du disque, ne s'y rétablit pas de suite, d'où naissent les mouvemens de l'aiguille. Quant aux mouvemens rétrogrades de celle-ci, l'auteur ne peut en donner une explication aussi probable. (*Même ouvrage, même année.*)

Sur la distribution du magnétisme libre dans les barreaux aimantés; par M. Kupfer.

L'auteur a présenté un barreau cylindrique vertical à une petite aiguille en acier non trempé, à 3 décimètres de distance, et il a observé le nombre de révolutions faites par cette aiguille dans un temps donné; il a, de cette manière, recherché la distribution du magnétisme développé par la terre dans le barreau en question, puis dans ce barreau aimanté graduellement. Il en résulte 1°. que le point d'indifférence est toujours plus près du pôle le plus fort que de l'autre; 2°. qu'un barreau aimanté vertical a plus de force lorsque le pôle boréal (dans notre hémisphère) est tourné en bas, que dans la position contraire; 3°. qu'un barreau aimanté, en le faisant glisser dans toute sa longueur sur un seul pôle d'un aimant, est toujours plus fort au pôle immédiatement produit par le pôle de l'aimant; le point d'indifférence est donc toujours plus près de celui-là que de l'autre; mais il se rapproche du milieu lorsque le magnétisme du barreau augmente uniformément dans toute sa longueur. (*Ann. de Chimie*, septembre 1827.)

Aimantation du fer par la lumière; par M. BAUMGÆRTNER.

L'auteur a pris des cylindres d'un tiers de ligne sur 2 à 3 trois pouces de long; il a poli seulement une de leurs extrémités, et les exposant à la lumière solaire blanche, diffuse ou concentrée, il a remarqué constamment que l'extrémité polie acquérait un pôle nord, et l'extrémité terne un pôle sud. Quand on prenait un plus long cylindre, et qu'on le polissait en divers points de sa longueur, il se développait un nombre correspondant de pôles nord et sud. Quand le cylindre avait été fortement recuit, et qu'il s'était couvert d'une couche noire d'oxide, qu'on laissait subsister à la partie non polie, les mêmes phénomènes se produisaient avec plus d'intensité. L'auteur s'est assuré de diverses manières, et notamment en opérant dans l'obscurité, que le développement du magnétisme n'était point dû à la friction nécessaire pour polir l'une des extrémités du cylindre, et il en conclut généralement que quand un morceau de fer est inégalement frappé par la lumière, la partie douée du plus grand pouvoir réflecteur acquiert un pôle nord.

M. *Baumgærtner* a observé que des aiguilles, dont

l'une des extrémités avait reçu par la trempe, ou de toute autre manière, une couleur bleue ou violette, acquéraient, par l'influence des rayons lumineux, un pôle sud à cette extrémité, et un pôle nord à l'autre, ce qu'il attribue à ce que l'extrémité bleue ou violette réfléchit moins fortement la lumière. (*Zeitschr. für Physick*, t. 6.)

Effet comparatif de la rotation d'une boule de fer pleine, et d'une boule de fer creuse, sur la déviation de l'aiguille aimantée; par M. Barlow.

L'auteur a employé deux boules de fer de 7,87 pouces de diamètre, l'une pleine, et pesant 68 livres, l'autre creuse, et pesant 34 livres; il leur imprima un mouvement de rotation autour d'un axe vertical, et l'aiguille aimantée était placée au-dessus du pôle supérieur, sur un appareil indépendant de celui qui donnait le mouvement aux boules. L'aiguille fut suspendue dans le méridien magnétique, et en partie soustraite à l'action de la terre par un barreau aimanté, afin de rendre ses écarts plus sensibles. Voici les résultats moyens entre huit observations faites sur chacune des boules : vitesse de rotation des boules, 640 tours par minute; déviation de l'aiguille dans le sens du mouvement rotatoire de la *boule pleine*, 28° 24′; déviation de l'aiguille sous l'influence de la *boule creuse*, 15° 5′; ces déviations sont sensiblement proportionnelles aux masses des boules. (*Edinb. Journ. of Sciences*, janvier 1827.)

OPTIQUE.

Apparence de décomposition de la lumière blanche par le mouvement du corps qui la réfléchit; par M. Prévost.

Dans une chambre suffisamment obscure, où pénètre un rayon solaire, on agite un carton blanc rectangulaire, large de deux pouces, comme si l'on voulait couper ce rayon à peu près perpendiculairement à son axe. La lumière réfléchie par le carton, au lieu d'être entièrement blanche, présente un très petit espace blanc vers son milieu, entouré des sept couleurs principales, à peu près dans le même ordre que le prisme les offre. En se servant d'un carton rouge, la décomposition du rayon blanc paraît encore plus nettement. Si le carton est d'une teinte azurée, cette décomposition est moins nette qu'avec le carton blanc. Avec un carton noir, il n'y a aucune coloration, si ce n'est une nuance enfumée dans le milieu; il faut que le carton sorte alternativement du rayon solaire des deux côtés de ce rayon; car s'il est assez large pour que l'espace éclairé n'en sorte point, le carton paraît blanc comme dans l'état de repos. (*Bibl. univ.*, juillet 1827.)

Sur la mesure d'intensité des lumières; par M. Péclet.

Les corps opaques ternes ne dispersent jamais uniformément la lumière; toujours il y a plus de rayons réfléchis dans la direction où se ferait la réflexion régulière, si ces corps étaient polis. Il résulte évidemment de là que quand deux ombres sont formées sur un corps opaque par deux lumières d'égale intensité, et à égale distance du tableau qui reçoit ces ombres, ou par des lumières d'intensités différentes, mais distantes du tableau en raison directe de leur intensité, l'ombre la plus voisisine de l'observateur doit nécessairement paraître plus foncée que l'autre, parce qu'elle est éclairée par la lumière la plus voisine dont les rayons sont réfléchis en plus grande abondance dans l'autre quart de cercle, et par une raison contraire, l'ombre la plus éloignée doit paraître plus claire, car les rayons qui viennent s'y disperser se jettent en plus grande quantité du côté de l'observateur, à mesure que la distance des deux ombres devient plus grande, et que, dans toutes les circonstances, elles sont nulles pour l'observateur placé dans le plan qui divise en deux parties égales les directions des projections des ombres.

Il résulte de ces faits que dans les observations photométriques par réflexion, il faut employer des cartons non lisses, et rapprocher, autant que possible, les deux ombres : lorsque cette condition n'est point remplie, il faut nécessairement observer les ombres d'un point du plan qui divise en deux parties égales les cônes d'ombres. (*Bulletin des Sciences physiques*, octobre 1827.)

Sur les changemens de la grandeur apparente des corps; par M. Lehot.

On sait qu'après certaines maladies des yeux, on voit les objets avec des dimensions différentes de celles qu'on leur attribuait antérieurement. Ce phénomène curieux s'explique en admettant que la vision s'effectue par la perception d'images à trois dimensions. En effet, si la forme des humeurs de l'œil, ou leur pouvoir réfringent, venait à changer brusquement, les dimensions des objets nous paraîtraient altérées. Les rayons de courbure du cristallin et de la cornée peuvent augmenter ou diminuer dans le premier, car nous devons voir les objets plus près et plus petits, et dans le second, plus grands et plus éloignés qu'ils ne paraissaient primitivement. La forme de l'œil restant invariable, l'augmentation de densité de l'humeur aqueuse ou de l'humeur cristalline ferait paraître les objets, vus à l'aide d'un seul œil, plus grands et plus éloignés qu'ils ne le paraissaient primitivement.

Si un individu, d'abord privé d'un œil, venait ensuite à voir de cet œil, les objets vus par le concours des deux yeux lui paraîtraient plus grands et plus éloignés qu'ils ne lui paraissaient primitivement.

L'œil n'est pas exempt d'aberration de sphéricité, comme quelques physiciens le croient. Or, si par suite de l'état de maladie des yeux, cette aberration augmente, alors l'image dans l'œil, d'un objet de grandeur et de position données, sous-tendant un angle plus grand que celui qu'elle sous-tendait avant cette modification, l'objet doit nous paraître plus grand, puisque nous rapportons les extrémités de son image extérieure sensiblement à la même distance à laquelle nous les rapportions primitivement.

C'est aussi pour la même raison que certaines personnes, dont l'un des deux yeux présente une aberration de sphéricité plus grande que l'autre, voient les objets qui sous-tendent un petit angle, plus grands avec le premier qu'avec le second, et que les personnes dont les deux sont égaux, mais dans les yeux desquelles l'aberration est très grande, peuvent, en appliquant à l'un d'eux de l'extrait de belladone, qui détermine la dilatation de la prunelle, voir, à l'aide de cet œil, les objets plus grands qu'avec l'autre. Au contraire, chez les individus dont les yeux sont affectés d'une grande aberration de sphéricité, si les pupilles viennent à se rétrécir extraordinairement, les objets paraîtront avoir diminué de grandeur; si l'augmentation d'aberration est plus grande dans le sens horizontal que dans le sens vertical, ou si l'aberration n'éprouvait pas d'altération, la prunelle prend une forme allongée dans le sens horizontal, et les objets paraîtront avoir augmenté plus en largeur qu'en hauteur; enfin les images à trois dimensions qui se forment dans le corps vitré sont produites par les sommets des cônes lumineux; mais à peu de distance de ces sommets, l'intensité de la lumière est encore assez grande pour faire une impression sensible, en sorte que l'image est vûe sous un angle d'autant plus grand que la sensibilité de l'œil est plus grande, ou que la lumière est plus vive. Or, ces deux causes qui déterminent l'augmentation des dimensions de l'image du corps, en changeant par sa distance apparente, il en résulte qu'il doit paraître avoir augmenté de grandeur. (*Bulletin des Sciences mathématiques*, avril 1827.)

Kaléidoscope phonique ; par M. Wheatstone.

On prend une plaque circulaire et horizontale d'environ 9 pouces de diamètre; à égale distance du bord et de chacune d'elles, on élève sur cette plaque trois petites tiges d'acier d'environ 1 pied de longueur. La première tige sera cylindrique, et terminée à sa partie supérieure par une petite boule de verre étamée intérieurement, de $\frac{1}{6}$ de pouce de diamètre, et très mince; la seconde tige sera cylindrique, et terminée par un petit plan qui devra pouvoir se diriger à volonté, et qui est destiné à recevoir des grains diversement colorés et arrangés entre eux; la troisième tige sera quadrangulaire, et terminée par un porte-objet comme la précédente; enfin, au centre de la plaque, on élève une tige cylindrique pliée à angle droit au milieu de sa longueur, et terminée par un petit miroir sphérique. Maintenant les grains brillans, placés sur les porte-objets des deuxième et troisième tiges, viendront se réfléchir sur l'un ou l'autre des miroirs sphériques, et les points brillans qu'ils y détermineront pour les yeux du spectateur, varieront d'un nombre infini de manières quand on fera vibrer les tiges, soit des miroirs, soit des porte-objets, au moyen d'un petit marteau ou d'un archet. Il résultera du fait bien connu de la durée des sensations visuelles, que chaque point lumineux semblera former des courbes continues régulières ou en zigzag, très curieuses à observer, et comme amusement, et comme faisant connaître la forme des vibrations des tiges, d'après le mode d'ébranlement. (*Journ. of Sciences*, avril 1827.)

Nouveau Télescope réflecteur, nommé Réflecteur aérien ; *par M.* Dick.

Un miroir concave est placé au fond d'un tube très court : sur le côté de ce tube, et parallèlement à son axe, est fixé un bras qui peut s'allonger ou se raccourcir à volonté. Ce bras porte à son extrémité un petit tube qui contient l'oculaire, dont l'axe parallèle à celui du miroir étant prolongé, vient rencontrer le miroir entre le centre et la circonférence, à peu près à égale distance. C'est, comme on voit, un télescope grégorien, dont le petit miroir est remplacé par l'oculaire lui-même. Cet oculaire peut prendre différens mouvemens, et l'observateur a soin d'y placer l'œil droit, si le bras qui soutient l'oculaire est à gauche du miroir par rapport à l'observateur, et l'œil gauche si le bras est à droite, de telle manière que sa tête n'intercepte que le moins possible les rayons incidens. Ce *télescope aérien* est très simple et peu dispendieux ; il est préférable à tout autre pour observer les astres à de grandes hauteurs; il est beaucoup plus court que le télescope grégorien pour le même pouvoir amplifiant : les images y sont bien plus brillantes, vu qu'il y a une réflexion de moins; enfin il n'est point sujet aux tremblemens comme ce dernier. (*Edinb. phil. Journal*, juillet 1826.)

Lentilles de microscopes en diamant; par M. Pritchard.

On commence par donner au diamant deux faces parallèles. Pour cela, on travaille l'un des côtés en sphère par le moyen d'un autre diamant; puis on façonne une calotte sphérique dans un petit mandrin en fonte, d'environ $\frac{1}{10}$ de pouce de diamètre, et qui doit faire soixante tours par seconde. On fixe le diamant à l'extrémité d'une petite tige, au moyen d'un ciment fait d'égales parties de bonne résine et de pierre ponce, bien fondues ensemble sans être brûlées, et l'on introduit le côté convexe du diamant dans la cavité du mandrin en mouvement. Cette cavité a dû être comme pavée de poudre de diamant, introduite dans la fonte au moyen d'un emporte-pièce en acier, convexe, et très fort. Lorsque la lentille est bien travaillée en sphère, on met dans une autre cavité, pareille à la première, de la poussière de diamant tamisée et soigneusement lavée avec de l'huile : cette cavité doit être toujours remplie de poudre la plus fine, jusqu'à ce que la lentille soit parfaitement polie.

La lentille en diamant, faite d'après ce procédé,

par l'auteur, est bi-convexe, d'égal rayon, d'un foyer de $\frac{1}{25}$ de pouce, ayant une ouverture de $\frac{1}{30}$ de pouce.

La dispersion longitudinale qu'elle produit sur la lumière, étant représentée par 0,955, celle qui est produite par un verre de même forme, est représentée par 1,166, en prenant pour unité l'épaisseur de ces lentilles. En outre, le pouvoir amplifiant du diamant est à celui du verre comme 8 est à 3. (*Journ. of Sciences*, juillet 1827.)

MÉTÉOROLOGIE.

Météore d'un grand éclat, vu à Burlington en Angleterre.

Ce météore a été vu, le 14 avril 1826, à 11 heures 20 minutes du soir. Sa hauteur au-dessus de l'horizon fut, au premier instant, de 9° 48′ 20″; son azimuth du N. 41° 54′ E. : lorsqu'il disparut, sa hauteur était de 3° 6′ 20″, et son azimuth N. 26° 57′ E. ; le lieu de l'observation est à 44° 26′ de latitude N., et sa longitude est de 73° 15′ O. de Greenwich. D'après sa grandeur apparente, comparée à celle du soleil au méridien, le météore sous-tendait, à son apparition, un angle d'environ 7′, lequel s'accrut jusqu'à environ 28′. On crut remarquer qu'à deux reprises le météore éprouvait un agrandissement subit. Sa queue était d'abord très petite; mais sa grandeur et son éclat s'accrurent avec une telle rapidité, que lorsque le globe disparut, la longueur de sa queue paraissait égale à vingt ou trente fois le diamètre du globe. On ne vit aucune étincelle; la lumière, répandue par ce météore, égalait celle du jour en plein midi; aucun bruit ne se fit entendre : le temps de l'apparition a été de 2 $\frac{1}{2}$ secondes; il s'est passé 4 secondes jusqu'à l'entière disparition de la queue. (*Transact. Philos.*, année 1826.)

Trombe observée sur le lac de Genève, le 11 août 1827; par M. MERCANTON.

Le 11 août 1827, à 6 heures 52 minutes du soir, le ciel étant couvert, et les nuages portés de l'ouest au sud-est par un vent assez fort, on vit une portion de la nuée prendre subitement une direction verticale; sa forme était celle d'un cône renversé : le sommet de ce cône, situé à environ 2,000 pieds au-dessus de la surface du lac, s'est précipité vers elle avec une si grande force, qu'il l'atteignit en moins de deux minutes; cet allongement s'est fait par un mouvement oscillatoire. A l'instant de la jonction, une grande masse d'eau s'agita vivement, et produisit les mêmes phénomènes que si elle eût été en ébullition; les bouillons écumeux s'élevaient à une hauteur de plus de 50 pieds.

Rien ne fixait plus l'attention que cette longue colonne qui, poussée par les vents, présentait les ondulations d'un ruban qui serait soumis à l'action de l'air. Huit minutes ont suffi pour que cette trombe parvînt à l'embouchure du Rhône. Elle a continué quelques instans sa marche sur le fleuve, en présentant les mêmes particularités. Dans son trajet, la colonne ne se rompit pas, parce que l'espace parcouru était recouvert par les eaux.

Continuant à obéir à la force impulsive des vents, la trombe, liée d'ailleurs invariablement avec les nuages supérieurs qui la soutenaient, comme un ballon lancé dans les airs soutient la nacelle de l'aéronaute, elle ne tarda pas à être dirigée hors du lit de cette branche du Rhône, appelée *le vieux Rhône;* dès lors les bouillons cessèrent. Immédiatement après, les dimensions de la colonne diminuèrent, et bientôt celle-ci s'évanouit; la base du cône demeura seule visible pendant deux ou trois secondes, et disparut au milieu des nuages. (*Bibl. universelle,* octobre 1827.)

Arcs-en-ciel remarquables; par M. SCONSBY.

Le 12 août 1826, à cinq heures après midi, l'auteur vit, à Burlington-Quay, deux arcs-en-ciel très brillans. Celui du premier ordre était adossé, par sa partie concave, à trois ou même quatre arcs surnuméraires, posés immédiatement les uns à la suite des autres, et dont les teintes, se suivant régulièrement, allaient en diminuant d'intensité du premier au dernier.

Le 5 septembre 1821, près de la côte nord de l'Irlande, une demi-heure avant le coucher du soleil, il avait vu deux arcs-en-ciel disposés d'après les lois ordinaires, et s'appuyant sur la mer; celle-ci était très calme. Des points où les arcs-en-ciel plongeaient dans la mer, s'élevaient deux arcs dans des directions à peu près perpendiculaires à la surface des eaux. L'auteur, qui n'avait pu d'abord trouver la cause de ces arcs extraordinaires, reconnut ensuite qu'ils avaient dû être formés par la réflexion du soleil sur la surface de la mer, comme sur un miroir; car, dans cette supposition, on avait deux soleils: l'un réel, élevé de 7 à 8 degrés au-dessus de l'horizon, l'autre fictif, et abaissé d'autant au-dessous de ce plan. (*Edinb. philosoph. Journal*, janvier 1827.)

Arc-en-ciel quadruple, observé par M. Schulz.

Se trouvant à l'île de Rugen, dans la Baltique, le 31 juillet 1824, à six heures du soir, l'auteur observa, dans la direction sud-est, et très près de lui, un arc-en-ciel double avec des couleurs extrêmement vives. Les deux arcs étaient entourés de deux autres, dont les extrémités coupaient les premiers tout près de terre, de sorte qu'aux deux points de l'horizon il y avait une double intersection. La mer se trouvant vis-à-vis et dans la direction nord-ouest, l'explication du phénomène ne fut guère difficile. Il était évident que les premiers arcs étaient formés par le soleil lui-même, et les deux autres, par l'image du soleil qui se peignait sur la mer. (*Annalen der Physick.*, n° 5, 1825.)

Pronostic météorologique observé aux îles Schetland.

Il existe, au rez-de-chaussée de la maison de Belmont, une armoire, sur la tablette de laquelle on a l'habitude de placer des verres à boire dans une position renversée. Ces verres font quelquefois entendre spontanément des sons semblables à ceux qu'ils produisent, soit quand on frappe légèrement leur surface extérieure avec le tranchant d'un canif, soit quand on les soulève un peu pour les laisser retomber brusquement sur la tablette qui les supporte. Ces sons pronostiquent toujours un coup de vent ; aussi ne manque-t-on pas, quand on les a entendus, de mettre les chaloupes, les moissons, etc., en lieu de sûreté. Rien n'annonce de quel rhumb le vent soufflera, mais l'intensité du son paraît toujours liée à celle de la tempête qu'il indique, et qui se manifeste plus tôt ou plus tard, suivant les circonstances, mais généralement plusieurs heures après le son. On s'est assuré qu'il n'existe aucun mouvement ni dans les verres ni dans leur support au moment même où ils résonnent le plus fortement. (*Ann. de Chimie*, décembre 1827.)

Résumé des observations météorologiques faites à l'Observatoire de Paris en 1827.

Température. Les extrêmes de température à l'ombre et au nord ont été, en 1827 :

Au mois d'août + 33° du thermomètre centigrade.

Au mois de février — 12°,8.

Le thermomètre a donc parcouru, dans l'année, un intervalle de 45° 8.

La chaleur moyenne des souterrains de l'Observatoire, à 86 pieds de profondeur, a été de + 12°,177.

Baromètre. La plus grande hauteur du baromètre,

en 1827, a été observée au mois de décembre; réduite à zéro de température, elle était égale à 773,^{mm}48
La moindre élévation a été, en mars, de 733, 50

La pression atmosphérique a donc varié de 39, 98

Quantité de pluie. Le résultat de l'année 1827, pour le récipient établi sur la plate-forme de l'Observatoire, a été de 50^c,098 ; et pour le récipient placé dans la cour, à 28 mètres plus bas, il a été de 57^c,583.

Hauteur de la Seine. Les plus hautes eaux ont été observées, le 21 mars, à l'échelle du pont de la Tournelle; elles se sont élevées à 4^m,35.

Les plus basses eaux correspondent au 30 octobre; elles ont été à 0,01 au-dessous de zéro de l'échelle, qui est le point où descendirent les plus basses eaux de 1719.

État du ciel. Il y a eu, en 1827, à Paris, 146 jours de pluie, 21 jours de neige, 6 jours de grêle et grésil, 59 jours de gelée, 21 jours de tonnerre, et 178 jours durant lesquels le ciel a été presque entièrement couvert. (*Même journal; même cahier.*)

Tremblemens de terre en 1827.

2 janvier 1827. *Mortagne* (Orne), et les environs. Secousses violentes, mais de courte durée, accompagnées d'un bruit très intense. Des cheminées et des ustensiles de ménage ont été renversés. La commotion s'est propagée jusqu'à Alençon. Ce jour-là le ciel était sombre, et le temps orageux et lourd.

9 février, à 7 heures du soir. *Partie nord-ouest du*

pays de Galles et îles d'Anglesey; les secousses durèrent de 40 secondes à une minute; elles furent assez violentes pour renverser plusieurs meubles; on entendit en même temps un bruit analogue à celui que produit une charrette lourdement chargée et roulant sur le pavé.

2 avril, à 1 heure 20 minutes du matin; *Bevers*, deux secousses consécutives et assez fortes.

29 mai; *Vajaca* (Mexique), deux légères secousses.

3 juin; *Martinique*, légère secousse.

12 juin, à 1 heure $\frac{1}{2}$; *Teheuacan* (Mexique), violente secousse, bruit effrayant; beaucoup d'édifices endommagés.

16 juin; *Aquila* (royaume de Naples), une secousse.

21 juin, 11 heures du matin; *Palerme*, quatre fortes secousses dans l'espace de 7 secondes; c'était un mouvement oscillatoire dirigé de l'ouest à l'est.

14 août, 2 heures après midi; *Palerme*, plusieurs secousses; elles durèrent environ 18 minutes, avec des interruptions très courtes; le mouvement fut toujours oscillatoire.

18 septembre; *Lisbonne*, légère secousse.

10 octobre, à 2 heures 48 minutes après midi; *Zurich* et tous les bords du lac; assez forte secousse.

15 octobre, à 8 heures du soir; *Jassy*, deux violentes secousses dirigées du nord au sud; et accompagnées d'un bruit souterrain, à la suite de deux ou trois journées d'une forte chaleur.

30 octobre, à 5 heures 20 minutes du matin;

cantons de *Taravo*, *Talano* et *Sartène* (Corse), deux secousses.

30 novembre, 3 heures du matin; *Pointe-à-Pître* (Guadeloupe), violent tremblement de terre. A *Marie-Galande*, il a été précédé d'une bourrasque assez forte. (*Même journal*, *même cahier.*)

Aurores boréales observées en 1827.

Le 7 janvier 1827, M. Marshal a vu à *Kendal* une brillante aurore boréale.

Le 9 janvier, la marche de l'aiguille des variations diurnes, à Paris, fut très irrégulière. Déjà, à 2 heures après midi, la pointe nord était plus occidentale qu'à l'ordinaire de $4' \frac{1}{2}$; la déviation se maintint dans le même sens jusqu'à 7 heures, mais à 11 heures 5′ la déclinaison était au contraire de $3' \frac{1}{2}$ plus petite que le jour précédent.

L'aiguille d'inclinaison fit aussi des oscillations irrégulières. Le ciel était complétement couvert.

Le 18 janvier, vers 6 heures du soir, on aperçut à Gosport, en Angleterre, un arc lumineux, placé du côté du nord et dans le méridien magnétique : il augmenta graduellement d'amplitude et d'éclat; sa base, après 9 heures $\frac{1}{2}$, sous-tendait plus de 90°. Des colonnes de lumière d'un rouge pâle émanaient successivement des différens points de l'arc, où des accumulations momentanées et considérables de la matière lumineuse s'étaient d'abord formées; plusieurs de ces colonnes montèrent jusqu'à 48 degrés de hauteur. Le phénomène était encore visible à travers les interstices des nuages, à 11 heures ½ du soir. On n'aperçut rien les jours suivans.

Le 27 février, à 8 heures du soir, une lumière brillante se montra dans le nord à Gosport; elle occupait 20° de chaque côté du méridien magnétique: des colonnes lumineuses partirent verticalement de temps à autre de quelques nuages qui se formaient çà et là; à 10 heures, une averse de neige cacha subitement le phénomène.

Le 27 août, dans la soirée, on a aperçu une aurore boréale à Perth, au nord de l'Écosse. Les jets de lumière étaient très rapides; ils couvrirent un moment presque tout le ciel.

Le 8 septembre on a vu une aurore boréale à Saint-Cloud, à 8 heures ½ du soir, dans la direction du nord-ouest; le ciel était serein, et la lune très brillante.

Le même jour on remarqua déjà à midi, à Paris, un dérangement très notable dans l'aiguille des variations diurnes. La pointe nord se trouvait alors à 13 min. à l'occident de sa position ordinaire; à 1 h. 19 min. la déclinaison surpassait de 19 m. celles qu'on avait observées à pareille heure les jours précédens. Toute la journée l'aiguille parut très-agitée, et la cause perturbatrice porta toujours l'extrémité nord à l'occident. Ce ne fut que le soir, à 9 heures ½, qu'on observa une déviation de 8 min. en sens contraire, c'est-à-dire vers l'orient.

Le 6 octobre, malgré le clair de lune, on a vu dans plusieurs parties de l'Angleterre, entre autres à Manchester, une brillante aurore boréale.

Le 17 du même mois, M. Burney a vu, à Gosport, une faible aurore boréale. On en a observé aussi pendant le mois de novembre. (*Même journal, même cahier.*)

Sur les quantités extraordinaires de pluie qu'on a recueillies en 1827.

Le 20 mai 1827, il est tombé à Genève, dans le court intervalle de 3 heures, six pouces d'eau.

Du 23 au 27 septembre inclusivement, il en est tombé à Montpellier 15 pouces 8 lignes. Du 24 au 26, en deux fois 24 heures, la pluie recueillie près de la même ville s'est élevée à 11 pouces 10 lignes.

A Joyeuse, département de l'Ardèche, le maximum de l'eau recueillie en un jour, dans le cours de 23 ans, avait été observée le 9 août 1807, et s'était élevée à l'énorme quantité de 9 pouces 3 lignes.

Le 9 octobre 1827, dans l'intervalle de 22 heures, il est tombé dans la même ville de Joyeuse, 29 pouces 3 lignes d'eau. Onze jours de ce mois d'octobre ont donné 36 pouces d'eau, c'est-à-dire environ le double de ce qu'il en tombe à Paris dans une année.

Pendant l'épouvantable averse du 9, le baromètre était presque stationnaire, et de 2 ou 3 lignes seulement au-dessous de sa hauteur moyenne; de grands coups de tonnerre se succédaient sans interruption. (*Même journal, même cahier.*)

III. SCIENCES MÉDICALES.

MÉDECINE ET CHIRURGIE.

Nouvelle espèce de gravelle; par M. Magendie.

La gravelle la plus commune, qui produit un sable blanchâtre, est due au phosphate de chaux; l'usage des alcalis et un régime végétal en sont les remèdes assez sûrs. Il en est une autre espèce de couleur rouge, celle d'urée, qui tient aussi à un régime trop animal et trop succulent. M. *Magendie* vient d'en découvrir une troisième sorte, qui se composait d'oxalate de chaux, et qui était provenue de l'habitude que le malade avait prise depuis quelque temps, dans l'idée de se rafraîchir, de manger chaque matin un plat d'oseille : l'abandon de cet aliment fit promptement cesser le mal. L'auteur montre, par ces observations, combien il importe d'analyser, soit les grains de la gravelle que l'on rend, soit même les pierres que l'on se fait extraire, afin de régler en conséquence son régime ultérieur, faute de quoi l'on s'expose à de promptes récidives. Une gravelle très singulière, que M. *Magendie* a observée, mais sans s'en expliquer la cause, était d'une texture lâche et mêlée d'une quantité prodigieuse de filets semblables à des poils; c'est ce qu'il nomme *gravelle pileuse.* M. Pelletier y a découvert du phosphate de chaux, mêlé d'une petite partie de phosphate de magnésie et d'acide urique. Le traitement ordinaire de la gravelle blanche a été employé avec succès contre la gravelle pileuse. (*Anal. des Trav. de l'Acad. des Sciences*, pour 1826.)

Sur la maladie éruptive nommée variolide; *par M.* MOREAU DE JONNÈS.

Cette maladie est d'autant plus fâcheuse, que la vaccine, et même la petite-vérole, soit inoculée, soit naturelle, n'en garantissent pas. Cependant la vaccine en adoucit constamment les effets bien plus sûrement que la petite-vérole, et l'on a remarqué à New-Yorck, et ailleurs, que les individus vaccinés, attaqués de la variolide, n'en meurent point, tandis qu'elle est très souvent funeste à ceux qui n'ont pas employé ce préservatif, même lorsqu'ils ont eu la petite-vérole naturelle.

La variolide diffère de la petite-vérole par la forme tuberculeuse, plus ou moins prononcée, de ses pustules; par un liquide ordinairement limpide au lieu de passer à l'état de pus; par une odeur moins caractérisée; par des croûtes qui ne se réduisent pas en poussière entre les doigts; par des marques plus petites et moins profondes.

Son début est plus constamment accompagné de nausées et de vomissemens; elle a plus de disposition à affecter les poumons, et il se montre moins souvent de la fièvre à la fin de cette maladie que dans la petite-vérole ordinaire.

C'est à la variolide que l'auteur attribue le renouvellement d'éruptions varioliques qui a eu lieu, depuis quelques années, dans l'Europe occidentale. Il fait observer que c'est surtout dans les pays qui sont en communication fréquente avec les Indes, que cette maladie s'est montrée plus active.

L'auteur conclut de ces observations que la vaccine, loin de cesser d'être utile, est devenue d'une nécessité plus pressante que jamais, et que les gouvernemens ne sauraient apporter trop de soin à la répandre. (*Même ouvrage*, même année.)

Sur la fièvre d'incubation, et sur son importance dans la vaccine; par M. Eichhorn.

La fièvre d'incubation de la vaccine avait jusqu'ici échappé à l'attention de la plupart des médecins. MM. Sacco et Krauss l'ont observée, mais ne la regardent que comme un phénomène accidentel. Elle se montre distinctement chez les sujets vaccinés qui ne sont pas trop apathiques, lorsqu'on a produit chez eux huit à douze pustules vaccinales; elle se manifeste le 3e, 4e ou 5e jour après la vaccination; quelquefois par une douleur et un gonflement des glandes axillaires; mais le plus souvent elle se caractérise par une pâleur frappante, toute particulière, de la face, avec soif, chaleur ardente à la paume de la main, chaleur fébrile générale, surtout de la tête; accélération de la respiration et du pouls; inquiétude, abattement, insomnie, quelquefois des nausées et des vomissemens, rarement des convulsions. La durée de la fièvre est le plus souvent de 6 heures, rarement de 12, jamais au-delà de 24; et la fièvre d'éruption paraît à son époque ordinaire, c'est-à-dire lorsque la rougeur aréolaire est à son *maximum* d'intensité. Dans quelques cas peu communs, la fièvre d'incubation se prolonge jusqu'à l'apparition de la fièvre d'éruption. (*Archiv. für med. Erfahr.*, avril 1826.)

Sur la transmission du venin des serpens à sonnettes; par M. Desmoulins.

Le sieur Drake, anglais, qui montrait des serpens à sonnettes, ayant été mordu à la main par un de ces reptiles, mourut des suites de cette morsure. M. *Desmoulins*, médecin à Rouen, chargé de l'autopsie cadavérique pour s'assurer quelle désorganisation avait pu produire le venin du serpent, reconnut, 1°. que la transmission de ce venin est extrêmement rapide, et commence peut-être dès l'instant même de la blessure; 2°. que la cautérisation faite sur Drake, environ 15 à 18 minutes après, a détruit dans la plaie ce qui restait de venin; 3°. qu'en conséquence la mort de Drake a été causée par le poison absorbé antérieurement à la cautérisation; 4°. qu'ainsi la cautérisation, pour être efficace, doit être faite, pour ainsi dire, au moment même de l'accident; 5°. qu'attendu le court délai dans lequel la transmission commence à se faire après la morsure, et l'ignorance actuelle où l'on est sur la vitesse avec laquelle le poison est transmis, et sur l'espace qu'il parcourt dans un temps donné, quoique tout porte à croire que cette vitesse ne surpasse pas celle du sang veineux dans les veines voisines de la plaie, il suit que rien n'autorise à faire l'amputation dans l'espace de 15 à 18 minutes, ou même moins, après la morsure; 6°. qu'en conséquence l'application immédiate et provisoire de la ventouse en attendant celle du caustique, mais surtout, s'il est possible, l'application immédiate d'un caustique très actif, tel que des baguettes de fer rougies à blanc, ou celle des acides sulfurique ou nitrique, suffisamment concentrés, de la potasse caustique, du beurre d'antimoine, ou du nitrate d'argent pulvérisé, peuvent seuls offrir une garantie suffisante. (*Bulletin des Sciences médicales*, juin 1827.)

Emploi de l'opium associé au quinquina dans les fièvres intermittentes rebelles; par M. Sedillot.

Les substances combinées seront élevées à 2 ou 3 grains d'opium, et à 3 ou 4 gros de bon quinquina, et 15 ou 20 grains de sulfate de quinine par jour, soit sous forme d'opiat, soit sous celle de pilules.

Le remède sera donné dans l'intervalle des paroxysmes, en plusieurs prises, de manière que le rapprochement des prises coïncide avec les heures qui doivent précéder le retour de l'accès. Il sera continué, mais à des doses successivement réduites, pendant les jours qui suivront la cessation absolue des paroxysmes, laquelle arrive toujours très promptement. Comme adjudans de remède, on a recours à une tisane de germandrée ou de petite centaurée édulcorée avec le sirop d'écorce d'orange, et à une alimentation substantielle, mais peu abondante.

M. *Sedillot* assure que dans le cours de sa pratique le quinquina opiacé n'a jamais failli entre ses mains, et qu'il a toujours réussi pour la guérison des fièvres intermittentes, pourvu qu'elles soient entièrement exemptes de complications de maladies organiques appréciables. (*Même Bulletin*, août 1827.)

Sur les entérites qui surviennent dans les maladies du foie; par M. Portal.

L'auteur pense, 1°. que les entérites essentielles et primitives doivent être distinguées des entérites consécutives, particulièrement des maladies du foie, soit par rapport à la différence du pronostic qu'on peut en porter, soit pour ce qui concerne le traitement qu'on doit prescrire; 2°. que les entérites par vices du foie sont précédées ou accompagnées de symptômes qui indiquent les lésions de cet organe, tels que la jaunisse, le prurit de la peau, les urines rouges, le dégoût pour les alimens, les nausées, les vomissemens, souvent avec intumescence et douleur dans la région du foie, ainsi qu'à la partie supérieure de l'épaule du même côté, des borborygmes, des hémorrhoïdes, des diarrhées, des dysenteries, des constipations plus ou moins opiniâtres, etc.; 3°. que les entérites, par des affections de foie, dans les fièvres typhoïdes, sont remarquables par la prostration des forces, par l'assoupissement souvent réuni au délire, par le pouls qui est plus inégal et moins dur que dans les entérites essentielles; 4°. qu'il faut combattre par la saignée les entérites essentielles, tandis qu'au contraire il ne faut y recourir dans celles qui sont symptomatiques, que lorsque l'inflammation des intestins est annoncée par les signes d'une vraie pléthore, le pouls étant plus dur, fréquent et plein, ce qui fait que très souvent on peut s'en abstenir pour prescrire le quinquina, et même à haute dose, remède dont l'expérience a démontré les heureux effets, lorsqu'au contraire elle a prouvé qu'il était généralement nuisible dans l'entérite essentielle, surtout si les vaisseaux sanguins n'avaient pas été désemplis par la saignée; 5°. on peut aussi établir, d'après le résultat de l'expérience, que l'application des vésicatoires sur les diverses parties du corps est presque toujours très efficace dans les entérites symptomatiques, et qu'elle ne l'est souvent pas, si elle n'est même nuisible, dans les entérites essentielles, lorsque la saignée n'a pas été pratiquée; 6°. la saignée au bras par la lancette, dans les entérites essentielles, réussit bien mieux que celle par les sangsues au fondement, et encore plus que celle par les sangsues sur le bas-ventre. (*Même Bulletin*, octobre 1827.)

Nouvelle manière de traiter les anévrismes naissans de l'aorte ascendante ou descendante; par M. Larrey.

L'auteur emploie contre cette affection redoutable la méthode de Valsalva, unie à l'application continue de la glace sur la tumeur. Il cite, entre autres, un cas de guérison tout-à-fait inespérée, obtenue sur un militaire qui portait, à la suite d'une blessure, un anévrisme variqueux de l'artère crurale. Le volume de la tumeur surpassait celui du poing. Toute opération fut impraticable, et le malade était voué à une mort qui paraissait être très prochaine : pourtant en se soumettant à la méthode de Valsalva (repos, diète absolue, et saignées répétées jusqu'à production de marasme), accompagnée de l'application de la glace, puis de celle de plusieurs moxas, on a vu, dans l'espace de quelques mois, la tumeur se réduire d'une manière progressive. On a pu juger à différens signes que ses parois augmentaient d'épaisseur à mesure qu'elle se contractait. Enfin, l'oblitération entière de l'artère crurale a eu lieu; d'autres artères supplémentaires se sont formées, et le malade a été complétement guéri dans l'espace de moins d'une année. (*Même Bulletin*, novembre 1827.)

Sur le passage du sang à travers le cœur; par M. Barry.

L'auteur conclut des nombreuses expériences qu'il a entreprises sur la circulation du sang dans les veines,

1°. Que l'expansion du thorax et des réservoirs situés derrière le cœur, attire, dans l'intérieur des sacs musculeux qui composent cet organe, le sang qui remplit les grandes veines, afin de remplir l'espace que laisseraient vides les contractions et les locomotions du cœur;

2°. Que les ventricules, lorsqu'ils se contractent, se meuvent de leur base vers leur sommet, et chassent alors dans les grandes artères une portion du sang qu'ils renferment; l'espace, ainsi laissé vide, est immédiatement occupé par les appendices qui se dilatent;

3°. Que, pour qu'il soit forcé de se dilater, le cœur est placé dans une cavité où il y a tendance au vide, et dont les parois ne le suivent qu'à une certaine distance;

4°. Que, dans tous les animaux vertébrés, les parois et la cavité du péricarde sont attachées à des ressorts placés de manière à agir comme antagonistes de la force contractile des ventricules;

5°. Que ces ressorts, forcés de céder à la contraction des ventricules, réagissent, et que, aidés de la contraction des appendices, ils obligent les ventricules de céder à leur tour, à recevoir du sang et à reprendre leur première place;

6°. Que les grandes artères, placées à leur origine dans le même vide relatif que le cœur, doivent toujours être pleines, puisqu'elles se trouvent ainsi dans un état de dilatation forcé; or, comme elles résistent continuellement à la force qui tend à les dilater, elles renvoient sans interruption un courant de sang vers leurs extrémités;

7°. Que les ventricules, étant toujours forcés de remplir les cavités qui les contiennent et réagissant toujours contre la force qui les dilate, envoient aussi un courant continuel dans les artères; mais qu'aussitôt que les contractions des appendices ont cessé de les forcer à se dilater, ils se contractent avec plus de rapidité et augmentent le courant du sang au point de produire un jet;

8°. Que, pendant l'inspiration, les sinus veineux sont dans un état de distension progressive;

9°. Que, pendant l'inspiration, les parois du thorax, en se contractant, portent les poumons contre le médiastin, détruisent ainsi la tendance au vide qui existait entre les deux plèvres pendant l'inspiration, et compriment les réservoirs veineux;

10°. Que la veine azygos sert très probablement à fournir du sang au cœur dans les intervalles des grandes aspirations de ce liquide, produites par l'expansion du thorax. (*Même Bulletin*, octobre 1827.)

Sur l'altération des fluides dans les veines; par M. Velpau.

L'auteur, qui s'est livré à des recherches très étendues sur l'altération des fluides, a été amené aux conclusions suivantes : 1°. Les nombreux agens déposés dans le sang altèrent ce fluide, et deviennent ainsi la cause de plusieurs maladies; ces agens viennent tantôt de l'intérieur, tantôt de l'extérieur. 2°. Dans la 1re classe doivent être placés les principes syphilitique, variolique, rabique, etc., toute mauvaise alimentation, toute injection de matières putrides ou douées de qualités nuisibles à l'économie, un grand nombre de substances médicamenteuses, en un mot tous les corps susceptibles d'être portés dans le torrent de la circulation et capables d'altérer la composition du sang. 3°. Dans la 2e classe on doit renfermer un grand nombre de lésions locales, accompagnées de sécrétions pathologiques, et plusieurs produits de sécrétions naturelles, quand, après avoir été dénaturés, ils rentrent dans les vaisseaux au lieu d'être rejetés au-dehors. 4°. Le sang peut se charger d'une étonnante quantité de pus, sans inconvéniens pour certains sujets, tandis que chez d'autres, il suffit de quelques gouttes de ce même liquide pour donner naissance aux phénomènes les plus graves. 5°. Une seule masse cérébriforme ou squirrheuse suffit pour infecter toute l'économie, et les élémens de ces productions morbides, absorbés et reportés dans le sang, modifient plus ou moins rapidement la constitution du sujet, et disposent l'organisme à la production de tumeurs semblables. 6°. Le développement de tumeurs secondaires se fait, ou bien parce que quelques parcelles de la matière hétérogène s'épanchent dans cet organe, forment le centre d'un foyer d'excitation, et activent la sécrétion dans ce point d'une plus grande quantité de substance analogue, ou bien parce qu'une irritation spontanée ou accidentelle, mais de toute autre nature, est promptement modifiée par les fluides altérés, ce qui est plus rare. 7°. On peut appliquer aux tubercules, surtout quand ils sont ramollis, tout ce qui vient d'être dit du tissu cancéreux, en sorte que toutes les inflammations qui se déclarent chez un phthisique, à partir de cette époque, diffèrent essentiellement de maladies semblables, développées chez d'autres sujets. 8°. Il importe de séparer les productions tuberculeuses en deux genres :

l'un comprend les abcès circonscrits, et plus ou moins nombreux, formés dans le foie, les poumons, etc., par suite d'une résorption purulente plus ou moins active, qui peuvent se réduire à leur partie concrète, et se transformer en petites masses analogues aux tubercules; l'autre genre est composé de petits grains de nature totalement inconnue, mais différens des précédens. 9°. Il est rare qu'une lésion des solides existe long-temps sans dénaturer les fluides qui traversent l'organe affecté; de même que le sang, altéré d'une manière quelconque, ne tarde pas à changer l'état des solides, soit dans un point circonscrit, soit dans tout l'organisme; souvent cependant la maladie des solides est primitive. (*Revue médicale*, mai 1827.)

Sur une excroissance cornée; par M. MORTON.

Une dame âgée éprouva, il y a quatre ans, une démangeaison incommode au milieu de l'os pariétal gauche. Peu de temps après elle s'aperçut qu'il s'était développé, sur la partie qui avait été le siége de cette démangeaison, une tumeur dure et cornée, qui continua à augmenter au point qu'elle avait, au bout d'un an, atteint la longueur d'un pouce. Elle s'est accrue chaque année d'un pouce environ, et elle en a présentement quatre de longueur; son épaisseur est celle du petit doigt. Cette excroissance n'adhère point à l'os, c'est évidemment une affection de l'épiderme; elle a pour base une tumeur granulée de $\frac{1}{8}$ de pouce de long; la substance cornée s'élève brusquement. Après avoir poussé verticalement dans l'étendue d'un pouce $\frac{3}{4}$ et en droite ligne, elle prend une direction spirale. Elle a maintenant décrit presque horizontalement un tour et demi circulaire, et ressemble à la corne d'un belier, au point qu'il serait difficile de faire une différence entre l'une et l'autre; elle est de la même couleur, c'est-à-dire d'un jaune foncé; elle est parfaitement dure, possède tous les anneaux naturels à la corne de cet animal, et va, comme celle-ci, en diminuant jusqu'à la pointe. Cette excroissance n'occasionne pas de douleur, si ce n'est lorsque la pression vient à comprimer la base charnue qui s'interpose entre la corne et l'os. (*Lond. observ.*, 24 décembre 1826.)

Usage de sulfate de quinine uni au tartre stibié, dans les fièvres intermittentes; par M. Gola.

L'auteur, ayant observé souvent le défaut d'action du sulfate de quinine administré seul, et regardant l'embarras gastrique comme la cause de cet insuccès, a eu l'idée d'associer ce médicament au tartre stibié, et en a obtenu de grands avantages. Voici la formule dont il fait usage :

Prenez tartre émétique, gr. iij,
sulfate de quinine, gr. x.

Mêlez exactement, divisez en 6 parties égales, et donnez-en une partie toutes les deux heures dans le temps de l'apyrexie. Ce mélange produit tantôt des vomissemens de matières amères à la première dose, tantôt des évacuations alvines; quelquefois aucune évacuation n'a lieu, mais toujours la fièvre a cessé. (*Annal. univ. di med.*, août 1825.)

Massage employé dans l'île de Tonga.

Lorsqu'une personne se sent fatiguée de marcher, ou par tout autre exercice, elle se couche, et quelques uns de ses domestiques pratiquent les diverses opérations connues sous le nom de *toogi-toogi*, *mili* ou *fota*. Le premier de ces mots exprime l'action de frapper constamment et doucement avec le poing; le second, l'action de frotter avec la paume de la main; le troisième, l'action de presser et serrer les tégumens entre les doigts et le pouce.

Ces opérations sont ordinairement faites par des femmes; elles contribuent à diminuer la douleur et la fatigue, et produisent ordinairement un effet agréable qui dispose au sommeil.

Quand on pratique le massage dans l'intention seulement de diminuer la fatigue, ce sont les bras et les jambes sur lesquels on agit ordinairement; mais lorsqu'il y a douleur dans quelque endroit, c'est la partie affectée ou les parties environnantes qui sont le lieu de l'action. Ainsi, dans les maux de tête, la peau du front et celle du crâne est soumise au *fota*, et souvent ce moyen a été employé avec succès. Quelquefois aussi, dans les cas de fatigue, on met en usage un procédé qui diffère des procédés ordinairement suivis. Trois ou quatre petits enfans sont employés à fouler aux pieds tout le corps du malade, qui est étendu nu sur l'herbe. (*Journ. of Sciences*, n.° 41, 1826.)

Combustion spontanée observée sur deux femmes ; par M. Charpentier.

Une femme âgée de 90 ans, et sa servante de 66, couchaient dans la même chambre. Le 13 janvier 1820, les voisins s'aperçurent d'une odeur semblable à celle des matières animales et de la laine en combustion ; une femme qui entra dans la chambre faillit suffoquer ; on accourut à ses cris, et, après la sortie d'une fumée épaisse, on se livra à un examen attentif de ce qui se trouvait dans la chambre : le lit de la dame était entièrement brûlé ; il n'y avait aucune trace de feu dans la cheminée ; un flambeau était sur la cheminée et un autre à terre au milieu de la chambre ; il n'y avait de chandelle ni dans l'un ni dans l'autre ; sur le devant de la place qu'occupait le lit, on aperçut l'extrémité d'une jambe revêtue de son bas, ayant le soulier au pied, et qui a été reconnue pour la jambe droite de la servante : c'est la seule partie du corps de cette femme qui n'ait pas été réduite en cendres. Le crâne, dépouillé de chair, de la maîtresse a été trouvé à la place où cette dame avait sa tête quand elle était couchée ; tout le reste a été brûlé, excepté une portion de la peau du cou qui était enveloppée dans un mouchoir rouge qui avait servi de cravate. Le lit de la servante, les chaises et les autres meubles, tout était intact ; les poutres et les solives étaient noircies et brûlantes. M. *Charpentier* attribue cette combustion spontanée à l'abus que faisaient ces deux femmes, d'eau de Cologne et de vin chaud sucré. (*Observ. des Sciences médic.*, juin 1825.)

Emploi interne et externe du chlorure de zinc; par M. Hanke.

L'auteur assure que le chlorure de zinc, employé à l'extérieur, est un des meilleurs caustiques parmi ceux que fournissent les oxides métalliques; comme caustique il est préférable au sublimé corrosif, au nitrate d'argent, au précipité rouge et à l'arsenic.

Il peut aussi servir comme simple irritant lorsqu'on l'emploie étendu avec de l'eau, de l'alcool, de l'éther et avec un corps gras.

L'usage intérieur du chlorure de zinc a été trouvé par l'auteur très avantageux contre l'épilepsie, lorsqu'elle dépend d'un trouble dans les organes abdominaux, ou dans les nerfs vertébraux.

La forme la plus convenable sous laquelle on puisse l'administrer est une solution d'un grain dans deux gros d'éther muriatique, donnée à la dose de cinq gouttes toutes les quatre heures dans de l'eau sucrée. On peut ensuite augmenter la dose, si le malade supporte bien le remède; en même temps il faut prescrire un régime convenable.

Dans la chorée, ce moyen a été employé avec un grand succès, ainsi que dans la prosopalgie.

Il faut user de grandes précautions dans l'usage de ce remède, et toujours commencer par une très petite dose. (*Rust. Magaz. fur heilkunde*, t. XXII, 1826.)

Propriétés médicales du chlorure de soude.

Le chlorure de soude est, comme on sait, un puissant désinfectant, qui a été employé avec le plus grand succès pour arrêter la putréfaction. Plusieurs médecins, à Paris, en ont fait une application également heureuse à plusieurs autres maladies, où il s'agit d'infection générale ou partielle. Ainsi le charbon, la pourriture d'hôpital, les ulcères vénériens dégénérés, les plaies gangréneuses ou offrant un mauvais caractère, ont marché rapidement vers la cicatrisation par l'emploi du chlorure, étendu de dix à quinze parties d'eau. Le cancer a été désinfecté dans plusieurs cas, et on en a tiré un parti avantageux sur des dartres rongeantes.

M. Marjolin a observé que l'application du chlorure dans des affections gangréneuses à la suite de l'amputation d'un membre ou de toute autre cause, produisait la chute très prompte de l'escharre, et circonscrivait la maladie.

M. Sanson a désinfecté des ulcérations de la bouche avec carie des os du palais, et a suspendu pendant quelque temps les ravages de cette maladie.

M. Lisfranc en tire un grand parti dans le traitement des brûlures et des ulcères ordinaires; il emploie, à cet effet, une dissolution de chlorure de chaux, marquant trois degrés au chloromètre de Gay-Lussac.

M. Bouley, vétérinaire, a employé avec succès le chlorure pour le traitement des affections charbonneuses dont les chevaux sont souvent atteints.

Enfin, il neutralise complétement le gaz acide carbonique qui se dégage pendant la combustion du charbon, et a rappelé à la vie des personnes asphyxiées par ce gaz. (*Bulletin des Sciences médicales*, août 1827.)

Spécifique contre le choléra-morbus.

Pendant l'irruption de ce fléau à Calcutta, vers la fin de l'été de 1826, un médecin américain s'est présenté au premier magistrat de la ville pour lui indiquer un remède, doué du pouvoir d'arracher à une mort presque certaine les personnes atteintes de cette maladie. Ce spécifique est le fruit d'une plante des Philippines, nommée vulgairement *calamba-papita*, et connue en Europe sous le nom de *fève de saint Ignace*. C'est la graine d'une drupe de la grosseur et de la forme d'une poire, et dont les propriétés participent de celles des strychnos. L'usage qu'on en avait fait à Manille, l'ayant recommandé au Bengale, on assure qu'on s'en est servi dans des cas fort nombreux. Lorsque la maladie se montre dans sa plus grande violence, on donne à chaque dose une moitié du fruit dans l'eau froide, et l'on réitère ce remède d'heure en heure, jusqu'à ce qu'on s'aperçoive de l'amélioration. Il suffit d'un huitième ou d'un sixième de la fève quand les symptômes sont modérés. On attribue à l'emploi de ce moyen curatif la guérison d'une quarantaine d'habitans de Calcutta. On se servait déjà de la fève de saint Ignace dans l'établissement portugais de Goa, où les médecins du pays la considéraient comme un puissant anthelmintique; mais on n'osait pas l'administrer à haute dose parce qu'elle produit alors des effets analogues à ceux de l'opium. (*Revue encyclopédique*, janvier 1827.)

Remède contre la phthisie pulmonaire.

M. Gamal, fabricant de produits chimiques au Grand-Gentilly, près Paris, s'est assuré que le gaz acide muriatique (chloré) est un puissant moyen de rétablir la circulation de l'air dans les poumons, et de cicatriser les plaies plus ou moins larges qui désolent l'être qui en est affecté, et détruisent la vie. L'auteur a vu des effets merveilleux de ce gaz; il est à désirer que des expériences positives, entreprises par des médecins, confirment les résultats d'une découverte si précieuse pour l'humanité. (*Journal des Débats du* 28 septembre 1827.)

Moyen de guérir les brûlures; par M. Heine.

Après les fortes brûlures, surtout celles des pieds, il arrive souvent que les parties mortes, en se desséchant successivement, acquièrent une dureté coriace, par suite de laquelle les parties sous-jacentes sont tiraillées, comprimées ou étranglées; il en résulte alors une douleur insupportable. Le moyen de la faire cesser consiste à enlever, à l'aide du bistouri, toute la partie coriace. Les organes qui avaient été resserrés reprennent ensuite leur position naturelle, la suppuration se manifeste, et la cicatrisation s'opère; la peau fine et sensible qui recouvre les endroits cicatrisés est alors singulièrement disposée à s'enflammer, et à se couvrir de petits ulcères par l'influence de la moindre cause irritante, et tout le membre est sujet à se gonfler. Pour prévenir tous ces accidens, il suffit de tenir le pied et la jambe enveloppés d'une bande circulaire, et de maintenir cet appareil pendant un temps assez long. (*Rust. Magaz.*, cahier 1, 1827.)

Procédé pour guérir le trichiasis ciliaire; par M. Quadri.

On fait asseoir le malade, la tête penchée en arrière; ensuite on trempe un pinceau de petit-gris dans l'acide sulfurique, de manière qu'il ne puisse en tomber des gouttes. Après avoir fait fermer l'œil du malade, on touche avec l'acide la paupière affectée, et on l'étend sur son milieu dans une direction parallèle à son bord libre, de manière qu'il mouille la paupière dans toute sa longueur, c'est-à-dire partout où il y a des cils mal dirigés, et qu'il opère sur un espace de 2 ou 3 lignes de largeur, ou 4 tout au plus, dans les endroits où la mauvaise direction des cils sera remarquable.

On doit laisser l'acide sur les paupières pendant trente secondes, si avant le terme de ce temps il n'y pas de danger imminent, ou si la personne n'oppose des obstacles invincibles. Trente secondes après, on répète l'opération; on applique le même acide avec le pinceau; on pourra la répéter une troisième fois après un égal intervalle; après cela, il n'est plus besoin d'autre chose, la guérison a lieu d'elle-même. (*Bulletin des Sciences médicales*, août 1827.)

Sur la rhinoplastie; par M. LISFRANC.

La rhinoplastie est une opération qui consiste à former, avec la peau du front, un nez artificiel, lorsque le véritable a disparu par quelque accident. Cette opération offrait l'inconvénient de ne faire disparaître qu'imparfaitement la difformité contre laquelle on la dirigeait. Les praticiens n'avaient placé, jusqu'ici, aucun corps étranger dans la partie antérieure des fosses nasales, de manière à faire une saillie qui pût soutenir les tissus. M. *Lisfranc*, convaincu que c'est à ce défaut de précaution qu'était dû l'écrasement du nouveau nez, enfonce, avant l'opération, dans les fosses nasales, la partie moyenne d'une compresse carrée; il met, dans la cavité qui forme cette compresse, une quantité de bourdonnets de charpie assez grande pour présenter sur la face une éminence ayant la forme d'un gros nez; ensuite il renverse les bords du linge sur la charpie qu'ils recouvrent entièrement, et les y fixe par quelques points de suture.

Quant à l'espèce de patron dont on se sert pour porter sur le front la mesure du nez, M. *Lisfranc* lui donne un tiers de plus de largeur que ne le comporte le volume du nez qu'il veut faire, afin qu'on ne soit pas obligé de tirailler le lambeau qui, dans ce cas, s'amincirait trop, et n'offrirait plus une voûte nasale assez résistante. Il prescrit de substituer à l'encre, dont on se sert ordinairement pour circonscrire le patron placé sur le front, le nitrate d'argent dont le sang ne peut enlever la trace. Pour éviter une partie des inconvéniens résultant de la torsion qu'on fait éprouver au lambeau détaché du front, il prolonge son incision à gauche, trois lignes plus bas qu'à droite. Au lieu de raviver simplement les bords de la plaie sur lesquels doit s'appliquer le lambeau, M. *Lisfranc* les incise perpendiculairement, et en dissèque la couche externe, de manière à obtenir une rainure assez large pour y enchâsser les bords du nez artificiel. Au lieu de suturer, il maintient les parties en rapport à l'aide de bandelettes agglutinatives; il ajourne la formation de la sous-cloison, afin de pouvoir retirer plus commodément les corps étrangers destinés à soutenir la voûte du nez.

Une opération faite par M. *Lisfranc*, d'après ce procédé, a parfaitement réussi. L'individu avait perdu, par suite du froid dans la campagne de Russie, non seulement les cartilages et les os propres du nez, mais même en partie les apophyses montantes des os maxillaires supérieurs, de sorte que son aspect était hideux et dégoûtant. Neuf mois après l'opération, l'individu a été présenté à l'Académie des Sciences; l'absence de la difformité n'était pas le seul avantage qui était résulté de l'opération; avec le nez était revenu l'odorat, complétement perdu auparavant; la voix est devenue meilleure, et l'individu a été préservé d'une double tumeur lacrymale. (*Même Bulletin*, novembre 1827.)

Emploi du chlorure de chaux dans la brûlure; par LE MÊME.

L'auteur fait usage du chlorure de chaux dans les diverses espèces de brûlures, tantôt immédiatement après l'accident, tantôt après l'usage des cataplasmes émolliens. Le pansement est fait avec du linge fenêtré, légèrement enduit de cérat, et recouvert de charpie trempée dans du chlorure de chaux plus ou moins étendu d'eau. La guérison est singulièrement hâtée par ce moyen. (*Revue médicale*, juin 1826.)

Moyen pour opérer le décollement du placenta dans le cas d'hémorrhagie après l'accouchement; par M. MOJON.

Ce moyen, aussi simple dans son exécution qu'il paraît être prompt et sûr dans ses effets, consiste à opérer le décollement du placenta, en injectant dans cet organe, par la veine ombilicale, une certaine quantité d'eau froide acidulée, lorsque les moyens ordinaires ne peuvent arrêter l'hémorrhagie, et que le placenta reste adhérent, dans la plus grande partie de sa surface, à la face interne de l'utérus.

Pour cet effet, il faut laisser la veine ombilicale se dégorger, et la débarrasser, autant que possible, du sang qu'elle contient; injecter ensuite, par cette veine, de l'eau froide acidulée avec du vinaigre. La distension subite qu'éprouve le placenta, la pesanteur plus grande qu'il acquiert, l'impression du froid qui se communique instantanément à l'utérus, et qui détermine les contractions de cet organe, sont probablement autant de causes qui contribuent à amener le résultat que l'on espère. Si la première injection ne réussit pas, on peut en répéter une seconde et une troisième, après avoir laissé sortir le liquide précédemment introduit. La durée de l'injection doit être de 4 à 5 minutes environ. (*Même Bulletin, même cahier.*)

Sur l'emploi du cautère actuel; par M. Carlisle.

L'auteur propose, pour éviter les accidens que causent quelquefois les vésicatoires faits avec les cantharides, de remplacer ce moyen dans beaucoup de cas par l'emploi d'un instrument qu'il nomme *vésicant.* Cet instrument consiste dans une plaque de métal, plus ou moins grande, que l'on met en contact avec la partie où l'on veut produire l'effet vésicant. Après avoir plongé cet instrument pendant cinq minutes dans de l'eau bouillante, on l'applique sur une partie du corps recouverte de taffetas mouillé; et suivant qu'on veut produire un effet plus ou moins marqué, on presse avec la plaque pendant trois ou quatre secondes. En appliquant l'instrument au sortir de l'eau, et pressant pendant dix secondes, on a un effet escharotique : en recouvrant avec de la soie sèche on n'obtient qu'un effet rubéfiant, et on agite l'instrument jusqu'à ce que l'on ait produit la sensation de douleur et la rubéfaction nécessaires. On étend du cérat sur l'endroit ainsi rubéfié. Le premier effet est de produire un resserrement et la pâleur de la peau; mais bientôt le sang afflue; une rougeur inflammatoire se développe, l'épiderme se détache et forme une cloche. (*Philosoph. Magaz.*, novembre 1826.)

Emploi et utilité de la racine de polygala senega *dans plusieurs maladies de l'œil; par M.* Ammon.

Le senega est éminemment utile dans toutes les affections inflammatoires de l'œil qui menacent de donner lieu à une sécrétion morbide, ou qui ont déjà passé à cette sécrétion; il est par conséquent indiqué dans toutes les ophthalmies qui tendent au caractère de chemosis, qui donnent lieu à des végétations exubérantes, à des suppurations de la conjonctive et de la cornée, ainsi que dans celles qui affectent les tuniques plus profondes du globe de l'œil, où elles occasionnent des suppurations dangereuses. C'est surtout dans l'hypopyon que le senega montre ses effets salutaires; mais pour réussir il faut choisir le moment convenable pour son administration, et ce moment est l'époque où la maladie passe de la période inflammatoire à celle de l'exsudation. Les moyens antiphlogistiques doivent toujours précéder l'emploi du senega.

La forme sous laquelle ce moyen convient le mieux est celle de pilules qu'on fait préparer avec la poudre de la racine, et une quantité suffisante de savon médicinal: on peut y ajouter des extraits de sels, etc. Les malades supportent ainsi pendant long-temps de fortes doses du remède, sans la moidre répugnance. L'auteur en a donné, pendant des semaines, jusqu'à 1 gros ½ par jour; dans tous les cas, l'appétit se perdait dès les premiers jours. Lorsqu'on veut donner le senega sous forme de poudre, il est bon d'y ajouter de la magnésie et du tartrate de potasse. (*Heidelb. Klinisch. Ann.*, t. II.)

PHARMACIE.

Sur l'écorce du litsaea citrata; *par M.* Brandes.

Cette écorce, apportée de Java, est principalement employée dans cette île comme moyen antihystérique. Elle se trouve en morceaux presque plats de un à quatre pouces de long, d'un demi-pouce à un pouce et demi de large, et d'une demi-ligne à une ligne et demie d'épaisseur. Brisée, elle répand une odeur aromatique très agréable, qui approche un peu de celle du *cassia caryophyllata*; sa saveur a quelque analogie avec du macis ou de l'écorce de citron; elle est en partie recouverte d'un épiderme, et en partie dénudée : les endroits qui en sont garnis présentent une couleur blanche grisâtre; ceux qui en sont dépouillés offrent un aspect brun foncé. Dans les gros morceaux, l'épiderme est fendillé, et divisé en petits fragmens irréguliers, polyédriques, facilement séparables de l'écorce, et ayant à peu près une ligne d'épaisseur. Dans les morceaux les plus minces, cet épiderme est irrégulièrement sillonné, et offre de petites fissures transversales; enfin, dans les plus petits morceaux, l'épiderme est presque entièrement lisse, et n'offre qu'un dixième de ligne d'épaisseur; derrière l'épiderme est une seconde membrane très mince, d'une couleur de rouille, fortement adhérente à l'écorce, et prenant un aspect brillant par la section transversale. Vient ensuite l'écorce proprement dite, qui est d'une couleur jaune foncée; enfin la couche la plus interne, qui est mince et fibreuse, et qui offre encore un éclat résineux. La surface interne est d'un jaune brun foncé, avec des taches rouges brunâtres; la cassure transversale de l'écorce est peu inégale et granuleuse; ce n'est qu'aux deux bords qu'on remarque quelques prolongemens fibreux. (*Bulletin des Sciences médicales*, novembre 1827.)

Principe actif alcalin de la grande ciguë (*conium maculatum*); *par* LE MÊME.

La meilleure manière d'obtenir cet alcaloïde consiste à digérer, pendant quelques jours, dans de l'alcool, l'herbe fraîche de la plante, à évaporer l'alcool filtré, à agiter le résidu avec de l'eau, et à traiter ce mélange, soit par l'alumine, soit par la magnésie ou l'oxide de plomb; le tout est évaporé jusqu'à siccité, et le résidu obtenu, traité par un mélange d'alcool et d'éther, qu'il suffit d'évaporer de nouveau pour avoir le *coniin*. Ce principe possède des propriétés alcalines très manifestes; sa solution aqueuse forme, avec la teinture d'iode, un précipité rougeâtre abondant;

elle brunit légèrement la teinture de noix de galle, précipite en jaune sale l'hydrochlorate de zinc et le sous-nitrate de mercure, trouble un peu les sous-carbonates de potasse et de soude, donne une couleur brune à l'hydrochlorate de platine, et produit un précipité blanc sale avec les nitrates d'argent et de barite, les acétates de barite et de plomb, l'hydrochlorate de chaux, et la chaux hydratée.

Un demi-grain de ce principe suffit pour donner la mort à un lapin : les symptômes qui en sont le résultat ressemblent à ceux que produit la strychnine. (*Même Bulletin*, *même cahier*.)

Cynodine, *nouvelle substance extraite de la racine du* cynodon dactylon; *par M.* Semmola.

Cette substance s'obtient de la décoction de racine de cynodon bien mondée. On laisse reposer cette décoction pendant quelques heures, on en sépare le sédiment, que l'on concentre d'abord par l'ébullition, et, sur la fin de l'opération, on évapore au bain-marie jusqu'à la consistance de sirop. On conserve cet extrait dans un endroit frais, et, au bout de quelques jours, on trouve une substance cristallisée, déposée au fond du vase; on la sépare en la lavant avec de l'eau froide; on la dissout dans de l'eau chaude, et elle se cristallise de nouveau. Ce cynodon fournit beaucoup de cynodine à la fin de l'hiver et au commencement du printemps. (*Même Bulletin*, octobre 1827.)

Préparation du sucre de réglisse ; par M. Berzelius.

On fait une infusion chaude de la racine de réglisse ; on filtre, et on traite le liquide refroidi par de petites quantités d'acide sulfurique, aussi long-temps qu'il en résulte un précipité : ce dernier n'est autre chose que le sucre de réglisse combiné avec l'acide. On le lave d'abord à l'eau acidulée, puis à l'eau pure et froide; on traite la masse par l'alcool pour en précipiter l'albumine végétale : à la solution ainsi clarifiée, on ajoute peu à peu du sous-carbonate de potasse ou de soude, et dès qu'il n'y a plus de réaction acide, on évapore, jusqu'à un certain degré, pour faire déposer le sulfate alcalin, puis on complète l'évaporation du liquide, qui laisse le sucre de réglisse sous forme d'une masse jaune transparente : celle-ci possède le goût particulier de la racine, et se dissout facilement dans l'eau et l'alcool, en communiquant une couleur jaune aux solutions. Sa solution aqueuse est précipitée par tous les acides; ces précipités sont doux, sans aucune acidité; solubles dans l'eau bouillante, ils se prennent en gelée par le refroidissement; ils sont aussi solubles dans l'alcool. Le sucre de réglisse forme, avec les bases salifiables, des combinaisons très solubles dans l'eau, et peu solubles dans l'alcool; avec les oxides métalliques, il forme des combinaisons insolubles; toutes ces combinaisons peuvent être parfaitement neutres. (*Ann. der Physick*, 1827.)

Procédé pour extraire la morphine des capsules sèches du pavot indigène; par M. Tilloy.

Faites un extrait aqueux, traitez cet extrait par de l'alcool, séparez l'alcool du dépôt, et distillez. Par ce moyen, on précipite en partie la matière gommeuse. Après la distillation de l'alcool, on trouve un extrait sirupeux, qu'on fait chauffer de nouveau pour lui donner une consistance de mélasse; on la reprend par de nouvel alcool. Cette fois, il se précipitera, outre la matière gommeuse, beaucoup de nitrate de potasse. Après avoir séparé l'alcool de ces deux substances, on distille; on reprend ensuite ce second extrait par semblable quantité d'eau; on filtre pour en séparer encore une grande quantité de matière résiniforme. On peut extraire la morphine de ce liquide par trois réactifs, l'ammoniaque, le sous-carbonate de soude, et la magnésie pure.

L'ammoniaque n'en précipite pas toute la morphine; le sous-carbonate de soude en précipite davantage; mais il a l'inconvénient de séparer aussi de la matière résineuse, qui alors se trouve mêlée à la morphine. La magnésie est préférable; mais comme il est coûteux d'employer autant de magnésie pure, vu que ce liquide contient beaucoup d'acide acétique libre, on le sature en partie et à chaud par du carbonate de magnésie. On juge, par l'effervescence, qu'on ne doit plus en ajouter; alors on y jette de la magnésie pure, qui donne lieu à un dégagement d'ammoniaque; on laisse refroidir vingt-quatre heures et on filtre; on lave le précipité; lorsqu'il est sec, on le traite par l'alcool, et en opérant ainsi, on obtient de la morphine de toutes les espèces de pavot. (*Journal de Pharmacie*, janvier 1827.)

Préparation du sirop de thridace.

Prenez le suc frais des tiges de laitue dégarnies de feuilles, lorsque la laitue est avancée, et annonce la floraison prochaine; ajoutez à ce suc exprimé le double de son poids de sucre blanc; faites fondre à froid, et filtrez.

On aura, dans cette préparation, la représentation de toute la partie extractive soluble de la laitue. Pour déterminer la proportion dans laquelle elle s'y trouve, faites évaporer, sur une assiette tarée d'avance, quatre onces du même suc que celui sur lequel vous avez opéré pour le convertir en sirop. Le poids d'extrait, obtenu par l'évaporation, ayant fait connaître sa proportion, il sera facile de déterminer dans quelle proportion se trouve l'extrait par chaque once de ce sirop. (*Même journal*, août 1825.)

IV. SCIENCES MATHÉMATIQUES.

MATHÉMATIQUES.

Sur la forme des roues oblongues, au moyen desquelles on peut diminuer l'inégalité d'action des manivelles; par M. Crelle.

Si une puissance constante agit tangentiellement à un cercle pour élever un poids, on produira un mouvement de va et vient; son bras de levier sera continuellement variable. Pour remédier à cette inégalité d'action, l'auteur imagine que la puissance et la résistance réagissent l'une sur l'autre, au moyen de deux roues oblongues, dans le plan desquelles elles sont fixées, et qui s'engrènent l'une dans l'autre, de manière à ce que, quand le grand axe de l'une est horizontal, celui de l'autre soit vertical. Il détermine par le calcul la ligne qui doit former la périphérie de ces deux roues supposées égales entre elles. Son quadrant est celui d'une spirale logarithmique. Il recherche aussi quelle figure doit avoir l'une des roues, l'autre étant donnée. (*Journ. de Mathém. de Crelle*, n°. 4.)

Sur la composition des momens; par M. Poisson.

La somme des momens d'un système quelconque de forces par rapport à un axe donné, dépend de la direction de cette droite. Si cette somme est connue par rapport à trois axes rectangulaires qui se coupent en un point, on obtiendra immédiatement sa valeur relative à un quatrième axe passant par le même point, et faisant, avec les trois premiers, des angles donnés. La relation qui existe entre ces différentes sommes de momens d'un même système de forces, est la même que celle qui a lieu entre les composantes d'une même force.

Le théorème de la composition des momens suppose que les axes auxquels ils se rapportent passent par un même point; mais si ce point se déplace, et que l'axe des momens soit transporté parallèlement à lui-même, on obtient sans difficulté le moment relatif au nouvel axe; c'est le cas le plus simple de la transformation des coordonnées.

La théorie des momens transportée à la dynamique devient celle des aires décrites par les mobiles autour d'un point donné. Quand ces corps ne sont soumis qu'à leur action mutuelle et à une force dirigée vers le centre des momens, cette théorie renferme le principe connu de la conservation des aires, ainsi que les propriétés du *plan invariable*, qui est celui que les géomètres emploient déjà pour achever la solution du problème relatif au mouvement d'un corps solide autour d'un point fixe. Lagrange observe que parmi tous les plans de projection qu'on peut prendre arbitrairement, il y en a un qu'on doit choisir de préférence pour rendre le mouvement relatif des mobiles le plus simple possible, et ce plan, dont il détermine la direction dans ce cas particulier, n'est autre que le plan invariable. (*Bulletin des Sciences mathématiques*, juin 1827.)

ASTRONOMIE.

Sur la parallaxe des étoiles fixes; par M. Herschel.

La parallaxe doit occasionner un changement périodique dans l'angle de position, aussi-bien que dans la distance apparente de deux étoiles formant un système. Cette première variation est beaucoup plus aisément et plus exactement appréciée que la seconde, au moyen des micromètres dont on fait maintenant usage. Pour la faire sentir, il suffit de remarquer que l'effet de la parallaxe est de faire décrire à chaque étoile une petite ellipse, dont le grand axe est parallèle et le petit axe perpendiculaire à l'écliptique, la position véritable de l'étoile étant au centre de cette ellipse. Si les deux étoiles voisines l'une de l'autre décrivent ainsi deux ellipses de même grandeur, les lignes qui joignent leurs positions apparentes conserveront toujours leur parallélisme, puisque ces positions seront toujours des points homologues du contour des ellipses; mais comme les axes de ces courbes sont réciproques aux distances des étoiles, le parallélisme en question ne pourra subsister si les étoiles sont très inégalement éloignées de la terre; et, par suite, on observera un accroissement et un décroissement alternatifs dans l'angle de position formé par la ligne des étoiles, avec une autre ligne de direction invariable.

Pour estimer l'étendue de cette variation, concevons deux étoiles tellement placées, que leur ligne apparente de jonction soit perpendiculaire à l'écliptique, et par conséquent à l'angle droit avec les grands axes de leurs ellipses parallactiques. Supposons que les étoiles soient tellement éloignées de la terre, que l'une ait une parallaxe de 1″, et l'autre une parallaxe incomparablement plus petite; en outre, supposons que leur distance mutuelle apparente soit de 5″; il est évident que la variation qui en résultera sera égale à l'angle sous-tendu par une ligne de 1″ en longueur, vue à la distance de 5″ du milieu de la première, c'est-à-dire un angle de 11° 25′.

M. *Herschel* a calculé d'avance la parallaxe correspondant à 30′ de variation pour 68 étoiles doubles. (*Philosoph. Transactions*, pour 1826.)

Halo observé dans le département de l'Eure; par M. Rives.

Ce halo a été vu sur une étendue de plus de vingt lieues. A Pont-Audemer, on a reconnu d'abord trois cercles ayant le soleil pour centre commun : le plus petit avait un diamètre d'environ 35°; sa largeur était de 2° à peu près. Le troisième cercle était de 70°, c'est-à-dire double du premier; ensuite un quatrième cercle avait son centre en un point de la circonférence du premier, et sa circonférence passait par le soleil, et touchait intérieurement le plus grand des trois cercles concentriques, de sorte que son diamètre était de 35°. Enfin, par le point de contact du quatrième cercle avec le plus grand, passaient deux demi-cercles adossés l'un à l'autre, du diamètre de 60° à 65°, et dans une position telle, que leur tangente commune aboutissait au soleil. Ces deux demi-cercles avaient chacun une de leurs extrémités sur le quatrième cercle. Ce quatrième cercle et les deux demi-cercles offraient les couleurs de l'arc-en-ciel : les autres étaient blanchâtres.

Pendant les premières heures du jour l'air était pur; l'atmosphère ne fut visiblement trouble que vers 8 heures 45 minutes, et peu de temps après, quand il devint nébuleux, on aperçut le météore, dont la durée fut de plus d'une heure; le baromètre marqua constamment 28 pouces 3 lignes $\frac{1}{2}$. A 8 heures du matin, le thermomètre marquait 16° R., et vers 2 heures après midi, il s'était progressivement élevé jusqu'à 21; le vent S.-E. était très faible. (*Journ. d'Agr. de l'Eure*, janvier 1826.)

Nouveau cercle hydrostatique; par M. Barclay.

Cet instrument, destiné à prendre les hauteurs en mer, est très ingénieux. Qu'on se représente un anneau maintenu dans un plan vertical; cet anneau est creux et contient une quantité d'eau qui en remplit à peu près la moitié de la capacité : le liquide occupant toujours la partie inférieure de l'anneau, ses deux bouts indiquent la ligne horizontale. Si l'on y adapte une lunette parallèle au plan de l'anneau, et qui puisse tourner autour d'un axe perpendiculaire à ce plan, en dirigeant cette lunette sur un objet quelconque; et si à l'instant même on coupe en deux portions l'arc liquide, au moyen d'un obturateur disposé à cet effet, on pourra lire à loisir les divisions de l'anneau marquées par les bouts de l'arc liquide, et les divisions du même anneau marquées par les deux curseurs de la lunette. La demi-somme des arcs compris entre chaque bout du liquide et le curseur correspondant, exprimera la hauteur de l'objet observé au-dessus de l'horizon. Ces indications pour un anneau épais, de $\frac{1}{10}$ de pouce anglais, et de 7 pouces de rayon intérieur, se sont rarement trouvées erronées de 3′, et presque toujours moins de 1′; ce qui est suffisant en mer. (*Philosophical Magazine*, octobre 1826.)

NAVIGATION.

Moyen de faciliter la navigation intérieure; par M. Sartoris.

Les difficultés que l'on rencontre dans l'établissement de la navigation sur les rivières consistent principalement dans les variations considérables que subit le volume des eaux dans les diverses saisons de l'année, et même dans chaque saison, par l'effet des crues momentanées, et dans la nécessité de donner passage pendant l'hiver aux débâcles des glaces. Il est nécessaire que pendant la durée de la navigation le passage de l'eau s'opère par des ouvertures dont on puisse faire varier à volonté l'étendue, et que lorsque la navigation est interrompue dans l'hiver, les grandes eaux et les glaçons s'écoulent, sans altérer les ouvrages, et sans inonder les campagnes voisines.

L'auteur a cherché à remplir ces conditions, en construisant dans une direction perpendiculaire à l'axe du lit, deux portions de digues ou déversoirs ayant chacune une largeur à peu près égale à la moitié de la largeur de ce lit. L'une de ces digues se rattache à la rive droite, l'autre à la rive gauche. La première est placée à quelque distance en aval de la seconde, et par conséquent il reste, entre les deux extrémités ou têtes des deux déversoirs, une ouverture parallèle à l'axe du courant, à laquelle on donne une longueur proportionnée à la grandeur de la rivière, et un volume d'eau qu'il faudra laisser écouler. Le sommet de ces déversoirs s'élève jusqu'au niveau où l'eau doit être maintenue pour le service de la navigation, et par conséquent l'eau s'éleverait à ce niveau, si l'ouverture dont on vient de parler était fermée : si, au contraire, le passage est ouvert, les plus grandes crues, sans surmonter beaucoup les digues, peuvent y trouver un débouché suffisant. Le moyen qui est employé pour fermer et pour ouvrir promptement, en partie ou en totalité, cet orifice d'écoulemens, consiste dans l'emploi d'un *bateau-vanne*, dont la longueur est égale à la largeur de l'ouverture et qui s'appuie par le côté contre des poteaux qui sont établis d'espace en espace. L'eau coule entre le fond du bateau et le seuil de l'ouverture, et ce bateau forme une espèce de vanne flottante dont le poids est supporté par l'eau. S'il est abaissé au-dessous du seuil de l'ouverture, le passage de l'eau est entièrement arrêté; mais si le niveau de l'eau vient à s'élever, le bateau est soulevé, et il s'établit entre le fond de ce bateau et le seuil, un orifice par lequel l'eau qui excède les besoins de la navigation peut s'écouler. Plus l'eau s'élève, plus l'orifice s'agrandit, en sorte qu'il existe dans cet appareil le principe d'une sorte de compensation, en vertu de laquelle l'eau se procure à elle-même un passage proportionné au volume qui doit être évacué. Il est aisé d'ailleurs de lester convenablement le bateau-vanne, de manière à le maintenir exactement à la hauteur nécessaire. Ce bateau est retiré pendant l'hiver, et mis à l'abri des glaces derrière une digue formée par des poutrelles. Il n'est pas besoin de dire qu'une écluse à sas est établie, attenant au barrage pour faciliter le passage des bateaux lorsque la différence de niveau de l'amont à l'aval est considérable. (*Analyse des travaux de l'Académie des Sciences* pour 1826.)

Sur les avantages des chaînes-câbles; par M. DE BLOSSEVILLE.

L'immense avantage des chaînes-câbles est de jour en jour mieux senti, et aujourd'hui un navire ne naviguerait plus avec sécurité, s'il n'en avait pas au moins une. Parfaites pour l'usage général auquel on les emploie, elles sont susceptibles, avec quelques modifications, de devenir applicables à une variété infinie de circonstances. Une fois éprouvées, on peut toujours avoir en elles une entière confiance, et c'est ici que l'on doit reconnaître leur grande supériorité sur les câbles de chanvre, dont la valeur et la force diminuent dans les magasins et dans les cales, et bien plus rapidement encore, même avec un temps favorable, et dans les mers dont le fond est uni, par l'alternative de l'humidité et de la sécheresse, et le frottement des écubiers, de la tournevire et des garcettes.

Les avantages ne sont pas moindres sous le rapport de l'économie. Le capitaine Hall cite pour preuve, l'armement de la frégate Conway, sur laquelle il a fait, dans le grand Océan, un long voyage. Cette frégate, pendant deux années et demie qu'elle fut en commission, visita trente-six ports différens, croisa long-temps sur les côtes, et resta beaucoup plus long-temps à l'ancre qu'il est habituel dans un service ordinaire. Il est certain que six câbles neufs en chanvre de première qualité, auraient été totalement usés, en occasionnant une dépense de 650 livres sterling; mais ce navire ayant une chaîne, on ne lui donna qu'un câble de supplément qui suffit à tous les besoins. Ce câble était, au retour, totalement usé, tandis que la chaîne, malgré son service, aurait offert pour un nouveau voyage la même solidité que si elle eût encore été neuve.

Les Américains ont adopté un procédé très ingénieux pour mouiller avec la chaîne par de grands fonds. A l'ancre ils étalinguent comme à l'ordinaire dix brasses de chaînes, à l'extrémité desquelles, par le moyen de trois chaînons attachés à un anneau ou à un émérillon, ils épissent un maître câble ordinaire. La chaîne porte seule sur le fond sans être endommagée, et le reste du câble est assez roide pour ne pas toucher les rochers. Ce procédé est applicable à une haute latitude, où l'excès du poids rend le fer très cassant.

M. Thomas Hardy a imaginé un moyen simple d'affourcher avec deux chaînes, de manière qu'elles ne prennent jamais le tour. Ce moyen consiste à séparer la partie du câble d'affourche qui est hors de l'écubier de celle qui reste à bord du bâtiment, et d'en fixer le dernier anneau à un émérillon de la maîtresse chaîne.

L'usage du fer dan la marine anglaise a été étendu aux objets suivans; savoir : les mèches de cabestan, les haubans des mâts, les sous-barbes et luins de beaupré, les écoutes et itaques de huniers, les supports des basses vergues, les barils d'huile, ceux de peintures, et les caisses cubiques qui conservent l'eau dans toute sa pureté. (*Annales maritimes*, avril 1826.)

Appareil pour trouver les écueils isolés, dont rien à la surface de l'eau n'indique l'existence.

Cet appareil, qui a pour but d'éviter l'insuffisance des sondages, est employé par les pêcheurs de la Méditerranée, pour s'assurer s'il existe des roches dans les endroits où ils doivent faire passer leurs filets.

Le moyen consiste à promener sur le fond une

corde mince et très longue; qui se replie à l'endroit où quelques roches lui font obstacle. On conçoit que dans tous les espaces où l'on aura fait passer une corde de cette espèce, sans avoir éprouvé de résistance, il ne se trouvera aucune roche à une moindre profondeur que celle où la corde aura été plongée. Comme on peut toujours atteindre jusqu'à 100 pieds de profondeur, on pourra constater que dans tous les lieux où cet appareil aura passé, la navigation est entièrement libre. Si, au contraire, il se trouve quelques roches isolées dans cette partie, l'endroit où la corde se ploiera en deux fera connaître la position, que l'on déterminera ensuite avec facilité par des relèvemens. (*Mêmes Annales*, décembre 1825.)

Mâture de navire perfectionnée; par M. Guppy.

L'auteur propose, comme très économique, un moyen de mâture qui consiste à remplacer les grands mâts d'un seul brin, par deux mâts moins gros et moins coûteux, appuyés à leur partie inférieure près des deux bords opposés du navire; et réunis solidement à l'aide de liens en fer à leur partie supérieure, où sont à volonté emmanchés solidement les mâts du haut.

Cette mâture présente la forme des chèvres dont se servent les charpentiers pour enlever des fardeaux, et que l'on soutient dans une position inclinée à l'aide de cordages, de même que la nouvelle mâture est maintenue dans une position verticale. (*Repertory of patent inventions*, novembre 1826.)

Nouvelle manœuvre des navires; par M. le capitaine Shuldham.

Cette nouvelle manœuvre consiste à faire tourner des mâts sur pivots, ou plutôt dans des rainures circulaires; ils peuvent avoir la forme des mâts ordinaires; mais il est préférable de les composer de 3, 4 ou 5 pièces, qui présentent dans leur assemblage une forme pyramidale. Leurs extrémités inférieures sont assujetties par des barres transversales qui deviennent la base du mât pyramidal; leurs extrémités supérieures se réunissent en un bloc, composant soit un chouquet pour recevoir un mât de hune, soit une tête de mât, suivant la nature du gréement. Toutes les vergues et les voiles sont repliées dans l'intérieur du mât pyramidal, et tournent avec lui. Au moyen de cette disposition on peut se passer de toutes les manœuvres dormantes, et de presque toutes les drisses d'un vaisseau mâté à carré, et un homme placé à la barre peut seul mettre à la voile. Dans les bâtimens gréés de l'avant à l'arrière, on évite par là la gênante et souvent dangereuse manœuvre de changer les voiles auriques. (*Lond. and Paris observer*, 28 mai 1826.)

Nouvelle pompe de navire.

Le capitaine anglais *Brownell* a inventé une nouvelle pompe de navire, dont l'action est produite par le vent. Avec une bonne brise, cette pompe rend par minute 3280 gallons d'eau. La machine est simple, peu coûteuse, ne tient presque pas de place, et s'adapte au besoin au travail de bras; on calcule qu'un seul homme extrait, avec cette pompe, autant d'eau que huit hommes en tireraient avec une pompe ordinaire. Cette pompe a été essayée sur un navire coulant bas d'eau, et qu'on est parvenu à sauver ainsi que l'équipage. (*Journal des Débats*, 28 septembre 1827.)

Navigation par le moyen du gaz.

On a tenté dernièrement, sur une embarcation de la Tamise, l'application du système de Brown, qui consiste à produire un vide au moyen de la combustion du gaz hydrogène dans l'intérieur d'un cylindre. L'expérience eut lieu sur une grande galère, en présence de plusieurs officiers de marine et de savans. Le poids de la machine était de trois quintaux, et il se trouvait dans le bâtiment un poids additionnel de cinq quintaux; quinze personnes étaient à bord. Cependant la vitesse de la galère fut de 10 milles à l'heure, et cela contre une forte marée qu'elle combattait. Le gaz employé pour cet objet est obtenu de l'eau décomposée au moyen d'une forte chaleur par le charbon de terre désoufré. (*Galign. Mess.*, juillet 1827.)

Moyen de rendre les vaisseaux insubmersibles.

M. *Watson*, à Londres, donne un moyen qu'il dit infaillible pour préserver les vaisseaux de la submersion. Il propose de placer des tuyaux de cuivre de 8 à 14 pouces de diamètre entre les poutres du tillac et celles des bordages. Ces tuyaux devront ne contenir que de l'air atmosphérique, et demeurer hermétiquement fermés. Le vaisseau fût-il même entièrement détruit, les tuyaux pourraient toujours sauver l'équipage; quelque rempli d'eau qu'il soit, il ne pourra s'enfoncer au-dessous de ces tuyaux. Toute crainte d'incendie disparaîtra aussi par cette découverte, puisqu'on pourra éteindre le feu en un instant en laissant le vaisseau se remplir d'eau. Les frais d'addition de ces tuyaux n'augmenteront que de 5 pour 100 les dépenses à faire pour la construction du bâtiment. (*Journ. des Débats.*)

DEUXIÈME SECTION.

ARTS.

I. BEAUX-ARTS.

DESSIN.

Fabrication des crayons rouges.

On pulvérise une certaine quantité d'hématite dans un morceau de porphyre, en y mêlant de l'eau filtrée jusqu'à ce que la matière soit extrêmement divisée, de manière à former une poudre impalpable. Cette poudre est de nouveau délayée dans une quantité d'eau suffisante, pour permettre aux parties les plus déliées du mélange de passer à travers un tamis fin, placé au-dessus d'un vase plein d'eau. Le liquide, tenant l'hématite en suspension, est ensuite agité, puis laissé en repos pendant vingt-quatre heures; on décante alors l'eau avec précaution, et l'on trouve, au fond du vase, le dépôt d'hématite qui doit servir à faire les crayons. A cet effet, on y incorpore de la gomme arabique ou de la colle de poisson, dont les proportions varient suivant l'usage auquel le crayon est destiné. Voici, d'après l'expérience, les proportions qu'il faut employer dans les cinq espèces de crayons suivans :

1°. Pour les crayons rouges tendres qui laissent de larges traces, 18 grains de gomme arabique sèche pour une once de poudre d'hématite bien préparée;

2°. Pour des crayons dùrs, 21 grains de gomme pour une once de poudre d'hématite;

3°. Pour des crayons encore plus durs, et dont les traits sont petits et délicats, 22 grains de gomme pour une once d'hématite;

4°. Pour les crayons les plus durs de cette espèce, 27 grains de gomme contre une once d'hématite;

5°. Pour des crayons qui laissent des traits brillans, 36 grains de colle de poisson pour une once de poudre d'hématite préparée.

Il faut faire dissoudre séparément la gomme ou colle de poisson dans suffisante quantité d'eau, et passer la solution à travers une chausse de laine; on ajoute ensuite l'hématite en poudre; on place le liquide sur un feu modéré jusqu'à ce que la masse se soit épaissie convenablement; on broie ensuite le mélange avec soin sur un porphyre pour le rendre homogène. La matière est alors propre à former des crayons; à cet effet, on la fait passer avec force à travers un cylindre. Les bâtons ainsi formés sont séchés et divisés en crayons, de 2 pouces de long; on les aiguise ensuite à leur pointe, et on enlève la croûte dure qui s'est formée pendant la dessiccation. (*Technical Repository*, novembre 1825.)

GRAVURE.

Nouveau mordant à l'usage de la gravure sur acier; par M. Humphrys.

Prenez un quart d'once de sublimé corrosif en poudre, et pareille quantité d'alun pulvérisé; faites dissoudre ces matières dans une demi-pinte d'eau chaude, et laissez refroidir ce mélange avant de l'employer.

Lorsqu'on fait usage de ce mordant on le remue avec une brosse de poil de chameau, et on lave parfaitement la surface de l'acier après chaque couche. Quoique ce mélange soit clair avant qu'on l'emploie, il se trouble pendant l'action qu'il exerce sur l'acier; il est donc prudent, lorsqu'il s'agit d'ouvrages délicats, de jeter cette composition lorsqu'elle a servi. C'est à l'ouvrier qui opère à déterminer le temps que ce mordant doit demeurer sur l'acier; mais au bout de 3 minutes on obtient des teintes délicates. (*Industriel*, octobre 1827.)

MUSIQUE.

Diapasorama de M. Matrot.

Cet appareil, destiné à faciliter les moyens d'accorder les harpes et les pianos, se compose de seize diapasons accordés chromatiquement par demi-tons, avec l'observation de tempérament. Ces diapasons donnent ainsi, depuis l'*ut* jusqu'au *mi b*, double octave. Douze diapasons formant une gamme pleine, eussent présenté une étendue suffisante pour les pianos; mais l'auteur a jugé convenable d'y ajouter une tierce mineure pour l'accord de la harpe, qui est montée en *mi b* majeur. (*Bulletin de la Soc. d'Encour.*, octobre 1826.)

Mécanisme pour accorder les timbales; par M. Stumpf.

On se sert ordinairement, pour accorder ces instrumens, de douze à quatorze vis pour rendre, par une tension plus ou moins forte de la peau, le ton plus haut ou plus bas; il est difficile, sinon impossible, de faire cette opération vite, et en même temps avec justesse.

Le moyen employé par l'auteur remédie à cet inconvénient.

Les timbales posées sur un trépied sont tenues sur un pivot par un mécanisme intérieur qui ne nuit nullement au son, soit à droite ou à gauche. L'accord se fait en 4 ou 5 secondes, sans le moindre bruit et avec une grande justesse, toutes les vis étant attirées ou relâchées avec la même force. Le mécanisme peut être adapté aux timbales ordinaires; il est durable sans être coûteux. (*Messager des Arts*, décembre 1826.)

Cor d'harmonie à vingt-trois tons; par M. Schmidt-Schneider.

Les innovations faites par l'auteur au cor ordinaire tendent à procurer une amélioration réelle dans toutes les parties de l'instrument:

1°. En ce que la qualité du son dans toute l'étendue de l'échelle a plus de rondeur, et qu'elle a aussi plus de force dans la partie grave de l'instrument;

2°. En ce que les sons artificiels, vulgairement dits *bouchés*, sont moins disparates avec les sons naturels qu'on appelle *ouverts*;

3°. En ce que l'auteur a su donner une plus grande latitude à l'instrument, en y ajoutant plusieurs nouveaux cors de rechange pour des tons inusités jusqu'à présent sur cet instrument; chacun de ces tons fait entendre leur gamme chromatique, depuis le grave jusqu'à l'aigu;

4°. En ce que toutes les parties de la nouvelle construction sont soumises à une série de procédés tirés des principes de la physique, et basées sur les connaissances qu'elle nous donne des lois de l'acoustique.

L'embouchure de cet instrument est construit de manière que les exécutans peuvent jouer sur cet instrument, pendant des heures entières, sans éprouver la moindre fatigue. (*Descript. des Brevets*, t. XIII.)

PIERRES PRÉCIEUSES.

Procédé pour imiter le diamant; par M. Bourguignon.

Pour imiter le diamant, on fait tailler une pierre de strass qui présente la partie de derrière d'une pierre de six karats, mais dont la table est moitié moins épaisse. On fait disposer avec le cristal de roche une table du volume manquant à la pierre de strass, pour compléter son poids et achever la formation de la pierre.

La pierre est donc ainsi composée de deux parties, l'une, qui est de strass, formant le derrière et les facettes de dessus; l'autre, qui est la table, en matière fine très dure, taillée à sa surface en forme de diamant.

La partie supérieure étant fine, met le strass à l'abri de tout frottement, et le conserve dans sa beauté primitive.

Le rang de facettes qui se trouve entre les deux pierres donne seul les feux mobiles du diamant.

La vis, la goupille et la charnière qui réunit les deux pierres, permet de les nettoyer facilement; cette disposition procure encore l'avantage de pouvoir monter, comme le diamant, les pierres à jour.

Ce procédé est applicable à toutes les pierres minces; car le strass, taillé et préparé comme on vient de le dire, ou réuni à un demi-brillant en pierre faible, véritable, donne à l'œil le prix que le volume indique. (*Même ouvrage*, même volume.)

II. ARTS INDUSTRIELS.

ARTS MÉCANIQUES.

AGRAFES.

Machine propre à fabriquer les agrafes; par M. Hoyau.

Dans cette machine, très bien combinée, un homme, agissant sur une manivelle, fait tourner un arbre de couche horizontal, qui met simultanément en action toutes les parties propres à fabriquer à la fois, et à chaque tour, les quatorze pièces de sept numéros.

Le métier, qui a 12 pieds de long, se compose de 14 machines distinctes qui peuvent fonctionner ou toutes ensemble, ou seulement plusieurs isolément; car on peut à volonté arrêter celles qu'on veut, sans que l'action des autres soit altérée; elles sont toutes semblables, aux différences près, qui tiennent aux dimensions des pièces, et à ce que les unes courbent les fils en *portes,* et les autres en *crochets.* La manivelle fait 35 tours par minute, et fabrique 14 pièces, ce qui produit 35 fois 14 ou 490 : on a donc 352,800 pièces par jour de 12 heures.

Dix mouvemens ont lieu successivement dans chacune des 14 machines pour un tour de manivelle; le fil se débite de lui-même; il entre dans un guide qui le dresse et l'arrête à la longueur voulue pour le numéro. Une cisaille se lève, puis le coupe; le guide se dégage; le fil se plie ou se courbe par le milieu; il se replie aux deux bouts pour faire les yeux; les pièces qui les ont faits rentrent à leur première position; l'agrafe est chassée; enfin les pièces qui l'ont chassée reviennent en place.

L'agrafe est ensuite portée par un poseur en un lieu où elle est comprimée, et il ne reste plus qu'à courber le bec du crochet; ce qui se fait à la main avec une pince. (*Bull. de la Soc. d'Enc.*, septembre 1827.)

BOUTEILLES.

Machine à boucher les bouteilles; par M. Masterman.

L'auteur propose de presser le bouchon dans le col de la bouteille par la force d'un levier, au lieu de le frapper au moyen d'une batte en bois. La machine destinée à cet usage peut varier dans sa construction, mais doit cependant consister dans une cavité inférieure et une potence à laquelle est attachée l'extrémité du levier. Une autre cavité est fixée à la potence, à peu près au-dessus du levier, et porte un trou conique destiné à recevoir un entonnoir conique, dans lequel on introduit le bouchon. On place dans la cavité inférieure une planche mince, sur laquelle repose la bouteille, et on l'élève jusqu'à ce que le goulot de la bouteille soit au-dessous de l'entonnoir. On place alors dans celui-ci un bouchon sur lequel s'appuie une tige que l'on presse par le moyen du levier ; le bouchon entre dans le goulot, qui est ainsi mieux bouché que dans les procédés ordinaires. (*London Journal of Arts*, décembre 1826.)

Autre Machine à boucher les bouteilles ; par M. Rey.

Cette machine est commode et d'un usage facile. Sa base occupe un espace carré de 18 à 20 pouces de côté ; sa hauteur est de 4 pieds 6 pouces environ. Elle se forme de deux petites colonnes ou montans, en bois carré, assujettis par une traverse à la sommité ; au milieu est une assise pour la bouteille, et au-dessous est un récipient de précaution, en fer-blanc, de 7 à 8 pouces de diamètre.

Au-dessus de la traverse qui lie les deux colonnes, en est une autre, en boir dur, qui monte et descend à volonté. Le milieu est percé en cône, dans lequel se fixe un tube en cuivre qui reçoit le bouchon ; l'extrémité du tube par lequel sort le bouchon est plus petite que le goulot de la bouteille ; et quelque gros que soit le bouchon, il est enfoncé facilement dans la bouteille, où il ne reprend que dans le goulot le développement que lui avait enlevé sa compression dans le tube. Par ce moyen, la bouteille est si hermétiquement bouchée, que l'emploi du goudron cesse d'être nécessaire. Le bouchon est forcé de passer à travers le tube par une cheville en bois dur, qui est pressée par deux leviers mus par le pied.

La bouteille ne risque point de se casser ; un homme seul se sert de cette machine avec la plus grande facilité : l'opération est si sûre, si commode et si prompte, que le moins adroit peut boucher environ soixante-dix bouteilles en 13 ou 14 minutes. Le bouchon n'a jamais besoin d'être mouillé; et pourtant, quelque gros qu'il soit, on le réduit, sans grand effort, à entrer dans une bouteille à petit goulot. (*Bulletin des Sciences technologiques*, septembre 1827.)

BRIQUES.

Machine à découper et comprimer les briques, carreaux, tuiles, etc.

Cette machine se compose de deux châssis carrés, en fer, exactement semblables, dont l'un monte pendant que l'autre descend. Ils sont chargés de poids pour augmenter la pression qu'ils doivent exercer sur la matière qui leur est soumise, et armés en dessous de secteurs ou découpoirs en forme d'emporte-pièces, ayant exactement les dimensions et la hauteur d'une brique. Les vides que laissent ces secteurs sont occupés par des repoussoirs en fonte, qui rentrent dans une retraite du châssis quand celui-ci descend, pour permettre à l'argile de s'y introduire. Ils sont ajustés sur une plaque de fonte pour les arrêter au niveau des secteurs. En s'appuyant sur la couche d'argile pendant le découpage, ils compriment fortement les briques et leur donnent la consistance nécessaire. Après que les briques sont découpées et que le châssis est relevé, les repoussoirs, en tombant par leur propre poids, aidé de celui de la plaque de fonte, font sortir les briques toutes formées de leurs loges.

La couche d'argile destinée à être découpée et comprimée, après avoir été formée en plaques dans un moule de bois, est placée sur un chariot qu'on amène sous les secteurs. On peut découper ainsi cinquante briques à la fois. (*Bull. de la Soc. d'Enc.*, octobre 1827.)

CABLES DE FER.

Appareil propre à éprouver la force des câbles de fer; par M. de Montaignac.

Cet appareil, qui est aussi exempt de frottemens que le fléau d'une balance ordinaire, soumet constamment les mêmes calibres de chaînes aux mêmes efforts. Il montre clairement quel est le poids exprimé en kilogrammes qui, par l'intermédiaire de la chaîne, est soulevé, par la puissance motrice, qui est une presse hydraulique disposée horizontalement. Celle-ci est appliquée à un des bouts de la chaîne couchée sur un banc horizontal, tandis que l'autre bout est attaché au bras de l'appareil indicateur, qui est un véritable dynamomètre. Les poids sont placés sur un plateau comme s'ils devaient servir à peser la chaîne. Ces poids sont l'obstacle à vaincre ou à soulever par un des bouts de la chaîne, tandis qu'elle est tirée à l'autre bout par une force en elle-même indéfinie. La chaîne, pendant toute cette opération, est portée dans toute sa longueur sur un banc bien nivelé. L'équilibre établi par la chaîne entre les deux bras inégaux de cette romaine d'épreuve, fait connaître la force de résistance du câble avec une grande précision. (*Même Bulletin*, juillet 1827.)

CARDES.

Machine à fabriquer des cardes.

M. *Steward*, habile mécanicien de Philadelphie, a inventé une machine, au moyen de laquelle on fabrique d'un seul jet des cardes à coton et à laine. Cette machine courbe le fil de fer et le coupe de la longueur convenable, perce le cuir et y fixe les dents, achevant ainsi simultanément, et par une simple opération mécanique, une carde de la longueur et de la largeur requise, et cela sans qu'il soit besoin d'un effort autre que celui de tourner une petite manivelle. Cette machine, toute montée et prête à mettre en œuvre, ne coûte que 100 dollars (500 francs). (*Weekly Register*, septembre 1826.)

CHARIOTS.

Enrayage des chariots sur des chemins de fer.

Cette invention consiste en deux espèces d'enrayages, l'un et l'autre fondés sur le même principe : on les appelle, l'un, *enrayage atmosphérique*, et l'autre, *enrayage hydraulique*. Le premier consiste en un cylindre horizontal fermé à ses deux extrémités, et contenant un piston qui joue dans son intérieur. La tige du piston traverse l'un des fonds du cylindre, et à chaque fond est une soupape destinée à laisser entrer l'air dans le cylindre, et qui s'ouvre en dedans. Chaque extrémité a, en outre, pour la sortie de l'air intérieur, une autre soupape qui est réglée par le moyen d'un robinet. La tige du piston est mue par une manivelle fixée à l'une des roues du chariot. L'air qui est dans le cylindre, résiste au mouvement du piston, et forme la puissance d'enrayage des roues ; puissance qui peut être rendue plus ou moins considérable, suivant qu'il est nécessaire, au moyen du robinet de retenue, lequel laisse échapper plus ou moins d'air.

Le système de l'*enrayage hydraulique* consiste dans la substitution de l'eau à l'air, et dans l'emploi d'un autre cylindre qui entoure celui dans lequel le piston travaille et qui reçoit l'eau rejetée. Cette machine peut être comparée à deux barattes disposées horizontalement, et unies ensemble à chaque extrémité par un petit tuyau par lequel le lait qui pourrait s'y trouver serait forcé, lorsqu'un mouvement de va et vient serait imprimé aux battes ; la résistance produite par ce mouvement modère le mouvement des roues, et la fermeture du tuyau l'arrête totalement.

Cet appareil peut remplacer toute espèce d'enrayage dans toutes les circonstances possibles, attendu qu'il peut être disposé de manière à se régler lui-même dans divers cas. Dans l'arsenal d'artillerie de Woolwick en Angleterre, un appareil semblable, adapté à une grue, est destiné à modérer ou arrêter sans aucun effort la descente des fardeaux les plus pesans. (*Bulletin des Sciences technologiques*, juillet 1827.)

COMPTEURS.

Compteur pour les machines ; par M. Noriet.

Ce compteur, d'une disposition simple et peu dispendieuse, ne renferme que trois pièces mobiles, 1°. un limaçon sans fin, fixé sur l'arbre dont on veut compter les révolutions; 2°. une roue dentée, dans laquelle engrène ce limaçon, et dont l'arbre est fileté ou taillé en vis dans toute sa longueur; 3°. un écrou, ou plutôt un demi-écrou qu'un ressort faible tient sans cesse appliqué sur la vis et qui porte un index.

Le mouvement progressif de l'écrou sert à indiquer, sur les divisions d'une ligne tracée parallèlement à l'axe de la vis, les révolutions de l'arbre, qui sont égales au produit du nombre des dents de la roue par le nombre de pas et fractions de pas parcourus par l'écrou.

La roue a 54 dents, et la vis 310 pas, et comme l'arbre auquel ce compteur est appliqué doit faire 18 tours par minute, lorsqu'il a une vitesse convenable, il s'ensuit que la roue dentée devra faire un tour en 3 minutes, que l'écrou s'avancera de la hauteur d'un pas dans le même temps, et qu'il parcourra la longueur entière de la vis en 15 heures et demie.

L'échelle est divisée par parties égales en heures, quarts d'heures et minutes, de cinq en cinq, ce qui donne la facilité de reconnaître quand on veut si la machine a marché avec plus ou moins de vitesse qu'elle ne devait le faire.

L'instrument, qui occupe peu de volume, est renfermé dans une boîte en tôle, fermée à clef, et dont le couvercle est muni d'une glace qui permet d'observer la position de l'index dans tous les instans. (*Bull. de la Soc. d'Enc.*, mars 1827.)

Gyromètre, ou instrument pour indiquer les distances parcourues par une voiture.

Cet instrument est composé de deux roues dentées superposées, mises en mouvement par une vis sans fin. La roue supérieure est entaillée de 100 dents, et porte sur son cadran un nombre correspondant de divisions, et un petit index sur son bord intérieur au-dessous de la 100e division; la roue inférieure a une dent de moins que l'autre; ses divisions sont marquées plus près du centre, afin de ne pas être couverte par la roue supérieure. Sur le cadran de celle-ci est fixée un aiguille en acier dont la pointe chemine sur un des rayons de la roue; elle est munie en dessous d'un petit pivot saillant.

On voit par cette disposition, que la puissance numérique de l'instrument se trouve réduite à $100 \times 99 = 9{,}900$ tours de la vis sans fin; pour augmenter cette puissance, on a pratiqué, sur la face de la roue inférieure, une rigole spirale dans laquelle s'engage le pivot de l'aiguille en acier, et qui en suit les contours. L'aiguille est entraînée par ce mouvement le long du segment de cercle qui porte autant de divisions qu'il y a de trous de la spirale. Chaque division indique un tour entier de la roue inférieure, et comme il y a six divisions, celles-ci, multipliées par 9,900, donnent 59,400 tours de la vis sans fin.

On place l'instrument dans une boîte de fer-blanc, de manière que la vis sans fin en occupe l'axe; cette boîte étant placée entre les rais d'une roue de voiture, on connaîtra la distance parcourue par les nombres indiqués sur le cadran, multipliés par la circonférence de la roue. (*Même Bulletin*, janvier 1827.)

DRAPS.

Nouveau moyen d'appréter les draps; par M. Haycock.

La machine dont se sert l'auteur se compose d'une suite de cylindres, sur lesquels le drap passe successivement; le premier recouvert d'un feutre, reçoit de la vapeur intérieurement, et transmet au drap une dose convenable d'humidité; des rouleaux sont disposés plus loin, de manière à guider le drap, et à le conduire sur un cylindre recouvert de pierre-ponce; il passe ensuite sur un cylindre garni de brosses, dont le mouvement rotatoire couche les poils dans un même sens; enfin, le drap passe entre deux cylindres chauffés par la vapeur, d'où il sort pressé et repassé pour s'enrouler en pièces ployées et vendables. (*Lond. Journ. of Arts*, octobre 1826.)

ESSIEUX.

Essieux perfectionnés, à l'usage des chariots qui fréquentent les chemins de fer; par M. Stephenson.

L'auteur propose de fixer, à l'extrémité extérieure

de chaque essieu, une roue tournante, et à l'extrémité du même essieu une boule. Cette partie de l'essieu, la plus voisine de la roue, tourne dans une longue gorge pratiquée dans les jumelles; la boule tourne dans une cavité de la jumelle opposée. Par ce moyen les roues tournent indépendamment l'une de l'autre, et conséquemment, quelle que soit la différence de chemin que leur périphérie ait à parcourir, elles ne produiront point de frottement, ou ne glisseront plus sur les rainures. Comme il est impossible que le chemin à rainure soit parfaitement de niveau, les pièces qui le composent étant sujettes à s'affaisser par la pression des lourds fardeaux qu'on y transporte, toutes les fois qu'une des roues doit passer sur un endroit creux du chemin, la longue gorge permet à l'essieu et à sa roue de descendre. De cette manière la roue est toujours maintenue contre le côté extérieur de la rainure, ce qui tend à maintenir les rainures ensemble, et à empêcher la roue de se dégager. (*Même Journ.*, avril 1826.)

ÉTENDOIRS.

Nouvel étendoir à papier; par M. Falguerolles.

Cet étendoir offre l'avantage, sur les étendoirs ordinaires, que l'ouvrier ne quitte pas le plancher. Les perches, placées à la hauteur qui lui est le plus commode, sont plus facilement et plus promptement garnies de feuilles; ensuite, avec des cordes et des poulies convenablement disposées, on les élève à la hauteur que l'on veut, en les faisant glisser dans des rainures établies le long des poteaux; alors on les fixe par des chevilles. Ainsi, quelle que soit la dimension du papier, la place est économisée autant qu'il est possible de le faire.

Lorsque les cordes fixées aux perches sont garnies de papier humide, la masse ne laisse pas que d'avoir une certaine pesanteur; on l'enlève cependant facilement au moyen d'un treuil mobile que l'on établit entre les poteaux. Le treuil porte dans le milieu une roue dentée; on le fait tourner au moyen d'une autre roue, de deux pignons et d'un moulinet. On attache bien également à l'arbre du treuil les cordes destinées à enlever les perches, et qui passent sur des poulies fixées au haut de l'étendoir; alors on fait monter facilement la masse de papier étendu. De cette manière l'étendage se fait plus commodément, plus sûrement et plus promptement. (*Bulletin de la Société d'Encouragement*, mars 1827.)

FIL DE FER.

Perfectionnement dans la fabrication du fil de fer; par M. Mouchel.

Les cardiers et les filateurs se plaignent généralement de l'aigreur des fils de fer qu'ils emploient. M. *Mouchel* attribue cette altération de qualité à la nature des chaudières dans lesquelles on place les fils pour leur donner un recuit régulier, et les garantir de l'oxidation. L'expérience lui a prouvé que la fonte plus ou moins carbonée dont ces chaudières sont composées, cémente le fil, le change en mauvais acier, au point qu'à la trempe il devient extrêmement aigre et casssant.

Pour remédier à ce grave inconvénient M. *Mouchel* propose de garnir l'intérieur de la chaudière d'une chemise de tôle, mais plus petite, de manière à laisser entre elle et les parois en fonte, un espace de deux à trois lignes contenu par de gros fils de fer, réunis vers le fond de la chaudière comme les baleines d'un parapluie ouvert. On remplit cet intervalle avec de la limaille de fer, et on garnit de même le couvercle.

Ce moyen a été reconnu très efficace pour empêcher l'altération du fil de fer.

FUSILS.

Nouvelle arme à feu tirant plusieurs coups successivement; par M. Hunout.

Ce perfectionnement consiste à faciliter la rapide décharge des armes à feu par l'addition simultanée de plusieurs charges de poudre et de balles dans un fusil. On fait partir successivement les charges sans changer l'arme de place. Le procédé consiste à introduire dans le canon d'un fusil ordinaire, un tube contenant plusieurs charges. Ce tube est cylindrique, ouvert à l'extrémité, et porte plusieurs ouvertures pour la lumière. Quand il est chargé, on l'introduit dans une cavité ou renflement pratiqué vers la culasse du fusil. Chaque tube peut recevoir trois charges et autant de balles. La première charge de poudre doit être bourrée avec du drap imbibé de suif et de cire, afin d'empêcher le feu de communiquer à la charge suivante; la deuxième charge est bourrée de la même manière; mais la troisième n'exige pas les mêmes précautions. Les lumières pratiquées dans le tube sont placées à des distances telles qu'elles communiquent avec la poudre de chaque charge. Il y a de semblables ouvertures pour la lumière dans le canon du fusil extérieur, et l'on adapte des platines à chacune de ces lumières. L'ignition de la charge s'opère à l'aide de la percussion, et la platine peut s'adapter à la manière ordinaire. Lorsqu'on a fait partir les trois charges placées dans le tube, on ouvre l'extrémité de la culasse pour en retirer le tube vide; on y introduit un autre tube chargé d'avance et on referme la culasse. (*Lond. Journ. of Arts*, avril 1827.)

GANTS.

Machine à coudre les gants.

Cette machine, munie d'une vis de manière à pouvoir être fixée sur une table, se compose de deux mâchoires verticales, légèrement courbes comme celles d'un étau ordinaire. L'une de ces mâchoires est fixe, et l'autre mobile sur une articulation; et dans la condition de repos, cette dernière se trouve pressée contre l'autre à l'aide d'un ressort. Les deux mâchoires de l'étau portent deux peignes dont les dents ont la profondeur et l'écartement que l'on veut donner aux points; c'est entre ces mâchoires qu'on comprime les pièces des peaux nécessaires pour la confection des gants. Les peignes peuvent être changés à l'aide de vis et d'écrous, et les fabricans en ont pour toutes les courbures utilisées dans leurs travaux. L'outil étant posé sur une table, l'ouvrier ouvre les mâchoires à l'aide de leviers liés à une pédale; il insère alors les deux parties à coudre, et lorsque la couture est faite, il déplace le gant et rapporte en regard des peignes une autre partie à coudre. (*All. Handl. zeitung*, décembre 1825.)

HORLOGERIE.

Machine destinée à mettre en mouvement une bruyante sonnerie; par M. Laresche.

Cette machine, qui n'est autre chose qu'un réveil qu'on fait mouvoir par une montre ordinaire, est composée d'une cuvette sur laquelle on pose la montre horizontalement, et le cadran découvert; elle y est retenue par des tenons mobiles. Sur l'axe de l'aiguille des minutes s'ajuste un carré conducteur qui le met en communication avec le réveil; à la colonne de ce carré est adapté, au moyen d'une vis de pression, un levier qui la hausse et la baisse à volonté, selon l'épaisseur de la montre; ce levier, qu'entraîne l'aiguille des minutes, fait, comme elle, un tour par minute, et à chaque heure il fait passer une des douze dents d'un compteur; celui-ci porte un index qu'on place sur celui des douze chiffres de son cadran indicatif du nombre d'heures et de fractions d'heures que l'on veut employer au sommeil ou au travail; au-dessus du levier est un diviseur à quatre ailes avec les chiffres 1, 2, 3, dont la position détermine le départ de la sonnerie, à telle fraction d'heure qu'on le désire. (*Bull. de la Soc. d'Enc.*, juin 1827.)

Mécanisme employé dans les pendules à équation; par LE MÊME.

Ce mécanisme, destiné à indiquer les années bissextiles, se compose d'une roue annuelle à 366 dents, qui est chaque jour mise en mouvement d'un seul pas, par l'influence d'un levier, que pousse ce premier mobile; elle porte, près de son bord, l'axe d'une petite roue plate en acier; la circonférence de cette dernière est armée de quatre dents dont on supprime une; cette roue est retenue par un sautoir engagé dans des chevilles qui en limite et règle la rotation; en sorte que cette petite roue saute d'un cran à chaque tour de la roue annuelle, c'est-à-dire une fois par an, lorsqu'elle se rencontre à une place où une pièce fixe s'oppose à son passage, et ne la laisse aller qu'en l'obligeant à tourner d'un quart de circonférence.

Si cette petite roue, qui est un satellite de la grande, se trouve disposée de manière à présenter l'une de ses trois dents au levier qui meut la roue annuelle, alors, et c'est le 28 février qu'arrive cet engagement, le levier rencontre, au lieu d'une dent de la grande roue, celle de son satellite qui précède cette dent, et l'effet commençant plus tôt qu'à toute autre époque, le quantième saute forcément du 28 février au 1er mars.

Mais lorsqu'il arrive que la petite roue présente l'espace de sa circonférence qui manque de dents, il ne se passe rien qui n'ait lieu chaque jour; il ne saute qu'une dent de la roue annuelle, et du 28 février on va au 29. A chaque tour entier de la roue satellite, trois dents ont déterminé le saut d'une date, c'est-à-dire qu'il s'est écoulé trois années de 365 jours, et l'espace vide de cette petite roue répond à une quatrième année, qui est de 366 jours.

L'appareil imaginé par M. *Laresche* est très simple, d'un effet infaillible, et d'une grande uniformité de mouvemens. (*Même Journal*, janv. 1827.)

Horloge mue par l'eau ; par M. Blanc.

M. *Blanc* s'est proposé de construire une horloge qui pût marcher sans avoir besoin d'être remontée. Il recueille dans un réservoir une quantité d'eau pluviale, suffisante pour faire tourner constamment une roue à godets, qui devient la roue motrice de son horloge. Voici comment M. *Blanc* a appliqué cette idée à une horloge modèle de petite dimension. Sur le contour d'une roue de trois ou quatre décimètres de diamètre, on a placé douze petits vases cylindriques ou godets. Cette roue est au-dessous du réservoir, dont le fond est garni d'une soupape qui peut monter et descendre au moyen d'une tige verticale.

Un godet est amené sous le réservoir par le mouvement de rotation ; la tige de la soupape est soulevée par un petit plan incliné dont le godet est garni ; la soupape s'ouvre, le godet se remplit, et il abandonne la soupape qui se referme. Par suite du mouvement de rotation, ce godet se vide tandis qu'un autre se remplit ; l'eau contenue dans les godets fait tourner continuellement la roue qui communique son mouvement à l'horloge. Dans le modèle, l'axe de chaque cylindre est dans le prolongement de la roue ; il vaut beaucoup mieux que les godets soient inclinés, afin qu'ils conservent plus d'eau dans la position où son poids agit le plus puissamment. La roue motrice fait deux tours par jour ; ainsi, à chaque heure, un godet vient se remplir tandis qu'un autre achève de se vider.

Supposons que chaque godet contienne un demi-litre, et pèse un demi-kilog., la dépense sera de 12 litres par jour, et de 4380 par an. Mais dans nos climats où les pluies sont fréquentes, il suffit d'avoir un réservoir de 1500 litres, qui alimenterait la roue motrice pendant plus de trois mois. A Paris, où il tombe annuellement une couche d'eau de 50 centimètres, un toit de 9 mètres de superficie suffirait. Une sonnerie exigerait une seconde roue quinze fois plus puissante. (*Extr. d'un Rapport fait à l'Académie des Sciences, par* M. MATHIEU.)

Nouveau pendule; par M. Janvier, enseigne de vaisseau.

L'auteur suspend ce pendule par un ressort qui passe à frottement doux dans une ouverture de même calibre, pratiquée à un support attenant au corps du mouvement. Ce ressort est ensuite fixé à une barre coudée et de même métal que le pendule; cette dernière appuie sur un obstacle scellé dans la muraille.

Les avantages de cette construction consistent dans sa simplicité et dans la facilité d'obtenir dans la barre, en sachant lui donner une longueur convenable, une dilatation égale à celle du pendule.

Plus rigoureux que ceux employés jusqu'à présent, ce moyen de compensation peut servir pour la mesure exacte du temps, si utile aux astronomes et aux navigateurs. (*Annales marit. et colon.*, mars 1826.)

INCENDIE.

Moyen de prévenir l'asphyxie des hommes chargés d'éteindre un incendie produit par la combustion du charbon dans des lieux peu aérés; par M. Labarraque.

On prend 5 à 6 livres de chaux vive; on la fait plonger pendant deux minutes dans l'eau, et on la met dans un baquet; on laisse fuser, et quand la chaux vive est réduite en poudre, on ajoute de l'eau pour la délayer; on remue bien; on verse le liquide troublé dans le réservoir de la pompe à incendie, et on lance ce liquide dans le lieu chargé du gaz méphitique, en le dirigeant sur les substances en ignition.

Si l'on craint que le corps de pompe ne s'engorge par la poudre calcaire, une livre de potasse ou de soude caustique, qu'on peut dissoudre dans une grande quantité d'eau, la remplace avec avantage; avec de l'ammoniaque, on obtient le même résultat. (*Bull. de la Soc. d'Enc.*, septembre 1827.)

Nouvelle échelle à incendie; par M. Kermarec.

Cette échelle consiste en un chariot monté sur quatre roues basses, avec avant-train pour transporter le tout au lieu de l'incendie. Entre les deux flasques du chariot est une plate-forme à coulisse, sur laquelle est établi un chevalet dont le montant est traversé par un essieu; c'est autour de cet essieu que tourne l'échelle, lorsqu'on veut la dresser, car dans l'état ordinaire elle est couchée horizontalement, et soutenue au-dessus de la plate-forme par un support dressé à son arrière, qui porte le haut de l'échelle.

Pour dresser l'échelle il y a à son bout inférieur une corde que deux hommes tirent à bras, et comme l'essieu est placé au sixième environ de la longueur de l'échelle, que le sixième est saillant et constitue la partie la plus lourde, qu'enfin cette partie est chargée de poids qui l'équilibrent, cette force suffit à la manœuvre. Dès que l'échelle est debout ou dans une inclinaison donnée, elle y reste à l'aide d'un arc de cercle qui est fixé au chevalet d'un bout, et entre de l'autre dans une traverse au bas de l'échelle.

Cette manœuvre terminée, on procède au développement d'une seconde échelle qui vient s'ajouter au haut de la première; voici comment cela s'effectue. Le long de l'échelle dressée, il y en a une seconde qui y est appuyée; celle-ci se trouve avoir été mise debout en même temps que la première qui l'a entraînée avec elle; cette seconde échelle est à coulisse entre les limons de l'autre, et, à l'aide de cordes et d'un petit treuil fixé au chevalet, on la fait glisser dans le sens de sa longueur jusqu'à la hauteur convenable; le tout s'élève à 45 pieds, et le sommet de l'échelle peut être à la portée des personnes qui sont dans l'édifice incendié, et servir, soit à en sortir pour fuir le danger, soit à y entrer pour porter des secours. (*Même Bulletin*, mars 1827.)

MACHINES HYDRAULIQUES.

Nouvelle machine à projeter l'eau; par M. Cooper.

Cette machine est composée d'un cylindre de huit pouces de longueur sur huit de diamètre, avec une manivelle dont les deux extrémités sont attachées à un pivot. La force de quatre hommes est suffisante pour lui faire jeter continuellement une colonne d'eau de trois quarts de pouce d'épaisseur à cent vingt pieds de distance en ligne horizontale, et à plus de quatre-vingt-dix pieds en ligne perpendiculaire.

L'inventeur a donné à cette machine le nom de

piston à rotation; mais elle n'a en réalité ni piston, ni soupape; elle a plutôt l'apparence d'une roue qui forme un vide d'un côté et produit une forte compression de l'autre. Le volume d'eau qu'elle enlève dans une seule révolution surpasse, à ce qu'on assure, celui de toute la machine. On croit qu'elle va remplacer les pompes ordinaires, aussi-bien que les pompes à feu. (*Revue encyclopédique*, décembre 1827.)

Roue hydraulique à augets; par MM. Fairbank *et* Lilie.

Cette roue, qui reçoit l'eau en dessus, a 7,3 mètres de diamètre; ses augets sont attachés l'un à l'autre par des boulons, et sont disposés de manière à ne se remplir jamais d'eau qu'à moitié, et à ne se vider que le plus bas possible; l'eau vient prendre les augets à une inclinaison de 52° 45′ à partir du diamètre vertical de la roue.

La circonférence de la roue est armée de chaque côté d'un cercle en fonte, dentée intérieurement et engrenant avec un pignon placé en dedans de la roue, au point où l'eau entre dans les augets. Ce pignon transmet le mouvement aux machines.

Une vanne, munie de crémaillères, règle l'entrée de l'eau dans les augets. (*Industriel*, juin 1827.)

MACHINES A VAPEUR.

Nouvelle pompe à vapeur.

M. *Frimot*, habile ingénieur, partant de l'observation que par la dépense d'un kilogramme de houille on peut élever au maximum deux cents mètres cubes d'eau à la hauteur d'un mètre, c'est-à-dire obtenir deux cents unités de travail utile, et que les meilleures pompes à vapeur actuellement employées en France n'en fournissent pas cinquante, a reconnu que la perte de la force vive, d'où résultait cette différence, devait être attribuée à des chocs insensibles, et à des vibrations, qui se transmettent au sol à de grandes distances. Il s'est donc occupé de trouver le moyen d'éviter ces chocs et ces vibrations; pour cet effet, il a supprimé le balancier et appliqué directement la puissance de la vapeur à la résistance; il obtint l'équilibre au moyen d'un balancier hydraulique. Par cette substitution, toutes les pièces du nouveau système se trouvent constamment tendues, ou comprimées à toutes les époques du mouvement de la machine, et elles ne peuvent transmettre aucun choc ou vibration. Ainsi M. *Frimot* a pu retrouver une grande partie de la force vive perdue, diminuer la consommation du combustible, et réduire le poids des diverses pièces de la machine, de sorte qu'à force égale la sienne pèse cinq à six fois moins que les machines ordinaires.

Une pompe à vapeur, construite d'après ces idées, est établie sur les bassins de radoub du port de Brest où elle fonctionne pour le service de la marine. Elle élève deux cent soixante mètres cubes d'eau par heure, à la hauteur de six à sept mètres, et fournit autant de travail que deux cent quatre-vingt-huit hommes appliqués aux meilleures pompes de la marine. Elle consomme 19 kilogrammes de charbon par heure. (*Journal des débats*, 23 septembre 1827.)

Machine à vapeur de MM. Taylor *et* Martineau.

Cette machine, destinée à marcher à haute pression sans détente et sans condensation, est d'une grande simplicité, et occupe peu d'emplacement. Le cylindre à vapeur, au lieu d'être vertical comme dans les autres machines, est disposé horizontalement; le piston métallique se meut dans la même position, et pour lui conserver sa direction rectiligne, sa tige porte à ses extrémités deux galets qui roulent dans des lunettes.

Les autres parties de la machine, telles que les tiroirs distributeurs de la vapeur, le régulateur, et les divers leviers qui transmettent le mouvement, sont très ingénieusement combinés. (*Bulletin des Sciences technologiques*, janvier 1827.)

Machine à vapeur à cylindres horizontaux; par M. Taylor.

Cette machine, employée aux mines de Moran, au Mexique, pour extraire l'eau des puits et galeries, est établie sur un massif de maçonnerie bien nivelé. Elle consiste en deux cylindres en fonte fixés dans une position horizontale, et exactement parallèles entre eux; chacun des cylindres est muni d'un piston métallique fixé au milieu de la longueur de la tige qui passe à travers des boîtes à étoupe disposées à chaque fond du cylindre. Les tiges des pistons sont attachées à de fortes traverses qui cheminent sur des roulettes. A ces traverses sont fixées des barres de communication, par l'intermédiaire desquelles la puissance est transmise aux pompes aspirantes établies à l'une ou à chacune des extrémités de la machine.

Les soupapes pour l'admission de la vapeur, et pour son passage au condenseur, s'ouvrent et se ferment par le mouvement alternatif horizontal d'un châssis en fonte qui surmonte les cylindres.

L'auteur a remédié aux inconvéniens du frottement inégal des pistons dans l'intérieur du cylindre en le montant sur une tige unique passant à travers les deux fonds du cylindre, tenant celle-ci dans une position parfaitement parallèle à l'axe du piston, et dans un état de tension continuel.

Les avantages de cette machine consistent, 1°. en ce qu'elle occupe moins d'emplacement que les machines ordinaires; 2°. que les cylindres étant disposés horizontalement, on peut en employer quatre ou un plus grand nombre, et concentrer ainsi la puissance sur un seul point; 3°. qu'elle est d'un transport facile; 4°. qu'on peut la placer sous un hangar, et à une certaine distance du puits; 5°. enfin, qu'elle offre une économie de bras et de dépense comparativement très considérable. (*Bulletin de la Société d'Encouragement*, juin 1827.)

Application de la tourbe au chauffage des chaudières à vapeur; par M. Garnier.

L'auteur a trouvé qu'un poids donné de houille et un poids double en tourbe vaporisaient dans le même temps des quantités égales d'eau. Il a observé qu'il fallait chauffer le fourneau pendant une heure avec la houille avant que la machine fût mise en mouvement, et qu'en substituant la tourbe à la houille, la machine acquiert en trois quarts d'heure la vitesse que le travail des ateliers exige; il y a donc, dans l'emploi de la tourbe, économie de temps et d'argent. Il résulte encore des expériences de M. *Garnier*,

1°. Que l'ouvrier chauffeur conduira plus facilement la machine;

2°. Qu'il ne se formera pas de scories sur les barreaux du foyer;

3°. Que la combustion de la tourbe ne détruira pas l'intérieur du fourneau aussi promptement que le fait la houille, et que, par suite, l'emploi des briques réfractaires sera moins nécessaire;

4°. Enfin, que les coups de feu devant être moins violens, les tubes bouilleurs en fonte seront plus ménagés, et leur rupture sera moins à redouter. (*Même Bulletin*, juillet 1827.)

Moyen d'employer les machines à vapeur avec condensation dans les lieux où l'eau n'est pas assez abondante ; par M. Madeleine.

Ce moyen consiste à refroidir l'eau de condensation par la seule évaporation à l'air. Pour cet effet l'eau du condenseur dont la température est de 38°, est élevée par une pompe ; elle parcourt les gouttières du bâtiment, traverse en partie une toile et un treillis, dont les ouvertures n'ont qu'un millimètre et demi de largeur, et retombe enfin en pluie sur un sol incliné qui la conduit dans un réservoir près de la machine à vapeur ; sa température se trouve alors réduite à 15 et 20°.

La perte d'eau qui a lieu dans cette opération n'équivaut qu'à un dixième au plus de celle qui aurait été nécessaire pour l'injection seule, si cette eau avait été continuellement renouvelée, d'où il suit qu'on économise ainsi les $\frac{9}{10}$ de la quantité ordinaire d'eau de condensation, et une partie d'autant plus grande de la force motrice, que la profondeur d'où il faut extraire cette eau, est elle-même plus considérable.

Cette méthode offre de grands avantages, soit lorsque les puits ne fournissent pas l'eau suffisante, soit lorsqu'ils sont très profonds. (*Même Bulletin*, juin 1827.)

Appareil destiné à la formation de la vapeur aqueuse; par MM. VERNET *et* GAUWIN.

Ce système diffère principalement des chaudières qui sont en usage, en ce que, au lieu de présenter à l'action du feu une grande masse d'eau, on place seulement dans un fourneau beaucoup plus petit, plusieurs tuyaux dans lesquels on injecte à chaque fois précisément la quantité d'eau nécessaire pour produire la vapeur consommée par une course du piston. L'injection est réglée par la marche de la machine. Au moyen de cette disposition, on obtient divers avantages, tels qu'une réduction considérable sur le volume et le poids du fourneau et de la chaudière, une épargne non moins grande sur le combustible et le temps nécessaire pour commencer à échauffer et à mettre en mouvement l'appareil; la facilité de faire varier presque instantanément la quantité et la tension de la vapeur produite, et par conséquent la force de la machine, et enfin l'absence presque totale du danger des explosions.

Les avantages qui viennent d'être énoncés sont propres surtout à faciliter l'application de la machine à vapeur au transport des marchandises sur les chemins de fer et sur les rivières. (*Analyse des Trav. de l'Acad. des Sciences*, pour l'année 1826.)

Sur l'explosion des machines à vapeur; par M. PERKINS.

Si l'on suppose que le tuyau alimentaire ou la pompe à eau d'une machine à vapeur soit engorgé, l'eau ne tardera pas à descendre dans la chaudière, au-dessous de certaines parties qui devaient être constamment couvertes de liquide ; ces parties s'échaufferont à une température beaucoup plus élevée que l'eau ; la vapeur acquiert aussi une très haute température, au point d'aller chauffer au rouge d'autres parties des bouilleurs. Si, par une cause quelconque, l'eau qui est au fond de la chaudière vient à être mise en contact avec la vapeur et les parois très échauffées, elle se réduira instantanément en une vapeur sous une pression très considérable, et les issues ordinaires ni les soupapes de sûreté ne pouvant permettre un dégagement proportionné à cette petite production, une explosion arrivera infailliblement.

M. *Perkins* explique aussi comment l'eau du fond d'un bouilleur peut être mise en contact avec les parois supérieures, chauffées à une haute température. Tant que l'eau, en s'échauffant de plus en plus au-dessus de son degré d'ébullition à l'air libre, est soumise graduellement à une pression correspondante, une ébullition tranquille a lieu ; mais si la vapeur vient à être enlevée en proportion plus grande qu'elle n'est formée, comme par le soulèvement accidentel de la soupape, sa pression sur l'eau pourra devenir moindre, et une ébullition tumultueuse portera le liquide mêlé de vapeur sur toutes les parois de la chaudière ; alors la densité de la vapeur, devenue subitement assez forte pour exercer une énorme pression, déterminera les explosions.

M. *Perkins* regarde comme un fait démontré qu'un plus grand nombre de personnes ont été tuées par les bouilleurs des machines à basse pression que par ceux des machines à haute pression.

Pour prévenir la cause la plus fréquente de ces accidens, il faudrait s'assurer que l'eau ne descendra pas au-dessous d'aucune des parties de la chaudière exposée au feu, et dans les cas où l'introduction de l'eau pût être interrompue, on devrait reconnaître la baisse du liquide par un tube plongeant de quelques pouces dans l'eau, ouvert à l'extérieur, et terminé par une trompe d'où s'échapperait un courant de vapeur qui avertirait du moment où il faut remplir d'eau la chaudière ou éteindre le feu. (*Bull. de la Soc. d'Enc.*, avril 1827.)

Nombre des machines à vapeur en Angleterre.

On a constaté qu'il existe présentement en Angleterre 15000 machines à vapeur en activité; quelques unes d'entre elles sont d'une puissance presque incroyable; dans le Cornouailles il en est une de la force de 600 chevaux. En admettant que la puissance moyenne de ces machines soit, l'une dans l'autre, de 25 chevaux, la somme totale de toutes ces forces équivaudrait à celle de 375,000 chevaux. Suivant les calculs de Watt, la force de 5 hommes et demi égale celle d'un cheval; nous devons donc, au moyen des machines à vapeur, avoir une puissance égale à celle de près de 2 millions d'hommes. Or, l'entretien alimentaire de chaque cheval durant un an, exige le produit agricole de deux acres de terre; il en résulte donc que les habitans de la Grande-Bretagne peuvent disposer pour leur propre usage, ou pour toute autre destination, de 750,000 acres de terres de plus qu'ils n'en auraient si le même ouvrage qui actuellement est fait à l'aide de la vapeur l'était par des chevaux. (*Globe*, 30 octobre 1826.)

MACHINES ET MÉCANISMES DIVERS.

Machine à fouler le raisin; par M. Lomeni.

Cette machine se compose de deux cylindres cannelés, dont les cannelures, de forme cylindrique, engrènent les unes dans les autres. Ces deux cylindres en bois sont assemblés dans un bâti de même matière sur des axes en fer. Le mouvement est imprimé à l'un d'eux par une manivelle, et le mouvement se transmet à l'autre à l'aide de deux roues d'engrenage de même diamètre, et que les cylindres portent sur leurs axes. Ils sont superposés à une caisse inclinée et munis d'un dégorgeoir. Ils sont enveloppés à leur partie supérieure par un demi-cylindre mobile à charnière, qui reçoit lui-même une trémie dans laquelle on jette le raisin à fouler. On conçoit que, par cette disposition, le raisin à fouler passe dans la trémie, entre les cylindres qui l'écrasent, et il est reçu dans l'auge inférieure, qui transmet tout à la fois le liquide et le solide. Les cylindres ont deux brasses de longueur sur une brasse de diamètre. Le bâti est monté sur des roues, et le foulage est mieux exécuté par cette machine que par les pieds, et par un temps plus court. La machine, mue par un homme, peut fouler 3813 kilog. de raisin en une heure. (*Propagatore*, septembre 1825.)

Levier rotatif; par M. Burnet.

Ce levier est également applicable aux montres et aux machines à vapeur.

L'auteur s'est proposé de diminuer le frottement des dents, et de réduire le nombre des roues; pour cela, il pratique des cannelures obliques sur la roue et l'axe destiné à servir de pignon. Il présente cette disposition comme produisant moins de frottement, et par conséquent moins de perte de force que les roues et les pignons habituellement employés.

Ce même principe peut être appliqué aux roues d'angle, en plaçant l'axe du pignon parallèlement à l'inclinaison de l'arête du cône, sur lequel la roue est taillée, en observant que les dents ou les cannelures des roues doivent avoir les mêmes angles que les roues cylindriques. (*Lond. Journ. of Arts*, décembre 1826.)

Instrument propre à percer dans le bois des trous carrés.

Cette machine consiste en une mèche ordinaire, en hélice, avec pointe vrillée; la partie en hélice est renfermée dans une cage qui occupe toute l'hélice jusqu'au biseau tranchant de la mèche, et qui permet au bout vrillé seulement d'être saillant. La figure extérieure de cette cage présente la forme de la mortaise ou du trou que l'on veut percer; ses côtés sont en grande partie évidés pour faciliter la sortie des copeaux, et son extrémité inférieure, qui est en acier, présente des bouts tranchans taillés intérieurement en biseau. Ces bords ne se terminent pas en ligne droite; ils sont concaves, de manière à permettre aux angles de cette cage de pénétrer les premiers dans le bois pour tailler à angle droit avec netteté les coins de la mortaise ou du trou carré que l'on veut percer.

La partie supérieure de la cage tourne librement sur un collet pratiqué sur la tige de la mèche où elle est retenue.

Lorsqu'on veut percer une mortaise longue, l'on place l'une à côté de l'autre plusieurs mèches montées chacune dans sa cage.

Une mèche ainsi disposée perce des trous carrés avec des angles très vifs, et presque avec la même vitesse que si elle perçait un trou rond. (*Industriel*, octobre 1827.)

Machine destinée à réparer le blanc des moulures sur bois, avant d'y faire de nouveau l'application de la dorure; par M. Mouret.

Cette machine se compose d'un chariot glissant horizontalement sur un établi, et portant la moulure dont on veut réparer le blanc. Une crémaillère mobile, disposée horizontalement entre les deux jumelles qui forment la partie supérieure du bâti, laquelle est conduite par un pignon dont l'axe est porteur d'une manivelle, imprime au chariot, et par conséquent à la moulure qui est retenue sur ce chariot par des vis, le mouvement horizontal de va et vient.

Trois fers à moulure, ajustés verticalement l'un derrière l'autre, dans une cage en fonte fixée sur l'une des extrémités de l'établi, enlèvent à la surface de la moulure, au fur et à mesure qu'elle est attirée par la crémaillère, le blanc dont cette moulure est revêtue.

Les trois fers à moulure ont leurs extrémités inférieures ou tranchantes sur un plan incliné, de manière qu'ils enlèvent trois épaisseurs à la surface de la moulure. Le premier de ces fers, qui est en tête de l'établi, enlève d'abord une première couche de blanc; celui qui suit enlève une seconde couche; et enfin, le troisième fait disparaître le reste du blanc, et rend la moulure comme si elle sortait pour la première fois de chez le menuisier. (*Même Journal*, novembre 1827.)

Nouveau Sécateur modifié; par M. Bataille.

Cet instrument diffère de celui qui est en usage pour la taille des arbres, par la disposition du ressort qui le tient constamment ouvert, si un effort plus puissant ne le contraint pas à se fermer, et par celle d'un clou ou tenon qui réunit les deux branches, et lequel, au lieu d'être assujetti par des rivures, est retenu d'un côté par une tête ronde, et de l'autre par un écrou; ce tenon glisse dans une mortaise longitudinale, et permet à la lame tranchante de glisser et de faire la section de l'objet dans la direction d'un plan incliné, bien préférable à celle d'une simple compression. (*Bull. de la Soc. d'Enc.*, août 1827.)

Établi mécanique; par M. Briffault.

Cet établi n'exige point de valet; le crochet ou peigne en fer s'élève ou s'abaisse à volonté, et permet de raboter les planches les plus minces sans risques pour l'outil. La partie la plus importante du mécanisme est le chariot adapté à l'un des bouts de l'établi : une vis de presse le fait avancer ou reculer selon le besoin; il est percé d'un trou qui reçoit un crochet à ressort, et qui se trouve toujours en ligne droite avec plusieurs autres trous pratiqués dans la table, et destinés au même usage. Les pièces de bois rondes, ou presque rondes, qu'il faut dresser, et dans lesquelles on doit pratiquer une rainure, sont maintenues fixement entre deux crochets à ressort placés dans deux de ces trous.

Le chariot a encore un autre trou placé sur une ligne parallèle à celle des précédens, et répondant au peigne; on l'emploie quand les pièces de bois ont une grande longueur.

Les mêmes trous et les mêmes crochets remplacent avec avantage les sergens pour serrer les tenons dans les mortaises des châssis qu'il faut cheviller; et si l'on substitue au crochet à ressort deux poupées à tour, il devient très facile de poncer et de polir des colonnes.

Rien ne gêne la varlope dans le dressage sur champ quand le bois à dresser est maintenu entre les deux crochets de l'établi mécanique, et ce bois ne peut céder à la pression de l'outil.

La table est fixée par deux clefs seulement, sur un pied à quatre montans liés par des traverses; ce qui permet de démonter l'établi avec la plus grande facilité. A l'un des montans du pied est adaptée une presse dont la vis sert à la fois pour la pression et pour le rappel. (*Société des Arts de Metz*, mai 1827.)

MÉTIERS.

Nouveau métier, nommé Fileur triangulaire.

Cette machine, de l'invention d'un habitant du comté de Renslaer (New-York), a pour objet de carder et de filer le coton et la laine, et de tordre le fil et la laine filée; elle est d'une construction simple et facile à manier. Complète et garnie de 8 à 12 fuseaux, elle ne coûte que 8 à 10 dollars : le nom donné à cette machine en explique la forme; il suffit de quelques heures à un ouvrier pour se mettre au fait de la manière de la diriger et de s'en servir. On peut avec le fileur triangulaire et 6 fuseaux filer par jour de 5 à 10 écheveaux, et avec plus de facilité qu'on en a à filer deux écheveaux et demi avec le rouet ordinaire dans le même temps. (*Weekly Register*, septembre 1826.)

MINERAIS.

Machine à broyer les minerais de plomb, employée en Angleterre.

Cette machine est composée d'une paire de cylindres cannelés, et de deux paires de cylindres unis qui tournent simultanément au moyen d'engrenages, et sont mus par une roue hydraulique. Le minerai est versé par une trémie entre les cylindres cannelés, d'où il tombe sur des plans inclinés qui le versent sur l'une ou l'autre paire de cylindres unis. Les bouts de l'un des cylindres de chaque paire peuvent glisser dans une mortaise, de manière à s'éloigner un peu de l'autre cylindre quand un fragment trop gros ou trop dur se présente entre deux, et s'en rapprocher ensuite par la pression de leviers chargés de poids.

Cette machine ingénieuse, en usage depuis vingt-cinq ans, remplace, avec de grands avantages, le cassage à la main et les brocards à sec. (*Annales des Mines*, 2e livraison, 1826.)

MINES.

Sur les déblais à la mine dans l'eau; par M. Bazaine.

Lorsque les rochers qui s'élèvent du fond d'une rivière restent sans cesse cachés sous les eaux, leur extraction est difficile à cause des tourbillons qui les entourent; cependant elle n'est pas impossible. Il suffit de choisir la hauteur d'eau la plus favorable pour y pratiquer des mines, et les faire sauter. Cette opération s'exécute au moyen de grosses aiguilles de fer appelées *pics*, dont la longueur est variable. Un plongeur applique l'extrémité du pic sur la partie du rocher où la mine doit agir. Des hommes posés sur un radeau frappent alors la tête du pic dans le sens de sa direction. Le trou étant fait, un plongeur y porte une cartouche formée d'un cylindre de fer-blanc rempli de poudre, et terminé en dessus par un mince tuyau de même métal, vide et assez long pour passer au-dessus de la surface de l'eau. Comme la cartouche n'occupe pas exactement toute l'étendue du trou, le même plongeur charge les intervalles d'un mortier de ciment, qui fait corps aussitôt après sa pose, et que les mineurs bourrent au moyen d'une baguette qu'ils font glisser le long du petit tuyau. Cette opération étant terminée, on prend un fétu de paille qu'on remplit de poudre après en avoir éparpillé le bout; on y met le feu et on le lance instantanément dans le trou qui communique à la mine; le fétu enflammé tombe sur la cartouche, y met le feu; la mine éclate. Le plongeur va saisir ensuite avec des pinces les fragmens du rocher, qui sont tirés tour à tour sur le radeau par la rotation d'un cabestan.

Ce procédé d'extraction du rocher sous les eaux a été suivi dans plusieurs constructions, et particulièrement à Nice. (*Bulletin des Sciences technologiques*, décembre 1827.)

MOULINS.

Moulin pour broyer les matières dures qui entrent dans la composition des couvertes de la terre de pipe, de la faïence et de la porcelaine.

Ce moulin, applicable au polissage des marbres et des carreaux, consiste en une grande cuve de bois, cerclée en fer, au fond de laquelle est établie une aire formée de fragmens de grosses masses de pierres très dures.

Au centre de l'aire s'élève un arbre carré, en fer, entouré d'un fort collier, qui est retenu par un second anneau, lequel est enveloppé à son tour par un troisième collier formé de quatre segmens de cercle réunis par des vis, et qu'on serre plus ou moins fortement, de manière à faire corps avec l'arbre.

L'arbre vertical est muni de quatre leviers horizontaux, à chacun desquels sont fixés des poussoirs ou bras pendans, destinés à pousser devant eux des grosses pierres de grès dur, posées librement sur l'aire, et servant à broyer les matières dont elle est chargée.

On laisse ordinairement un pouce d'intervalle entre l'extrémité inférieure des poussoirs et la surface de l'aire. A mesure que celle-ci s'use par le frottement continuel des mollettes, on descend les poussoirs; de cette manière, on conserve toujours la même distance entre les unes et les autres.

Pour aplanir et polir la surface de l'aire, on jette

dans le moulin un mélange d'eau et de silex, et on le fait tourner jusqu'à ce que tous les interstices des pierres soient complétement bouchés. Quand on la juge propre à l'opération, on la lave avec soin, puis on la charge de la quantité voulue du mélange de silex et d'eau.

Ce moulin broie une tonne de silex du poids de 2,000 livres en vingt-quatre heures. (*Bull. de la Soc. d'Enc.*, octobre 1827.)

Moulins à farine d'après le système anglais, établis chez M. Benoist, à Saint-Denis près Paris.

Ces moulins sont réunis au nombre de six autour d'un même arbre vertical, et mus par une machine à vapeur de la force de vingt chevaux. Les meules, qui ont 4 pieds 6 pouces de diamètre, et sont rhabillées en rayons obliques, font de 110 à 120 tours par minute; chaque paire convertit en farine, de 16 à 18 sacs de grains, du poids de 120 kilogrammes, en vingt-quatre heures. Lorsque les six paires de meules marchent à la fois, on peut moudre cent sacs de blé par jour.

Pour nettoyer le blé, M. *Benoist* emploie un tarare composé de cribles horizontaux et de planches de tôle piquées comme une râpe, et formant quatre ailes dont la vitesse est de 120 tours par minute. Le blé, après avoir passé sur les cribles, tombe sur les planches tournantes, où il éprouve une vive agitation par la rapidité du mouvement, et se trouve parfaitement nettoyé par les aspérités des râpes ; il sort ensuite de la machine après avoir subi l'action d'un ventilateur à quatre ailes placé dans l'intérieur.

La séparation du son d'avec la farine se fait au moyens de blutoirs à brosses, dont les tambours, couverts de toiles métalliques, tournent dans un sens, pendant que l'équipage des brosses tourne dans le sens opposé.

Le relèvement et l'écartement des meules se fait à l'aide d'un mécanisme fort ingénieux.

Toutes les pièces du moulin sont en fer, et d'une construction très solide. (*Même Bulletin*, avril 1817.)

POMPE.

Pompe à force centrifuge; par M. Crelle.

Qu'on se représente un tuyau ouvert aux deux bouts, et fixé à un arbre ou axe vertical par l'extrémité inférieure, laquelle est plongée dans l'eau. Si l'on fait tourner l'appareil autour de l'axe avec une vitesse suffisante, l'eau s'élevera dans le tuyau en vertu de la force centrifuge, et sera rejetée par son extrémité supérieure. Cette machine est à la fois peu coûteuse, expéditive et durable; de légères avaries ne la mettent point hors de service, comme les pompes et les autres appareils plus composés. Si le liquide est mélangé de sable, elle peut encore servir à l'épuisement, et on peut lui appliquer toute espèce de moteurs. (*Journ. de mathém. de* Crelle, t. i.)

PRESSES.

Presse hydraulique à double effet et à mouvement continu; par M. HALETTE.

Cette presse se compose de deux parties principales, l'une supérieure, dans laquelle sont placés les pompes et les robinets propres au mouvement de l'eau qui sert à la faire marcher; l'autre inférieure, qui contient les pistons cylindriques à l'aide desquels sont pressées les graines oléagineuses renfermées dans des sacs que l'on place verticalement dans des coffres.

Ses avantages sont les suivans :

1°. Une fois en activité, elle n'exige aucune manœuvre particulière pour que les pistons puissent opérer, d'une manière continue, leur mouvement, c'est-à-dire qu'on n'est point obligé de l'arrêter à chaque pression, et de perdre un certain temps pour la desserrer;

2°. La pression s'opère avec une parfaite régularité; et, dans le cas où les quantités de graines qu'on introduirait dans les sacs seraient différentes, elle fonctionne également sans être sujette à la moindre rupture;

3°. La pression reste constamment la même, quelles que soient les quantités de graines introduites dans les sacs;

4°. Le mouvement de la presse ne dépend nullement de l'ouvrier; et dans le cas où il s'en éloignerait, elle marche également sans qu'on ait à redouter aucun accident. (*Même Bulletin*, février 1827.)

Nouveau pressoir à double levier et à danaide; par M. Comoy.

Cette machine se compose d'un bâti solide en solives, de forme rectangulaire; il porte un plateau à sa partie inférieure, et ce plateau peut recevoir une caisse percée d'ouvertures, et que l'auteur appelle la *danaïde :* c'est là qu'on dépose les matières à presser. Deux leviers, qui fonctionnent sur des points d'appui mobiles, à l'aide de clavettes et de trous pratiqués dans les solives verticales qui forment les quatre angles du bâti, sont mis en action par un treuil et une poulie mobile. On ne fait fonctionner qu'un levier à la fois, et ce levier agit sur la matière par l'intermédiaire d'un couvercle et d'un madrier horizontal, qui se fixe dans l'état où l'amène le levier, à l'aide des trous et des clavettes sus-mentionnés. Il n'y a qu'un treuil et qu'une poulie mobile pour les deux leviers; et comme ils se déplacent facilement, on les porte alternativement d'un côté à l'autre du pressoir.

L'auteur affirme que son pressoir ne coûtera pas plus de 300 fr., et que deux hommes peuvent presser, en deux heures, le marc de 40 hectolitres de vin; de plus, il est d'un transport facile. (*Bulletin des Sciences technologiques*, janvier 1827.)

SCIERIES.

Scierie à lames verticales et à mouvement alternatif, employée aux mines d'Anzin.

Cette machine se distingue de plusieurs autres du même genre par la solidité de sa construction, la simplicité de son mécanisme, et par la facilité de pouvoir rapprocher ou écarter promptement les lames de scie, lorsqu'on veut couper dans le même bloc des planches de diverses épaisseurs. La force motrice peut être une machine à vapeur ou un manége.

Les lames de scie, au nombre de dix, sont tendues par un levier horizontal, mobile sur un centre, et auquel est suspendu un poids; à ce levier est attachée une tringle à crochet, qui opère la tension uniforme des lames; leur écartement est maintenu au moyen de cales fortement serrées par des écrous. En plaçant entre chaque lame des cales plus ou moins larges, on obtient différens degrés d'écartement.

Le madrier, destiné à être divisé, se place sur un chariot qui chemine sur des rainures pratiquées dans le sommier du bâtis. Pour empêcher sa vibration quand la scie remonte, il est roidi par deux butoirs qui appuient dessus.

La machine, garnie de 10 lames de scie, débite un madrier de 16 pouces d'équarrissage sur 30 pieds de long en 75 minutes; ainsi la quantité du sciage est de 300 pieds carrés de surface par heure. (*Même Bulletin*, août 1827.)

TISSUS.

Machine à sécher les tissus; par M. Moulfarine.

Cette machine est composée d'un bâtis en fonte de fer, sur lequel sont ajustés, l'un près de l'autre, et sur deux rangées, treize cylindres creux en cuivre rouge, ayant chacun un pied de diamètre environ. La vapeur, formée dans une chaudière, arrive dans chacun de ces cylindres par un tube. L'étoffe que l'on veut faire sécher passe successivement entre ces cylindres, en embrassant la surface inférieure de ceux qui composent la rangée de dessous, et la surface supérieure des cylindres de dessus; elle va ensuite s'envelopper sur un rouleau placé sur le premier des cylindres supérieurs, qui tourne par le simple frottement qu'il éprouve contre ce cylindre. Chacun des treize cylindres est muni d'une roue dentée; toutes ces roues, engrenant l'une dans l'autre, font, au moyen d'un arbre portant un pignon et une poulie, qui sont mis en action par un moteur quelconque, mouvoir les treize cylindres qui attirent et sèchent l'étoffe. Ce système d'engrenage est disposé de manière que l'étoffe éprouve, dans son passage, un léger tirage qui sert à la tendre au fur et à mesure qu'elle sèche et qu'elle avance vers le rouleau, qui doit la recevoir après le séchage.

Dans chaque cylindre, et contre le fond opposé à celui par lequel la vapeur est admise, est fixé un tube en forme de *S*, dont la longueur est égale au diamètre intérieur des cylindres, et dans lequel entre l'eau formée par la condensation de la vapeur : cette eau descend jusqu'au milieu de la longueur du tube, et passe par un conduit d'évacuation pratiqué au centre du fond du cylindre; le fond de chaque cylindre, par lequel entre la vapeur, est muni d'un *reniflard*, ou soupape élastique, qui permet à l'air atmosphérique d'entrer dans le cylindre, pour remédier à l'inconvénient que pourrait occasionner le vide formé par l'effet de la condensation de la vapeur. (*Industriel*, février 1827.)

Machine à cylindre propre à lustrer les tissus; par M. Leroy.

Cette machine se compose de trois cylindres superposés, dont l'un est en cuivre et les deux autres en rondelles de papier; ces derniers réunissent à l'avantage de soutenir pendant plusieurs années un travail journalier, celui de donner aux étoffes un lustre plus parfait.

Le cylindre métallique, qui est creux, pour être chauffé intérieurement par la vapeur, occupe le milieu entre les deux autres cylindres. L'étoffe passe entre le cylindre inférieur et celui du milieu, puis elle repasse entre ce dernier et le cylindre supérieur, de manière qu'elle sort du côté opposé à celui par où elle est entrée. Les cylindres sont mis en mouvement par une petite machine à vapeur.

L'étoffe sort de la machine parfaitement lustrée; on

peut en préparer de cette manière 1500 aunes par jour. (*Bull. de la Soc. d'Encourag.*, janvier 1827.)

TOITS.

Toit perfectionné; par M. Holdsworth.

Sur les poutres du comble reposent des solives disposées à l'ordinaire, qui s'appuient par leur base sur une pièce de bois placée sur les murs, et sont assujetties par des chevilles de fer; chaque pièce des principales solives est supportée par deux pièces de bois arquées, formées de trois pièces superposées, que l'on met dans l'étuve à vapeur jusqu'à ce que le bois se courbe; on les place alors sur les moules, et qnand elles sont froides, on les remet sur des châssis en bois; l'extrémité de chaque pièce est assujettie dans la poutre du plancher, et par l'autre extrémité croise l'autre pièce et butte contre la solive opposée.

Ce toit, très solide, a une grande légèreté, emploie beaucoup moins de bois, et laisse libre un plus grand espace dans les combles. (*Franklin, Journ. of Arts*, juin 1826.)

VAPEUR.

Thermomanomètre, instrument pour mesurer la force élastique de la vapeur d'eau; par M. Collardeau.

Cet instrument est un grand thermomètre qui a été gradué dans la graisse portée à la température de 173 degrés centigrades; la graduation a été faite au moyen d'un thermomètre *étalon* plongé dans le même liquide.

L'échelle de l'instrument est tracée sur le verre; elle indique les pressions de la vapeur d'eau qui correspondent aux élévations de la température. Cette correspondance est indiquée par le tableau suivant :

Températures de la vapeur.	Pressions de la vapeur.
	Atmosphères.
100°	1,0
122	2,0
135	3,0
145,2	4,0
154	5,0
161,5	6,0
168	7,0
173	8,0

L'échelle adoptée par M. *Collardeau* a pour premier terme 10, ou 10 dixièmes de la pression atmosphérique, mesurée par une colonne de mercure de 76 centimètres de hauteur. L'unité de cette échelle est un dixième de la pression ainsi mesurée.

La longueur du tube est de 50 à 60 centimètres; le tube est conique intérieurement; son diamètre décroît à partir de la boule jusque dans le haut de l'échelle. M. *Collardeau* préfère cette forme, pour donner plus d'étendue aux divisions supérieures. (*Bull. de la Soc. d'Encourag.*, avril 1827.)

VERRES D'OPTIQUE.

Machine à doucir et polir les verres d'optique; par M. Legey.

Ce mécanisme est tellement disposé, que la simple

application d'un moteur quelconque à une manivelle suffit pour faire tourner le verre en le promenant, de manière à croiser les traits, sur une meule plate qui a aussi un mouvement circulaire sur elle-même et de va et vient, perpendiculairement à son axe. Au moyen de ces quatre mouvemens, qui s'opèrent d'une manière aussi simple que sûre, chaque partie du verre est mise successivement en contact avec chaque partie de la meule, et le verre doit acquérir infailliblement, par ce travail, la forme d'une portion de sphère, qui ne doit pas s'altérer au poli qu'on lui donne par le même procédé. Quant au rayon, on le détermine et on le fixe à volonté de la manière la plus exacte et la plus facile.

Les verres concaves s'obtiennent en substituant, dans l'appareil, le verre à la place de la meule plate, une meule bombée à la place du verre, et en arrêtant le mouvement de va et vient de la meule pour couper les traits.

Les verres plans se travaillent placés à l'extrémité de l'axe, auquel on ne laisse que son mouvement de rotation, et on rétablit la meule plate qui reprend ses deux mouvemens de va et vient et de rotation. (*Même Bull.*, octobre 1827.)

VOITURES.

Nouveaux marchepieds de voitures; par M. CORBETT.

Ces marchepieds se replient d'eux-mêmes quand on ferme la portière. Le pivot sur lequel ils tournent est placé dans une paire de traverses fixées de côté, et qui s'étendent du dessous de la caisse de la voiture en s'éloignant un peu de la verticale. La partie postérieure de chaque marche porte un levier qui communique à une barre à coulisse; à la partie supérieure de cette barre est attaché un levier coudé, sur lequel agit une tige communiquant avec chaque portière. Par ce moyen, si l'on ouvre la portière, le levier coudé tourne autour de son axe et fait glisser la barre, qui met les marches dans une position horizontale. Ferme-t-on la portière, on fait mouvoir en sens contraire le levier coudé et la barre à coulisse, ce qui replie les diverses parties du marchepied. (*Lond. Journ. of Arts*, septembre 1826.)

Voiture portant avec elle ses propres ornières; par M. Bryan Donkin.

La caisse de cette voiture a la forme d'un parallélipipède; aux faces latérales se trouve une poulie, sur laquelle s'enroule une chaîne sans fin, partagée en trois parties égales par des boulons de fer qui se meuvent avec elle, et qui soutiennent les bases verticales auxquelles sont fixées les ornières au nombre de trois; deux de ces ornières sont sous les roues, tandis que la troisième glisse le long de la caisse dans une rainure tellement disposée que l'ornière qui est soulevée se meut en dehors des deux autres, et ne reprend la même ligne que lorsque le mouvement de la voiture la replace sur le terrain. (*Dublin, Philos. Journal*, février 1826.)

Voiture à flèche mobile.

M. Vanhorick, inspecteur général de haras, a présenté à l'Académie royale des Sciences un modèle de train de voiture à quatre roues. Au lieu d'attacher invariablement entre eux la flèche et les deux lisoirs, l'auteur forme cette flèche d'un cylindre de fer qui est susceptible de tourner dans quatre espèces de viroles de même métal, dont deux sont appliquées sur le lisoir d'avant, et deux sur le lisoir d'arrière. Cela posé, on conçoit que si l'une des roues de la voiture se soulève pour franchir un obstacle, son essieu pourra décrire un certain arc en tournant autour de la flèche, sans que l'essieu de l'autre train participe à ce mouvement de rotation. Ainsi, la voiture et son chargement resteront toujours soutenus sur trois roues, et elle ne pourra verser, si la verticale, menée par le centre de gravité de la charge totale, tombe dans le triangle formé par les points d'appui des trois roues.

L'inventeur a fait l'application de la flèche mobile à une calèche, qui a franchi une chaise ordinaire sans être renversée, et cet obstacle surpasse de beaucoup en hauteur ceux qu'on rencontre sur les routes. (*Revue encyclopédique*, juin 1827.)

Voiture pneumatique.

M. John Vallance, ingénieur anglais, a imaginé un nouveau mode de transport, qui consiste en un cylindre de 9 pieds de diamètre, impénétrable à l'air extérieur, et d'une longueur indéfinie. Dans ce cylindre roule une voiture portant sur le devant un diaphragme qui joint exactement les parois du cylindre. En faisant le vide en avant de cette voiture, elle est sollicitée à cheminer dans l'intérieur du cylindre avec une vitesse plus ou moins considérable. Ce système a déjà reçu un commencement d'exécution ; un ingénieur au service de la Russie, qui l'a examiné dans tous ses détails, a engagé son gouvernement à traiter avec M. *Vallance* pour la construction et le placement d'un cylindre qui conduirait de Saint-Pétersbourg à Tsarsko-Selo, au Volga, à Moscou et même à la mer Noire. Il est probable que le canal projeté de Paddington à la Tamise, sera remplacé par un cylindre qui ne coûtera que le quart de la dépense d'un canal. (*Galign. Messenger*, 2 janvier 1826.)

Nouvelle diligence; par M. SKINNER.

Dans cette voiture les voyageurs ne se trouvent plus sur l'impériale, qui est aussi débarrassée du bagage. Cette disposition déplace le centre de gravité et le rapproche beaucoup du sol. Pour diminuer le tirage, l'auteur a construit les roues de l'avant-train dans des dimensions beaucoup plus grandes qu'on ne le fait ordinairement ; elles ont 5 pieds 9 pouces anglais de diamètre; les roues de derrière, 6 pieds 3 pouces. Les voyageurs au-dedans et au-dehors sont assis sur le même plan horizontal. Le plancher se trouve autant rapproché des essieux que le jeu des ressort le permet,

La caisse de devant est rétrécie sous les siéges; de manière à ne point gêner le mouvement des roues dans la marche, et dans les tournans. La voiture est suspendue sur 10 ressorts, 5 devant et 5 derrière. (*Transactions de la Société d'Encouragement de Londres*, t. XLIV.)

ARTS CHIMIQUES.

ACIER.

Moyen de couper et de perforer des plaques d'acier; par M. JONES.

On chauffe la lame d'acier qu'on veut couper, suffisamment pour fondre un morceau de cire avec lequel on la frotte. On trace alors les lignes des deux côtés de la lame, suivant les directions où elles doivent être coupées, puis on immerge la lame dans un mélange de six parties d'eau et d'une partie d'acide sulfurique. Une demi-heure de contact suffit pour que l'acier attaqué puisse être facilement coupé.

L'auteur propose de se servir du même moyen pour perforer les plaques d'acier de quelque épaisseur qu'elles soient. Si la plaque est trop grande pour qu'on puisse facilement la plonger dans le bain, comme lorsqu'il s'agit de perforer le centre des scies circulaires, on fait autour du centre un rebord de cire dont le diamètre est celui du trou à pratiquer, et on remplit l'espace d'un mélange d'eau et d'acide. On répète l'opération sur l'autre face, et on la finit d'un coup d'emporte-pièce. (*Techn. reposit.*, juillet 1827.)

Sur la trempe des coins d'acier; par M. Eckefeldt.

Le procédé ordinairement employé pour tremper l'acier, réussit bien pour de petites pièces; mais lorsque le volume des objets à tremper est considérable, des gerçures ont souvent lieu pendant le refroidissement, ou ses bords seulement sont trempés. De graves inconvéniens et des pertes considérables sont résultés de ces accidens dans la trempe des coins, et généralement, lorsque ceux-ci n'étaient pas immédiatement mis hors de service, ils ne pouvaient résister à un grand nombre de coups de balancier.

L'auteur, soupçonnant que la cause de ces accidens était due au retrait rapide éprouvé dans les bords des coins, tandis que la masse dans l'intérieur reste encore dilatée par la chaleur, essaya de modifier ce phénomène, en dirigeant sur le milieu de la surface travaillée du coin, un jet d'eau poussé violemment par une pression de 40 pieds de ce liquide.

De cette manière il parvint à opérer une trempe tellement dure que les coins purent résister à un long usage, et ne furent plus rebutés qu'après être usés.

La portion durcie des coins ainsi trempés forme un segment de sphère qui s'appuie sur la portion concave non trempée. La dureté diminue graduellement avec la profondeur à laquelle la trempe pénètre, et l'on conçoit que toutes les parties doivent être bien consolidées. (*Franklin Journal*, février 1826.)

Perfectionnemens dans la fabrication de l'acier; par MM. Martineau *et* Smith.

Les auteurs fondent ensemble 24 parties de zinc, 4 de nickel purifié, et 1 d'argent, dans un creuset de plombagine ou de terre réfractaire, en recouvrant le mélange de charbon en poudre, lutant exactement le couvercle et exposant le tout à la chaleur d'un fourneau à fondre l'acier, jusqu'à ce que l'alliage soit fondu; on le coule alors dans l'eau pour le diviser.

On charge les creusets ordinaires avec 24 livres d'acier, auquel on ajoute 8 onces de l'alliage ci-dessus en très petits fragmens, 6 onces de chromate de plomb en poudre, 1 once de charbon aussi en poudre, 2 onces de chaux vive, et 2 onces de terre à porcelaine. Ces proportions donnent un acier d'excellente qualité, et susceptible de prendre un beau damassé, qu'on développe en passant dessus 1 partie d'acide nitrique et 19 de vinaigre. (*Lond. Journ. of Arts*, février 1827.)

ALLIAGES MÉTALLIQUES.

Nouvel alliage métallique imitant l'or; par MM. Grilly *et* Barbot.

On met sur des charbons ardens, jusqu'à ce qu'ils deviennent rouges, 4 onces de fil de cuivre première qualité, et 2 onces de clinquant; le tout, aussitôt retiré du feu, est mis dans un vase de terre, et saupoudré avec 3 parties de pierre-ponce mêlées avec

1 partie de salpêtre en quantité suffisante pour recouvrir les 6 onces de cuivre et de clinquant ci-dessus; on laisse le tout reposer pendant 48 heures.

Après ce temps on met fondre dans un creuset le cuivre et le clinquant, puis on ajoute en trois fois et en trois parties égales :

Une once de potasse;

Un demi-gros de sel ammoniac;

Un demi-gros de cendre de l'herbe dite *saponaria*.

On mêle bien avec un bâton, à chaque partie que l'on introduit, ayant soin de n'ajouter une nouvelle dose que lorsque la précédente est bien consommée. Cette opération terminée, on couvre le creuset, que l'on fait bien chauffer, et la matière qu'il renferme se verse bien chaude dans une lingotière mouillée avec de l'huile commune. (*Description des brevets*, t. VIII.)

Préparation du packfong (cuivre blanc des Chinois); par M. DE GERSDORFF.

Le packfong, tel qu'il a été analysé par M. Thomson, est composé de 25 parties de nickel, 25 de zinc et 50 de cuivre. Il est employé en Chine pour la confection d'un grand nombre d'ustensiles de ménage, tels que vases, théières, gobelets, etc., et de divers objets de bijouterie. Il a l'éclat, la couleur et le son de l'argent.

M. *de Gersdorff*, désirant faire jouir l'Europe d'un alliage métallique aussi précieux, a établi à Vienne une fabrique où il le prépare en grand. Voici le procédé qu'il suit :

Après avoir concassé le nickel en morceaux de la grosseur d'une noisette, et divisé le cuivre et le zinc, on mélange les trois métaux et on les met dans un creuset, mais de manière qu'il y ait du cuivre dessus et dessous; on recouvre le tout de poussier de charbon, et on chauffe dans un fourneau à vent. Il est nécessaire de remuer fréquemment le mélange, afin que le nickel, qui est difficile à fondre, entre en combinaison avec les autres métaux, et que l'alliage soit homogène; il faut aussi tenir pendant long-temps cet alliage en fusion, au risque d'en séparer quelques centièmes de zinc par la volatilisation.

La proportion relative des trois métaux qui entrent dans le packfong doit varier selon l'usage que l'on veut en faire. Le packfong, propre à la fabrication des cuillers, fourchettes, etc., doit contenir 0,25 nickel, 0,25 zinc et 0,50 cuivre. Lorsqu'il doit servir à faire des garnitures de couteaux, de mouchettes, etc., il doit contenir 22 de nickel, 23 de zinc et 55 de cuivre. Le packfong qui convient le mieux pour le laminage, est celui qu'on prépare avec 20 de nickel, 20 de zinc et 60 de cuivre. Pour les objets qui doivent être soudés, comme les chandeliers, les éperons, etc., le meilleur alliage renferme 0,20 nickel, 0,20 zinc, 0,57 cuivre et 0,3 plomb.

L'addition de 0,020 à 0,025 de fer ou d'acier rend le packfong beaucoup plus blanc, mais en même temps plus dur et plus aigre. Il faut que le fer soit préalablement fondu avec du cuivre.

On ne peut laminer le packfong qu'avec de grandes

précautions. Chaque fois qu'on le passe au laminoir il faut le chauffer au rouge cerise et le laisser refroidir complétement; lorsque les feuilles présentent quelques gerçures, il faut les faire disparaître sous le marteau avant de laminer de nouveau.

Les orfèvres passent la pierre-ponce sur le packfong comme sur l'argent. On lui donne la couleur en le trempant dans un mélange de 100 d'eau et de 14 d'acide sulfurique.

Lorsqu'on refond les rognures et les limailles de packfong, il faut y ajouter 0,03 à 0,04 de zinc, pour remplacer celui qui se volatilise.

M. *de Gersdorff* vend la livre de packfong 2 flor. 24 kr. (5 fr.), la livre de nickel 8 flor. (16 fr.) (*Ann. de Chimie de Poggendorff*, 1826.)

ANTIMOINE.

Traitement de l'antimoine sulfuré à Malbosc (Ardèche); *par M.* Jabin.

On exploite l'antimoine à Malbosc, en disposant dans les filons des étages qu'on attaque, autant que possible, par gradins renversés. Le minerai extrait est concassé à la main et trié; les menus débris sont passés au crible à la cuve.

La fusion a lieu dans un fourneau composé de trois grilles allongées parallèles, entre lesquelles sont deux galeries rectangulaires, séparées des grilles par de petits murs, épais seulement de la longueur d'une brique, et percés chacun de trois ouvertures pour laisser un passage à la flamme; le tout est recouvert par une même voûte. Chaque galerie reçoit deux creusets de fonte portés par de petits chariots et destinés à recevoir le sulfure fondu. Le minerai se place dans de grands creusets ou cylindres de terre qui traversent la partie supérieure de la voûte du fourneau et reposent perpendiculairement au-dessus des creusets de fonte, sur des plaques d'argile qui leur servent de fond et de toit aux galeries, et qui sont percés d'un trou par où le sulfure fondu coule dans les creusets inférieurs. On chauffe à la houille. Au moyen des chariots, on retire et change les creusets inférieurs quand ils sont aux trois quarts remplis d'antimoine cru. De trois en trois heures on nettoie les cylindres supérieurs et on les remplit de nouveau minerai. On a fondu jusqu'à 600 quintaux sans être obligé de renouveler les cylindres, dont la durée moyenne est de 20 jours. Dans une fonte de 40 jours on a employé 150,000 kilog. de houille et 240 journées d'ouvriers pour obtenir 23,471 kilog. d'antimoine cru.

Cette méthode présente une grande économie de main-d'œuvre, de combustible et de dépense en matériel. (*Ann. des Mines*, 2e livr. 1827.)

ARÉOMÈTRES.

Méthode de graduer les aréomètres en verre; par M. Moore.

Au lieu de faire plonger l'aréomètre dans des

liquides de densités différentes et connues, afin de pouvoir marquer sur la tige de l'instrument les points de niveau correspondans, l'auteur propose la méthode suivante, qui dispense d'avoir recours à plus d'un liquide : soit P le poids de l'aréomètre dans l'air, et $P—p$ son poids dans l'eau ; p sera le poids de l'eau déplacée. Si maintenant on équilibre la balance avec l'aréomètre, d'un côté dans l'eau, et de l'autre côté un poids $P - \frac{1}{2} p$, le poids de l'eau déplacée ne sera plus que $\frac{1}{2} p$, et son volume sera aussi moitié de ce qu'il était précédemment. Mais c'est justement le volume que l'aréomètre déplacerait dans un liquide dont la densité serait double de celle de l'eau. De même pour les autres densités. (*Dublin Philos. Journ.*, novembre 1825.)

BLANC DE PLOMB.

Nouveau procédé pour fabriquer le blanc de plomb; par M. Grooves.

On prépare d'abord une cornue ou vase de fer de 4 pieds de haut, et de 3 pieds de diamètre, contenant un autre vase de même forme, disposé de manière à laisser trois pouces d'intervalle entre les deux vases : cet espace est hermétiquement fermé par le haut, et est impénétrable à la vapeur ; un tube établit la communication entre cet espace et une chaudière à vapeur, de laquelle part un autre tube qui pénètre dans le vase intérieur.

La capacité du plus petit vase est revêtue de plomb,

et bouchée par un couvercle en fer aussi garni de plomb ; ce couvercle est fixé à charnière par des vis sur un rebord saillant, de manière à empêcher la sortie de la vapeur. Trois orifices sont pratiqués à ce couvercle ; dans l'un, qui est au centre, passe un arbre qui pénètre dans le vase intérieur : cet arbre est garni de bras plantés à angle droit, et le mouvement de rotation lui est communiqué par une manivelle, ou de toute autre manière, pour agiter la matière. Cet orifice central est garni d'une boîte à étoupes, qui prévient la fuite de la vapeur sans gêner le mouvement de l'arbre.

Le second orifice est assez grand pour permettre d'introduire un agitateur, afin de juger de l'état des matières ; on le ferme hermétiquement pour éviter toute issue de la vapeur lorsqu'on ne fait pas cet essai.

Le troisième orifice livre passage aux vapeurs qui s'élèvent des matières, et qui s'échappent par un tube de même diamètre pour se dissiper dans l'air ou se rendre dans un condenseur.

Au-dessus de la cornue est un réservoir en plomb, correspondant avec elle par un tuyau ; un autre tuyau, partant également du réservoir, se rend dans une pompe foulante, qui communique, par un tuyau, avec le fond de la cornue.

Lorsque l'appareil est disposé, et que la chaudière est assez échauffée pour produire la vapeur dont on a besoin, on mêle, avec 200 livres de nitre, et on dépose dans la cornue un demi-tonneau de galène sèche, réduite en poudre fine ; on fixe le couvercle dans la cornue, de manière à ce que la fermeture soit hermétique; on verse en même temps, dans le réservoir, 200 livres d'acide sulfurique. Quand la vapeur est introduite, et que l'arbre est mis en mouvement pour agiter le mélange, on fait passer l'acide sulfurique graduellement dans la cornue, en même temps en dessus par le tube supérieur, et en dessous par celui de la pompe. On continue cette opération cinq à six heures, et on laisse reposer les matières pendant trois à quatre jours; ce temps écoulé, la composition est mise dans un réservoir de plomb, où on a soin d'enlever tout l'acide qui s'élève au-dessus, après qu'elle est reposée. Les matières arrivées à cet état sont mises à sécher au soleil dans une étuve, puis on les replace dans la cornue avec une quantité de nitre égale à celle qu'on a d'abord employée. On y mêle de nouveau 200 livres d'acide sulfurique. En répétant les opérations, la couleur prendra la teinte convenable; il ne restera alors qu'à la laver, jusqu'à ce qu'elle n'offre plus de traces d'acidité, et à la broyer à l'eau. (*Industriel*, novembre 1827.)

BLEU DE PRUSSE.

Préparation du prussiate de potasse et du bleu de Prusse; par M. Gautier.

On prend sang de bœuf desséché, 3 parties; nitrate de potasse, une partie; battitures de fer, $\frac{1}{10}$ du sang employé. Après avoir coagulé le sang dans une grande chaudière en cuivre, l'on sépare le sérum au moyen d'une presse; le coagulum est remis dans la chaudière avec le nitre et le fer. La quantité d'humidité que contient le sang est suffisante pour liquéfier le sel; de sorte que la préparation devient égale : on enlève le mélange, que l'on porte dans un grenier très aéré, où la dessiccation s'achève. La putréfaction du sang est empêchée par le nitrate de potasse. La dessiccation étant complète, on en charge des cylindres en fonte, qui sont placés dans un four à réverbère, et qui sont tout-à-fait semblables à ceux dont on se sert pour la préparation du noir animal. On chauffe avec le charbon de terre, de manière à porter les cylindres à une chaleur un peu au-dessus du rouge brun, jusqu'à ce qu'il ne se dégage plus de fumée; on laisse presque complétement refroidir les cylindres; on en retire les matières, que l'on met dans une cuve en bois, avec 12 ou 15 fois leur poids d'eau pendant une heure; on filtre à travers une toile; on fait évaporer la lessive jusqu'à 32° de l'aréomètre de Baumé; on laisse refroidir, et on obtient une assez grande quantité de bi-carbonate de potasse très bien cristallisé. La dissolution qui a fourni ces cristaux contient un peu de sous-carbonate de potasse, et beaucoup de cyanure de potasse ferruré; on concentre la liqueur à 34°, et on la place dans des vases en bois, doublés de plomb. Au bout de quelques jours, on obtient une masse cristalline verdâtre; ces cristaux sont redissous dans une nouvelle quantité d'eau très pure, qui, évaporée à 32 ou 33°, sont cristallisés de nouveau. (*Journal de Pharm.*, janvier 1827.)

CIMENS.

Sur les cimens; par M. VICAT.

Les argiles, légèrement calcinées au contact de l'air, ne décomposent pas plus d'eau de chaux qu'à l'état naturel; leur énergie est très sensiblement proportionnelle à la quantité d'eau de chaux décomposée.

Les bonnes argiles à pouzzolane, réduites en poudre et calcinées sur une plaque incandescente, décomposent, en moins d'une heure, 260 parties d'eau de chaux saturée à 20° R., terme moyen pour 100. Ces mêmes argiles, calcinées en poudre, mais en vases clos pendant deux heures, n'en décomposent plus que 100 pour 100.

Les argiles qui ne fournissent que de médiocres pouzzolanes, décomposent, dans les mêmes circonstances, 60 à 80 d'eau de chaux, et les mauvaises, 25 à 38 seulement. Les pouzzolanes d'Italie en décomposent 147 pour 100.

Les argiles, à l'état naturel, qui ne décomposent pas au-delà de 400 à 500 parties d'eau de chaux pour 100, ne sauraient être employées comme pouzzolanes. Les argiles extraites par lavage des arènes de première qualité décomposent jusqu'à 1100 d'eau de chaux pour 100. (*Annales de Chimie*, août 1826.)

COULEURS.

Nouvelle couleur minérale.

On vient de découvrir, dans les environs de Besançon, un nouveau minéral qui a été essayé pour la peinture; il donne une couleur d'un brun noisette, inaltérable par tous les agens chimiques et physiques qui peuvent influer sur la peinture, et il conserve le même ton, broyé à l'eau, à la colle, à la gomme, au vernis et à l'huile. Mêlée au blanc de plomb ou d'argent, cette couleur donne le ton vrai de la transition du clair au sombre dans les carnations. (*Journ. des Débats*, 24 février 1827.)

Couleurs pour enduire le bois, le fer-blanc et les murailles; par M. Blesson.

Les toitures des maisons et des églises sont couvertes, en Russie, et principalement à Moscou, d'une couleur vive qui sert à la fois à les conserver et à les embellir. La plus précieuse et la plus chère de ces couleurs est un vert pomme, imitant la chrysoprase, et passant au vert bleuâtre; c'est le vert de Sibérie. Le commerce l'offre dans des sacs de cuir, où il paraît avoir été enfermé à l'état humide; mais il y acquiert une grande dureté par la dessiccation; c'est un vert-de-gris très pur. Les autres substances dont on fait usage sont la résine de pin, le blanc de plomb, le vert-de-gris, le colcotar, et l'huile de chenevis, que l'on peut, sans inconvénient, remplacer par l'huile de lin.

Couleur à l'huile. Pour 49 pieds carrés de toiture, prenez une livre de vert de Sibérie, une livre de blanc de plomb et trois livres d'huile de lin; broyez le tout à la manière ordinaire. Avec cette quantité, on peut enduire jusqu'à 61 pieds carrés de toiture en tôle. Veut-on se procurer une couleur rouge tirant sur le brun foncé, on substitue au blanc de plomb et au vert 2 livres ½ de colcotar.

Détrempe. Cette couleur est préférable à celle à l'huile ; en effet, cette dernière se dessèche et s'écaille durant les chaleurs, surtout quand elle est appliquée sur le bois.

Les doses nécessaires pour appliquer une double couche sur une surface de 4410 pieds carrés, sont 100 pintes d'eau, 6 livres ½ de vitriol vert, 5 livres résine de pin, 20 livres farine de seigle, 2 pintes ½ huile de chenevis ; on ajoute à ces ingrédiens, colcotar en poudre fine, 30 livres pour les couleurs rouges et vert de Sibérie, 25 livres ou vert-de-gris, 12 livres et ½ pour les couleurs vertes.

Mode de préparation. Mettez l'eau et le vitriol vert concassé dans un bassin, et faites bouillir doucement jusqu'à entière dissolution. Alors, ajoutez à la fois toute la résine réduite en poudre fine, et agitez le mélange jusqu'à ce que la résine vienne à la surface du liquide, et soit ramollie ; puis introduisez, par portions, la matière colorante et la farine de seigle, en ayant soin d'entretenir l'ébullition. Versez l'huile en dernier, et agitez jusqu'au point où vous n'apercevrez plus de gouttes d'huile à la surface du bain ; la couleur est alors achevée. Elle doit être appliquée chaude, et il faut choisir, pour cette opération, un beau temps d'été. Ce n'est qu'au bout de quelques jours que cet enduit est tout-à-fait sec et inaltérable à la pluie. (*Mém. de la Société d'Encour. de Berlin*, mai et juin 1826.)

CREUSETS.

Nouveaux creusets ; par M. Couch.

Les creusets formés de coke et d'argile pulvérisés qui servent à fondre l'or et l'argent, ayant le défaut d'être trop poreux, l'auteur imagina d'en former avec un mélange de débris de tuyaux d'argile et d'ardoise pulvérisés, et, pour quelques cas, de parties égales de débris de tuyaux d'argile et d'oxide de fer pulvérisés.

L'auteur propose ce dernier mélange comme très avantageux pour former des colonnes propres à supporter les édifices, pour faire un excellent pavage pour les rues et les grandes routes, ou bien comme ornement.

Réduit en plaques minces il forme une excellente couverture pour les maisons, et d'un prix modique. (*Farm. mech. Mag.*, février 1827.)

CUIRS.

Procédés de tannage des cuirs et des peaux, employés en Russie.

Lorsque les peaux sont sèches, on les met tremper dans de l'eau pour les ramollir. On procède ensuite au lavage pour les débarrasser du sang et des impuretés qui adhèrent à leur surface, après quoi on passe au débourrement, qui se pratique de la manière suivante :

On abat les peaux dans de l'eau à laquelle on a préalablement ajouté de l'hydrate de chaux, et on les laisse séjourner dans les cuves plus au moins longtemps, selon l'énergie du lait de chaux.

Les cuirs forts sont portés dans des étuves, où on les étend les uns sur les autres, en les saupoudrant de sel pour empêcher la fermentation. Un bain acide, préparé avec du son de seigle, est employé pour les peaux minces.

On enlève le poil et l'épiderme en ratissant les peaux sur des chevalets demi-cylindriques, avec un couteau à deux manches dont le tranchant est rond et mousse, après quoi on les écharne en égalisant la surface intérieure au moyen d'une lame tranchante.

Pour faire disparaître la chaux qui a pénétré les peaux durant le débourrement, on les soumet successivement à plusieurs lavages.

A la dépilation succède le tannage; mais pour que les parties solubles de l'écorce de chêne puissent pénétrer les peaux, on ouvre les pores en les gonflant. Pour cet effet, on les plonge dans une liqueur acide préparée avec de la farine de seigle. Dès que la fermentation acide s'établit, on plonge les peaux dans la liqueur acide, et on les y laisse 48 heures plus ou moins. Ainsi disposées au tannage, elles sont exposées à l'action d'une infusion faible d'écorce de chêne ou de saule; cette dernière est préférée comme plus riche en tannin.

Retirées de cette première infusion, elles sont étendues, le côté du grain en dehors, sur un grillage en bois, placé dans la fosse au-dessus de l'écorce. On les y empile en les recouvrant uniformément d'une couche d'écorce grossièrement pulvérisée, et à mesure que la pile s'élève, on fait descendre la grille de la fosse jusqu'à ce qu'elle ait atteint le fond, recouvert d'une couche de la même écorce. La fosse étant remplie, les peaux sont arrosées avec de l'eau, ou mieux encore avec la liqueur qui reste des précédentes opérations; on les recouvre de planches qu'on charge de pierres. Le tout est laissé dans cet état pendant 15 à 18 jours; puis on retire les peaux, on les balaie et on les change d'écorce.

Au sortir du tannage, le cuir acquiert une certaine roideur, que l'on corrige en le mettant tremper, pendant 24 à 38 heures, dans une liqueur composée de 60 kilogrammes de farine d'avoine, et 4 kilog. de sel délayés dans de l'eau chaude, en consistance de bouillie claire. Cette quantité suffit pour 150 cuirs de moyenne grandeur. Ensuite les peaux sont rincées, égouttées, pour recevoir le dernier apprêt, qu'on nomme *le graissage*.

Le cuir encore humide est placé à l'envers sur une grande table; l'ouvrier, après avoir trempé la main dans un mélange d'un tiers de goudron pur, tiré de l'écorce de bouleau, et de deux tiers d'huile de veau marin, le passe dessus en l'étendant le plus également possible.

Le graissage achevé, les cuirs sont étendus sur des cordes dans un hangar bien aéré, où ils restent jusqu'à leur parfaite dessiccation; en hiver, on les expose à la gelée; ce qui leur donne de la blancheur et de la netteté.

La graisse de veau marin est fondue dans des chaudières de fonte et coulée dans des barils; on y ajoute ordinairement la graisse d'un poisson nommé *belouga*. Cette substance ne s'éclaircit jamais parfaitement dans les tonneaux; mais, exposée à l'action des rayons solaires, elle forme un léger dépôt, devient très limpide et se colore sensiblement.

Le goudron de bouleau se retire de l'épiderme subéreuse de cet arbre, enlevé de dessus la partie corticale et ensuite distillé.

Voici la manière de le préparer : on prend de grands pots de terre dont le fond est percé d'un trou; on les remplit d'écorce de bouleau qu'on tasse, afin d'en faire entrer le plus possible, et on les place sur des seaux qui servent de récipiens; après avoir allumé l'écorce, on la recouvre avec d'autres vases semblables, aussi percés d'un trou par lequel s'échappe la fumée; l'huile s'écoule peu à peu par l'ouverture du vase inférieur, et tombe dans le seau qui le supporte.

C'est cette huile qui donne aux cuirs de Russie l'odeur particulière qui les distingue. La graisse de veau marin les rend imperméables.

Les Baskirs et les Kirguis emploient, pour préparer les peaux, la fumée, qui en quelque sorte leur tient lieu de tannin. Ils commencent par tendre fortement les peaux, lorsqu'elles sont encore vertes, entre des pieux qu'ils plantent en terre; ensuite ils enlèvent le poil, font sécher les peaux au soleil, et les conservent jusqu'au printemps.

Au retour de la belle saison, on creuse une fosse proportionnée à la quantité de peaux qu'elle doit contenir, et on y suspend des cordes ou des perches parallèles. On pratique, à cinq pieds de distance, un trou rond, qu'on fait communiquer par une rigole avec le fond de la fosse : c'est dans ce trou que se place le combustible, qui est ordinairement du bois pourri, comme donnant plus de fumée.

Ces dispositions achevées, ils allument le bois et bouchent l'ouverture; la fumée, en passant par le conduit souterrain, pénètre dans l'intérieur de la fosse et se répand sur les peaux. Au bout de quinze jours ou trois semaines de fumigation continue, elles se trouvent suffisamment imprégnées des produits volatils de la combustion pour acquérir quelques unes des qualités essentielles du tannage, principalement l'imperméabilité. (*Bull. de la Soc. d'Enc.*, octobre 1827.)

CUIVRE.

Méthode pour bronzer le cuivre.

Bronze vert. L'on prend un litre de fort vinaigre dans lequel on fait dissoudre, par petites portions, du vert minéral, de la terre d'ombre et de la couperose, de chaque une demi-once, et une once de gomme arabique; on y ajoute trois mesures d'avoine verte si l'on peut s'en procurer ; on fait alors bouillir, ensuite on filtre, après le refroidissement, à travers une chausse.

Bronze ordinaire. On fait dissoudre, dans une même quantité de vinaigre, une once de sel ammoniaque, une demi-once d'alun et un quart d'once d'arsenic.

Avant de bronzer le cuivre, on le décape avec soin avec de l'acide nitrique. Quand la pièce a été ainsi préparée, on étend la couleur uniformément avec une petite brosse, en ayant soin de la tenir toujours humide pour empêcher la composition de tourner au vert. Au bout de 20 à 30 minutes on obtient la couleur désirée; on cesse alors l'opération, on plonge la pièce dans l'eau froide, et on la met sécher dans de la sciure de bois chaude; enfin on couvre le tout d'une couche de laque qui conserve la couleur.

On peut augmenter l'intensité de la couleur en exposant la pièce bronzée à un feu clair ou au soleil, en la tournant de temps en temps, et la frottant avec une brosse douce. (*Franklin Journal*, août 1826.)

ÉTAIN.

Moyen de bronzer l'étain ; par M. Verly.

Pour réussir à bronzer parfaitement les médailles d'étain, il faut employer les deux dissolutions suivantes : la première, ne servant que de lessive, se compose d'une partie de fer, une partie de sulfate de cuivre, 20 parties en poids d'eau distillée.

La seconde dissolution, qui contient à elle seule le bronze, est la moins compliquée; elle se compose de quatre parties de vert-de-gris, seize parties en poids de vinaigre blanc.

Manière d'employer ces dissolutions. Lorsque les médailles ont été limées et fortement nettoyées avec une brosse, de la terre et de l'eau, et bien essuyées, on passe légèrement avec un pinceau, sur les deux faces, de la première dissolution, et on l'essuie de suite; elle donne aux médailles une teinte noirâtre, et fait adhérer plus promptement le vert-de-gris. On les frotte alors avec un pinceau imbibé de la seconde dissolution jusqu'à ce qu'elles soient couleur de cuivre rouge très foncé; on les laisse sécher pendant une heure; après ce temps on les polit avec une brosse douce et de la sanguine en poudre, en passant l'haleine de temps en temps sur les médailles pour les humecter et faire adhérer la sanguine, puis on finit par les polir avec la brosse seule, en la passant de temps en temps sur la paume de la main, et si l'on veut que ce bronzé ne soit pas attaqué par l'humidité, il faut le couvrir d'une couche très mince de vernis à l'or. (*Recueil des travaux de la Soc. de Lille*, 1825.)

FER.

Procédé pour convertir le fer en acier; par M. KIMBALL.

Au lieu de charbon pour cémenter le fer, l'auteur emploie un mélange d'une once de sel ammoniaque, de borax, d'alun, et un quart d'once de sel marin que l'on fait rougir et que l'on pile ensuite.

On fait aussi un autre mélange avec quatre quartes de suie, deux quartes de poudre de cuir brûlé, deux de sabot de cheval brûlé, une pinte de sel fin, un quart de vinaigre et deux quarts de vin; on met le tout en consistance de pâte, on fait sécher et on pile.

On mêle exactement ensemble les deux poudres, et on en saupoudre la surface des barres de fer à cémenter, et on recouvre le tout de sable pour empêcher le contact de l'air.

Par ce moyen on peut convertir toute espèce d'instrumens de fer en acier, comme couteaux, etc. (*Lond. Journal*, mai 1827.)

FONTE.

Moyen d'adoucir la fonte.

Ce moyen consiste à placer la fonte dans un pot ou un vase avec une veine de fer rouge trouvée dans le Cumberland et dans d'autres parties de l'Angleterre. On place alors ce pot dans un four ordinaire, fait en briques réfractaires et sans cheminée; on le chauffe à la houille ou au coke étalés sur une grille. Les portes du four sont fermées, on laisse seulement un léger courant d'air sous la grille, et on maintient ainsi une température régulière pendant une ou deux semaines, selon l'épaisseur et le poids des pièces.

La fonte est devenue si douce et si malléable qu'elle peut être travaillée au marteau. Tous les objets fabriqués de cette manière, comme boucles de harnais, des mors, des fers de chevaux, et même des clous, sont durs et malléables. Les fers de chevaux, après avoir servi, fournissent de la coutellerie d'excellente qualité. (*Lond. Journ. of Arts*, décembre 1826.)

Moyen de rendre la fonte malléable; par M. Calla.

Les deux seuls élémens nécessaires pour le recuit sont le temps et la température, et le mode d'action de ces deux élémens est tel que la diminution de l'un exige l'augmentation de l'autre, et réciproquement. Ainsi, plus on approche de la température de la fusion, plus l'adoucissement est rapide; une demi-heure suffit pour donner à des pièces de fonte blanche, très minces et très fortement chauffées, la plus complète douceur, et beaucoup de malléabilité.

En général, il est prudent de prolonger la durée du recuit et de modérer l'élévation de la température. On évite par là l'altération des surfaces, et surtout le danger du gauchissement et de la déformation des pièces.

Il est convenable de placer les pièces à recuire dans un bain d'une substance pulvérisée, afin de les maintenir dans leur forme primitive dans le cas d'une trop grande élévation de température.

L'auteur a employé le charbon de bois pilé, le sable de fondeur, le grès, l'argile et d'autres substances; les unes ni les autres n'ont paru améliorer ni détériorer le recuit. Cependant il conviendrait d'employer de préférence le charbon pilé, parce qu'il n'altère aucunement les surfaces, qu'il peut leur donner une meilleure couleur, et qu'il est toujours facile de s'en procurer; il n'est pas nécessaire d'ailleurs qu'il soit pilé très fin. (*Bull. de la Soc. d'Enc.*, septembre 1827.)

Action de la fonte sur le fer à une chaleur rouge; par M. GAUTIER.

Lorsqu'on chauffe le fer au milieu de tournures de fonte, il se cémente promptement. Il acquiert par le moyen de la trempe une dureté telle que la lime a peine à l'entamer. On acière facilement par ce moyen la tôle, le fil de fer, etc., et même des morceaux de fer d'un certain volume. La température n'étant pas aussi élevée que celle qui est nécessaire à la cémentation du fer, les pièces ne sont pas déformées. Il est à remarquer que plus la fonte est divisée, plus l'opération est prompte et complète. En recouvrant la caisse de sable, on s'oppose à l'oxidation de la fonte, de sorte qu'elle peut servir plusieurs fois. La plombagine, placée dans les mêmes circonstances, ne donne pas lieu aux mêmes phénomènes. (*Journ. de Pharmacie*, janvier 1827.)

GARANCE.

Moyen de séparer la garance de son principe colorant jaune; par M. KURRER.

L'auteur prend trois cuves, ABC, qu'il dispose l'une près de l'autre, et qui peuvent, en été, être placées à l'air libre ; mais en hiver il faut qu'elles soient dans un cellier aéré, où l'on puisse maintenir une température de 18 à 20 degrés Réaumur. La cuve A sert à la trempe et à la fermentation; elle doit avoir, pour 50 à 55 livres de garance, 2 pieds 8 pouces de profondeur, sur 2 pieds 6 pouces de diamètre. La cuve B, ou cuve à laver, doit avoir 5 pieds $\frac{1}{2}$ de hauteur sur 3 de diamètre; elle doit être munie de trois robinets de bois sur la hauteur : le premier à 2 pieds, le deuxième à 3 pieds, et le troisième à 4 pieds du fond. La cuve C sert à déposer; sa hauteur est de 4 pieds $\frac{1}{2}$, et elle porte un robinet à 1 pied $\frac{1}{2}$ du fond. Lorsqu'on veut exécuter une opération, on place dans la cuve A 50 à 55 livres de garance pulvérisée; on ajoute de l'eau, en remuant jusqu'à ce que la garance soit recouverte de 1 $\frac{1}{2}$ pouce de ce liquide. Alors on laisse la masse en repos jusqu'à ce que la fermentation, en se développant, ait formé un chapeau de garance à la surface; ce qui se produit ordinairement au bout de 36 heures ou, au plus tard, au bout de 48 heures, suivant la température. C'est le moment favorable de transporter la masse dans la cuve B; et quand cette opération est faite, on achève d'emplir la cuve avec de l'eau, on laisse en repos deux heures : pendant ce temps la garance se précipite. On ouvre le premier robinet, ensuite le deuxième, puis le troisième, et l'on recueille l'eau fournie par le deuxième et le troisième, pour la porter dans la cuve C, où elle achève de précipiter la garance qui a échappé à la cuve B. L'on continue alors de faire deux, trois ou quatre lavages de garance dans la cuve B, jusqu'à-ce que l'eau du lavage ne soit plus colorée. La garance ainsi purifiée peut servir à la teinture et à la fabrication des tissus par les procédés connus; mais il est bien important, en été, de la travailler de suite, pour éviter une nouvelle fermentation. La garance de la cuve C, lavée et précipitée, peut servir comme l'autre. L'on peut employer le premier liquide séparé après la fermentation, dans la préparation des cuves chaudes à indigo, ou des cuves de pastel en place de garance. (*Polyt. Journ.*, janvier 1827.)

HOUILLE.

Procédé de carbonisation de la houille employée à Janon, près Saint-Étienne; par M. Delaplanche.

Ce procédé a cela de particulier, qu'il sert à convertir en *coke* la houille tout-à-fait menue, presque en poussière, dont on ne trouverait que peu de débit. On tasse cette houille menue avec un pilon après l'avoir mouillée, et on en forme, par couches successives, des tas en troncs de cônes, ou en prismes allongés, dans l'intérieur de moules en bois, composés de plusieurs planches qui tiennent les unes aux autres par des crochets de fer. Ces planches sont percées de trois rangs de trous circulaires, dont le premier rang est à fleur de terre. Au milieu du cône on place un piquet carré vertical; puis dans chaque trou du rang inférieur on introduit horizontalement un pieu circulaire légèrement conique, de 3 à 4 pouces de diamètre, dont l'extrémité la plus épaisse, garnie d'un anneau, sort de l'enveloppe; on tasse la houille autour de ces pieux, de manière à en former une couche qui les recouvre de 3 à 4 pouces d'épaisseur; puis on introduit la seconde rangée de pieux, qu'on dispose de même et qu'on fait communiquer avec les pieux inférieurs. On tasse une seconde couche de houille menue; on introduit la troisième rangée de pieux, et on finit d'emplir le moule; puis on retire les pieux au moyen des anneaux dont leur tête est garnie, et l'emplacement qu'ils occupaient devient un enchevêtrement de canaux vides par lesquels l'air peut circuler. Les tas coniques renferment soixante-quinze bannes de houille, de 100 kilogrammes chacune : six ouvriers sont employés à leur formation. Les tas prismatiques se construisent d'une manière analogue; mais leur longueur peut être de 50 à 60 pieds, et même davantage. Pour allumer les tas, on dispose à leur surface supérieure une rangée de morceaux de houille, et quelques charbons embrasés au milieu d'eux; le feu se propage de haut en bas dans toute la masse; les ouvriers veillent pendant l'opération à ce que les canaux ne s'obstruent pas. Quand la houille est assez carbonisée dans une place, ils couvrent cette place de terre ou de cendres. Si, au contraire, on veut donner plus d'activité au feu, on introduit de l'eau au centre de la partie inférieure du tas; il se dégage alors souvent une forte odeur d'ail, produite sans doute par la décomposition de quelques phosphates; la carbonisation dure six à douze jours; la houille perd 50 p. $\frac{0}{0}$ de son poids, et augmente en volume; le coke est de bonne qualité et en morceaux très gros. (*Annales des Mines*, 6e livr., 1826.)

INCOMBUSTIBILITÉ.

Nouveau composé de silice et d'alcali, propre à rendre les bois incombustibles; par M. FUCHS.

Ce composé, auquel l'auteur donne le nom de *verre soluble*, peut s'obtenir en saturant une solution de potasse à l'alcool par de la silice en gelée, à l'aide de l'ébullition. Ce liquide, amené à consistance sirupeuse, donne à la surface une pellicule, qui, étant séchée, a l'aspect du verre. On peut en recouvrir la surface des corps; il s'y dessèche et forme une sorte de vernis très dur, qui est inaltérable à l'air : il est peu soluble; mais il se dissout bien dans l'eau bouillante.

Pour préparer le verre soluble en grand, l'auteur mélange dans un creuset réfractaire 30 livres de potasse du commerce, 45 livres de sable pulvérisé, 5 livres de charbon de bois; il expose ce creuset, pendant cinq ou six heures, à l'action d'une haute température dans un bon fourneau : il est quelquefois convenable d'augmenter la dose du charbon. L'on obtient par ce moyen une masse vitreuse qui est pleine de bulles; elle est d'un noir grisâtre. Dans cet état le verre soluble contient le plus souvent quelques sels étrangers, dont on le débarrasse en le pulvérisant, l'exposant, pendant trois ou quatre semaines, à l'air, le retournant souvent, puis le lavant à froid. Cela fait, on le sèche, puis on le traite par quatre à cinq fois son poids d'eau bouillante, et on l'expose au feu, en ayant soin d'agiter. On prolonge l'ébullition pendant trois ou quatre heures, jusqu'à ce que tout le verre soit dissous. Lorsque la solution a acquis une consistance sirupeuse, elle est dans un état très propre à être employée; on la laisse alors en repos pour la clarifier par précipitation. Dans cet état, le verre soluble présente une masse un peu visqueuse et opaque, qui forme un vernis solide sur les corps sur lesquels on l'applique. Ce vernis ne s'altère pas à l'air, et n'en attire ni l'eau ni l'acide carbonique.

M. *Fuchs* le propose comme propre à préserver les matières combustibles des ravages des incendies. On l'emploie à cet effet à l'état liquide, et on l'étend sur le bois avec un pinceau; on doit en appliquer cinq à six couches, en ayant soin de laisser sécher parfaitement chaque couche avant d'en appliquer une autre.

Le verre soluble de soude est supérieur à celui de potasse; on obtiendra de meilleurs services encore d'un mélange de verre soluble de soude et de potasse. L'auteur propose de le mélanger quand on veut en recouvrir des bois avec d'autres corps en poudre; et l'argile, la craie, les os calcinés et le verre pilé lui ont paru très propres à cet usage. (*Bulletin des Sciences technologiques*, janvier 1827.)

PAPIER.

Procédé du collage du papier à la cuve; par M. Darcet.

On prend pour 100 kilogrammes de pâte sèche de papier, 12 kilogrammes d'amidon, 1 kilogramme de résine dissoute dans 500 grammes de sous-carbonate de soude, 18 seaux d'eau. On fait bouillir l'eau, on y met le savon, la résine et la soude, et on continue l'ébullition jusqu'à parfaite combinaison; alors on ajoute l'amidon, bien délayé dans de l'eau froide, et on fait bouillir jusqu'à ce que tout soit devenu transparent comme du savon vert très liquide.

Cette composition est ouvrée chaude dans la pile, et l'action du cylindre opère en peu de temps un mélange intime.

La pâte provenant de chiffon pourri est déjà alcaline avant le mélange; après le mélange, elle l'est bien davantage. On ajoute peu à peu de la dissolution d'alun, jusqu'à ce que le papier réactif n'indique plus la présence de l'alcali.

Le papier ainsi fabriqué est parfaitement collé, il se couche très bien sur les feutres; il se détache aisément des étoffes et donne lieu à peu de cassés; il sèche un peu moins rapidement dans les étendoirs, mais il prend mieux l'apprêt que le papier collé à la manière ordinaire. (*Bull. de la Soc. d'Enc.*, juillet 1827.)

Moyen de prévenir les ravages du ver qui ronge les livres, et de rendre le papier à graver capable de porter l'encre à écrire; par M. Allsop.

Le premier de ces procédés consiste à enduire légèrement d'huile de pétrole et d'huile de *margosa*, mêlées à parties égales, le papier que l'on veut conserver. L'huile de margosa seule est presque inefficace contre le ver; mais les feuilles et les fleurs de cette plante ont la propriété de l'éloigner.

La seconde méthode exige que le papier ne soit que *légèrement collé*, afin qu'il puisse recevoir une empreinte nette, le papier dans ce cas cédant plus aisément à la pression, et s'imbibant mieux que lorsqu'il est fortement collé; ensuite lavez-le avec une légère solution d'alun; puis, tenez-le devant la lumière d'une chandelle; si l'on y aperçoit des marques ou des taches, plongez-le dans une plus forte solution d'alun, à laquelle vous ajouterez une cuillerée de colle d'amidon. Après avoir bien mêlé le tout, on étend légèrement avec une éponge molle, et tandis qu'il est encore tiède, sur toute la surface du papier. En général, un premier enduit suffit, à moins que le papier ne soit d'une pâte très mauvaise, cas dans lequel on lui applique une seconde couche.

L'eau extraite du riz bouilli, et saturée, comme on vient de l'indiquer, produit le même effet; et des dessins au crayon, simplement trempés dans de l'eau de riz, résistent au frottement de la gomme élastique, même dans leurs nuances les plus légères. (*Technical Repository*, novembre 1825.)

Préparation d'un papier qui résiste à l'humidité; par M. Engel.

Ce procédé consiste à plonger une ou deux fois le papier non collé dans une solution claire de mastic dans l'huile de térébenthine, et à le faire sécher à une douce chaleur. Ce papier, sans devenir transparent, a toutes les propriétés du papier à écrire, et peut servir aux mêmes usages. Conservé dans les archives, il est tout à la fois à l'abri de la destruction par l'humidité, les souris et les mites. On ajoute que la solution de caoutchouc produirait encore un meilleur effet sur le papier. (*Kunst. und Gewerbblatt,* n° 20, 1827.)

PIERRES.

Moyen de durcir les pierres tendres; par M. Pajot-Descharmes.

Occupé en 1808, à Soissons, de la décomposition en grand du muriate de soude par le sulfate de fer, l'auteur se vit obligé de déposer le menu sel, extrait de ce sulfate, dans des parcs, formés tant sur leur sol que sur leur pourtour, de dalles de pierres de taille du pays, qui sont très tendres. Lors de l'enlèvement de ces menus sels, toutes les surfaces des dalles avaient été infiltrées, à peu près de deux lignes, par l'espèce d'*eau mère* qui s'était écoulée des substances salines qu'elles renfermaient, et avec lesquelles elles s'étaient trouvées en contact; elles offraient, dans les places ainsi infiltrées, une dureté telle, qu'elles ne se laissaient plus, comme auparavant, entamer avec le couteau. A la vérité, la couleur blanchâtre de ces surfaces avait pris une teinte plus ou moins jaune ou roussâtre. Les dalles qui recouvraient le sol, plus intimement et profondément pénétrées de la dissolution égouttée des tas de menu sel sulfaté en dépôt, se distinguaient surtout par leur extrême dureté et la cohésion considérable des parties calcaires dont se composaient leurs masses imbues de ces eaux.

Depuis, l'auteur eut occasion d'imbiber la surface de ces mêmes sortes de pierres, d'une forte dissolution des terres pyriteuses et vitriolisées, dont le département de l'Aisne abonde; des effets semblables se sont manifestés. Des planches ou tables de plâtre, enduites d'une pareille dissolution, ont acquis pareillement une grande dureté; l'eau ne paraît pas agir sensiblement sur ce nouvel enduit (1). (*Bull. de la Soc. d'Enc.*, décembre 1826.)

---

(1) Il est à croire que les espèces de moellons ou carreaux pour les maisons des pauvres habitans, que l'on fait du côté de Reims avec les débris et poudres de la craie dont le pays abonde, acquerraient beaucoup plus de solidité que les moyens employés pour les former et les lier, si ces débris et poudres étaient imprégnés, tant à l'intérieur qu'à l'extérieur, de l'une ou l'autre des liqueurs dont on vient de parler.

PLAQUÉ.

Plaqué d'or et d'argent sur cuivre jaune; par M. Leurin.

On gratte et on lime la plaque de cuivre jaune destinée à recevoir le plaqué, jusqu'à ce que toutes les pailles et gerçures aient disparu; on lui fait prendre ensuite au feu la couleur cerise pâle, puis on la met dans l'eau seconde pendant 12 à 15 heures pour la dérocher.

Après l'avoir bien essuyée, on place dessus, d'un côté une feuille d'or, et de l'autre une feuille d'argent; on contient ces deux feuilles à l'aide d'une tôle légère, et on enveloppe le tout d'une feuille à émailler. La plaque, ainsi disposée, est soumise à l'action du feu jusqu'à ce qu'un léger pétillement sur le cuivre se fasse entendre; alors on retire vivement la plaque que l'on fait passer sept à huit fois entre les cylindres d'un laminoir où elle subit une pression qui fait adhérer parfaitement l'or et l'argent avec le cuivre. (*Industriel*, novembre 1827.)

PLOMB.

Moyen de rendre propre à la fonte, du minerai de plomb mélangé d'une grande partie de pyrite de fer; par M. Bouesnel.

Les minerais, d'abord lavés sur une grille anglaise, criblés et triés, sont partagés en gros morceaux moyens et minerai fin. Chacune de ces sortes de minerai est grillée à part entre quatre murs, percés à diverses hauteurs de trous horizontaux destinés à porter la fumée dans une galerie qui tourne autour des murs, et dont la voûte est garnie de cheminées. Des canaux sont ménagés dans le sol, sur lequel on place une couche de bois, puis une couche de charbon menu, puis le tas de minerai mélangé de couches alternatives de menu charbon, et recouvert dans tous les cas de minerai fin déjà grillé et lavé. Une toiture, supportée par des piliers, met le grillage à l'abri des pluies et des neiges. On met le feu par des tuyaux disposés sur trois des points où les canaux se croisent, et qu'on remplit ensuite de minerai. Le minerai grillé a une couleur rouge foncée, la pyrite y est changée en oxide de fer au maximum, contenant un peu d'acide sulfurique et de sulfure de fer au minimum, tandis que le plomb sulfuré s'est à peine recouvert d'une croûte dure de sulfate de plomb. Par le criblage on obtient cinq sortes de minerai, gros, moyen, sable gros et deux sortes de sable fin, qui sont traités chacun séparément, et produisent en définitive des minerais contenant 50, 40 et 25 p. $\frac{0}{0}$ de plomb. Tous passent très bien à la fonte. (*Ann. des Mines*, 4e livr., 1826.)

PORCELAINE.

Peinture sur la porcelaine et les poteries.

La manière d'appliquer les dessins sur la surface de la porcelaine, et qui est connue dans le commerce sous le nom de *peinture fine*, se pratique de la manière suivante : on étend la couleur sur une planche de cuivre portant le dessin gravé; on la chauffe pour rendre plus fluide l'huile qui est mêlée avec la couleur; cette huile est une préparation particulière d'huile de lin bouillie pour cet objet. Quand la couleur est ainsi réduite à la consistance convenable sur la planche, on place sur celle-ci une feuille de papier fin préparée avec de l'oxide de cobalt, et on passe le tout à la presse.

Le papier étant séparé de la planche gravée, est appliqué sur l'objet à décorer, et remis encore humide à une ouvrière qui coupe l'excédant du papier, et le passe à une autre ouvrière qui le place immédiatement sur le biscuit, ensuite il est remis à une troisième ouvrière qui le fixe plus solidement en le frottant avec un morceau de flanelle fortement serrée et roulée. Cette opération a pour objet de forcer la couleur à entrer dans les pores de la poterie. Quand le papier est resté ainsi appliqué pendant environ une heure, la couleur se trouve suffisamment fixée pour permettre de le détacher, ce qui s'effectue en plaçant les objets dans un baquet plein d'eau. Le papier ayant été enlevé, on laisse sécher la pièce, après quoi on la met dans un four à une basse température, afin de dessécher l'huile et de préparer la pièce à recevoir le vernis : il est évident qu'un vernis transparent est nécessaire pour faire paraître la couleur brillante du cobalt. On met un peu d'oxide dans le vernis pour détruire une teinte jaune qui pourrait en affaiblir l'éclat.

L'oxide de cobalt est le seul employé pour le bleu. On le prépare en grand dans les poteries du Staffordshire en Angleterre.

Le genre de porcelaine ainsi décorée est une heureuse imitation de la porcelaine bleue de la Chine. (*Mechanic's Magaz.*, décembre 1826.)

SIPHON.

Nouveau siphon en platine pour la décantation et le refroidissement de l'acide sulfurique; par M. Bréant.

Le siphon est composé d'un tube de 10 pieds de longueur sur 8 lignes de diamètre, plongeant dans une chaudière de platine, et offrant un passage quadruple de celui que laisseraient les siphons ordinaires. Ce tube est recourbé, et muni de deux entonnoirs au moyen desquels on amorce le siphon. Un peu au-dessous du dernier entonnoir, le tube se divise en quatre autres tubes de 4 lignes de diamètre, représentant chacun le quart du passage du gros tube et ensemble un passage égal à celui de ce dernier; ces quatre tubes se réunissent de nouveau à leur extrémité inférieure en un seul tuyau, du même diamètre que celui qui plonge dans la chaudière. Ce tuyau est muni d'un robinet qui laisse écouler l'acide refroidi. Une enveloppe en cuivre, de quatre pouces de diamètre, fixée aux deux extrémités du siphon, sert à rafraîchir l'acide pendant son écoulement, par le moyen d'un courant d'eau dirigé à volonté vers la partie inférieure.

Cet appareil offre une grande économie de temps et de dépense. (*Bulletin de la Société d'Encouragement*, janvier 1827.)

SUCRE.

Sur le sucre de melons; par M. Payen.

L'auteur a fait des recherches dans le but d'extraire des melons un sucre applicable aux usages de celui des colonies. Le sucre de melon a été traité par le moyen analytique appliqué à l'extraction du sucre de la patate. Il a obtenu de cette manière et en opérant sur 100 grammes seulement, d'un jus peu sucré, 1,5 grammes de sucre blanc cristallisé en parallélipipèdes rhomboïdaux, offrant la saveur et toutes les propriétés chimiques du sucre de canne avec lequel il est parfaitement identique. (*Nouveau Bulletin de la Société Philomatique*, septembre 1826.)

Altération qu'éprouve le sucre en pain; par le même.

Cette altération consiste dans la propriété hygrométrique que possèdent certains sucres, propriété qui leur fait perdre leur consistance, et les assimile ainsi à la cassonade. On avait remarqué que les sucres terrés à la claircé étaient surtout sujets à cette altération. L'auteur s'est occupé d'en rechercher la cause, et il a été conduit à reconnaître, par l'expérience, qu'elle est due à du sucre incristallisable et déliquescent. Ce sucre se trouve plus ou moins dans toutes les moscouades; les procédés ordinaires du terrage le dissolvent, et l'entraînent dans les sirops, tandis que dans le terrage à la claircé, une partie plus ou moins grande de ce sucre reste interposée dans le pain, et désagrége les cristaux, en se liquéfiant. Cet inconvénient peut encore se reproduire dans les terrages pratiqués aux couvertures, où l'on emploie quelquefois des sucres, qui, comme plusieurs espèces de l'Inde, contiennent du sucre incristallisable. Ces observations légitiment la préférence exclusive qu'accordent les raffineurs éclairés aux couvertures de sucre terré. (*Annales de l'Industrie*, janvier 1827.)

Raffinage du sucre par la cuisson au bain de vapeur, à basse pression et dans le vide; par M. Howard.

Lorsque la matière première est une basse quatrième, on la fait fondre au bain de vapeur dans une chaudière à double fond, et on la coule dans des formes de bâtardes qu'on laisse égoutter huit jours, pendant lesquels elles ont reçu une claircé. On échange trois fois; le sirop vert est destiné aux vergeois, et les deux sirops couverts sont réservés pour les lumps et les quatre cassons.

Le grain qu'on retire des formes est raffiné en huit jours; toute l'opération dure quinze jours pour les matières basses, et huit seulement pour les bonnes quatrièmes qui ne sont pas fondues.

On ne clarifie que le sucre en grain; les sirops ne sont jamais mis en chargement, et vont directement dans la chaudière à cuire. On ne fait point usage du sang de bœuf, mais on le remplace par une égale quantité de lait de chaux, dans lequel il entre 2 liv. ½ d'alun, pour un quintal de sucre à clarifier; on ne consomme que 2 pour 100 de noir animal, de sorte qu'on peut peser le liquide après qu'il a reçu le mélange du noir.

On se sert d'un filtre mécanique contenant 65 compartimens de cuivre recouverts de canevas; la filtration s'opère par la pression, et donne une clairce aussi belle que celle d'une raffinade. La chaudière à cuire est de forme sphéroïdale; mais l'axe de sa base est surbaissé de beaucoup, et la vapeur résultant du liquide en ébullition est aspirée par une pompe d'air. Le cuiseur ne pouvant suivre de l'œil le bouillon de la cuite, pour reconnaître le moment d'en faire la preuve, consulte le thermomètre qui baigne dans le liquide, et l'éprouvette à mercure donnant le degré de raréfaction. Le rapprochement de ces deux instrumens indique positivement le temps de vérifier la viscosité du liquide pour juger le degré de concentration qu'il a acquis, ce qui s'opère au moyen d'une sonde mécanique.

On ne fait point usage de corps gras pour apaiser le bouillon pendant la cuisson.

La cuite sort de la chaudière par une soupape à bascule, et coule dans un récipient qui la réchauffe au degré requis pour faire l'empli. Les pains sont placés dans leurs greniers le même jour qu'ils ont été cuits. Leur déplacement s'opère au moyen d'une mécanique mue par la machine à vapeur; les formes vides redescendent des greniers par le même mécanisme.

On ne tire pas, mais on claircé, et les parties mucilagineuses sont extraites si rapidement des sels cristallisables, que l'on est forcé d'échanger les sirops tous les jours, autrement les pots déborderaient.

Le procédé de *Howard* permet d'éviter beaucoup d'inconvéniens attachés aux méthodes actuelles. Au lieu de traiter le pain de sucre loché, comme cela se pratique ordinairement, on le présente à un tour mu par une machine à vapeur qui lui retire toute la partie trempée de la tête, et lui en forme une nouvelle également conique; les débris de sucre clarifiés fournissent pour claircer; les pains sont entièrement étuvés après quatre jours d'étuve. (*Industriel*, décembre 1827.)

TEINTURE.

Emploi du chromate de potasse pour décolorer ou réserver en blanc des dessins sur des toiles teintes en fond bleu; par M. Koechlin Schouch.

M. Thomson, fabricant de toiles peintes à Manchester, a imaginé un procédé fort ingénieux pour réserver des dessins en blanc sur un fond vert solide; des échantillons de toiles traitées par ce moyen ont été envoyés en France l'année dernière.

De son côté, M. *Koechlin* a fait une application nouvelle de chromate de potasse pour opérer l'enlevage sur des fonds bleus, phénomène dans lequel cette substance chimique décomposée produit des effets analogues aux chlorures alcalins. Voici la marche à suivre pour obtenir ce résultat.

On commence par donner à la toile, dans une cuve d'indigo, un pied de bleu plus ou moins foncé, selon l'intensité de vert que l'on veut produire; puis on plaque la toile avec de l'acétate d'alumine à 7 degrés environ, et on la passe à l'eau chaude; on plaque de nouveau la toile avec une dissolution non gommée de bi-chromate de potasse faite à raison de 2 onces et demie de ce sel sur 4 livres d'eau, et enfin on imprime l'enlevage suivant.

	livres.	onces.
Eau épaissie avec de l'amidon grillé..	4	
Acide tartarique..................	»	10
—— oxalique..................	»	6
—— nitrique..................	»	2

L'addition de l'acide nitrique n'est pas nécessaire lorsque le dessin porte de gros objets.

Au moment où la planche imprime cet enlevage sur la toile, il y a décoloration subite du bleu; la toile est plongée aussitôt après l'impression dans l'eau courante, puis on peut la teindre en quercitron ou en gaude.

Dans ces diverses opérations il faut avoir soin de sécher à une température modérée les toiles imprégnées de chromate de potasse, d'éviter même, à la température ordinaire, le contact des rayons solaires, et, autant que possible, celui de la lumière diffuse, un trop grand jour provoquant la décoloration d'une partie du bleu. (*Bulletin de la Société industrielle de Mulhausen*, n° 2.)

Bain de teinture noire préparé avec le bois de Campêche; par M. Honig.

On fait bouillir à plusieurs reprises le bois de Campêche dans l'eau; on ajoute aux décoctions un peu de sous-carbonate de potasse, ayant soin de ne pas en mettre en excès qui ferait virer au bleu, puis on plonge dans le bain l'étoffe qu'on veut teindre. Cette étoffe peut être de nature animale ou végétale; quand elle est bien imprégnée de matière colorante, on la retire, et sans l'exposer à l'air on la porte de suite dans une solution de vitriol vert, et on l'y laisse jusqu'à ce qu'on ait obtenu la teinte noire qu'on désire. (*All. handl. Zeitung*, juillet 1826.)

Table à imprimer en noir sur les fonds de coton teints en pourpre ou en rouge d'Andrinople; par M. Dingler.

L'on commence par traiter 5 livres de bois de Fernambouc, avec une quantité d'eau suffisante pour avoir un extrait de 20 livres; ou bien si l'on a déjà un extrait de ce bois, on le mêle avec de l'eau, de manière à avoir les proportions ci-dessus; alors on y ajoute 2 livres et demie de fécule, puis 2 onces de bleu de Prusse; on concentre le tout, et on le verse dans un pot. A cette époque, on ajoute à la masse 2 onces de tartre cristallisé, et on remue jusqu'à ce qu'elle soit refroidie; puis on y incorpore 12 onces d'une solution de nitrate de fer concentrée à 45° de Beck, et on la laisse reposer jusqu'à ce qu'elle soit entièrement refroidie, pour l'employer comme on le fait habituellement. On peut remplacer la fécule par le salep ou le surrogat de gomme. (*Polytech. Journal*, octobre 1826.)

Sur l'emploi de l'iode en teinture; par M. PELLETIER.

On prépare en Angleterre une grande quantité de periodure de mercure, qu'on vend sous le nom de *vermillon anglais*, et qui sert principalement pour la confection des papiers de tenture; on y emploie aussi l'iode à l'impression des toiles et des calicots. Lorsqu'on imprègne de sa solution divers tissus, ces tissus séchés prennent, après le dégorgement, des teintes assez belles. Ce sel est composé, suivant l'auteur, de

Hydriodate de potasse............	65
Iodure de potasse...............	2
Iodure de mercure...............	33
	100

On doit l'appliquer sur les étoffes avant de les passer dans les solutions métalliques; parmi ces dernières, celles qui donnent les plus belles couleurs sont les dissolutions de plomb et de mercure. On peut, avec avantage, appliquer les sels sur les étoffes à l'aide d'une solution d'amidon, qui devient d'un bleu violet (effet connu de l'iode sur l'iodure); l'amidon contribue même à fixer le sel sur les étoffes.

On se sert aussi, dans les manufactures de toiles peintes de Glasgow, d'un acétate triple de chaux et de cuivre. Ce sel est d'un très beau blanc; il cristallise en prismes droits, à base carrée; les arêtes du prisme sont souvent remplacées par des facettes, d'où résultent des prismes à 6 et 8 pans, suivant l'extension que prennent les faces secondaires. (*Bull. de la Société d'Enc.*, septembre 1827.)

Procédé pour teindre les tissus de coton et de lin en toutes nuances de violet et de lilas.

On commence par faire subir trois traitemens préparatoires aux écheveaux de lin ou de coton que l'on veut teindre; on fait bouillir ceux de coton pendant 4 ou 5 heures dans une lessive à un degré; 600 livres d'eau et 6 livres de potasse suffisent pour 100 livres d'écheveaux. L'opération est terminée quand le coton tombe lui-même au fond du vase. On le retire, on le lave dans une eau courante, on le fait sécher à l'air, puis on le porte dans une étuve. Quant au lin, le blanchîment doit lui ôter toute couleur jaune; autrement les nuances de violet ou de lilas se trouveraient altérées.

On trempe les écheveaux dans 8 à 10 bains alcalins huileux. Pour le premier et le second, on ajoute $\frac{1}{4}$ de livre d'huile par livre d'écheveaux à une lessive marquant de deux à trois degrés. La liqueur est portée à 25° Réaumur, et entretenue à cette température. Au sortir du premier bain, les écheveaux sont mis en tas sur une table, où on les laisse pendant 48 heures, avec une couverture de laine par-dessus, puis on les fait sécher à l'air sur des perches, et on finit par les sécher dans une étuve dont la chaleur s'élève graduellement à 48° R. Après le second bain, on fait sécher de suite à l'air, et on porte à l'étuve.

Les 3e, 4e, 5e, 6e, 7e et 8e bains ne consistent que dans une addition de ½ livre d'huile par livre de coton à un bain alcalin huileux, nouvellement préparé, ou, ce qui est préférable, à un résidu du bain précédent. Après chaque bain on fait sécher à l'air et on chauffe dans l'étuve. Les écheveaux de lin exigent quatre bains de plus que ceux de coton.

On passe ensuite au dégraissage. Le meilleur procédé consiste à submerger les écheveaux dans un long vase en bois, avec une lessive à deux degrés, composée de 2 parties de potasse à haut titre, et 98 parties d'eau, et marquant 25° R.; à les laisser tremper pendant 36 à 48 heures; à ajouter au bout de ce temps, dans le bain, un peu de lessive également à deux degrés, et à y travailler successivement tous les écheveaux, deux par deux. Ceux-ci sont ensuite tordus et portés au lavoir. Là on les met tremper dans une eau pure et courante, jusqu'à ce qu'il n'en sorte plus de matière grasse. En hiver il est bon, avant de les laver ainsi, de les laisser quelque temps dans de l'eau chaude; quand ils sont bien lavés, on les tord et on les fait sécher à l'air, puis on les chauffe légèrement à l'étuve.

Les opérations préliminaires étant terminées, on applique les mordans.

Mordant pour violet foncé. Pour 100 livres de coton ou de lin, faites dissoudre 7 livres de sulfate de fer, 1 livre ¼ de sulfate de cuivre cristallisé dans 100 livres d'eau, et ajoutez à cette solution 2 liv. et ⅙ d'acide sulfurique concentré.

On prépare le bain en mêlant parties égales de cette liqueur et d'eau ordinaire, et on imprègne tous les écheveaux en les travaillant par deux, et remplaçant à chaque fois le liquide qu'ils ont absorbé, par une addition de mordant faite dans les proportions exactes; on les fait ensuite sécher, mais à l'air seulement, et on les lave dans une eau courante.

Mordant pour violet. Dans 100 livres d'eau, faites dissoudre à froid 12 onces de sulfate de fer, et ajoutez à la solution 4 onces d'acide sulfurique concentré.

Les nuances de violet sont moins ou plus foncées, suivant que la quantité d'eau employée à la composition de ces mordans est plus ou moins considérable.

Liqueur à ajouter au mordant pour lilas. On fait dissoudre à chaud, dans 25 livres d'eau, 12 livres d'alun; on ajoute à la solution 10 livres d'acétate de plomb cristallisé; on agite le mélange, et après refroidissement, on y ajoute encore 50 livres d'acétate de fer; on remue exactement et on laisse reposer.

Mordant pour lilas. A 100 livres d'eau, mêlez 5 livres de bon vinaigre et 4 livres de la liqueur ci-dessus tirée à clair.

L'addition d'une plus ou moins grande quantité de cette dernière liqueur, ou d'une dissolution d'alun ou d'acétate d'alumine, procure des nuances plus ou moins foncées de lilas, à la volonté de l'opérateur.

Mordant pour brun cerise. A 100 livres d'eau, mêlez 8 livres de la liqueur alumineuse ci-dessus, et 4 livres d'acétate d'alumine.

Mordant pour couleur fleur de pêcher. A 100 livres

d'eau mêlez 3 livres de la liqueur alumineuse ci-dessus, et 1 livre ½ d'alumine.

Les écheveaux imprégnés dans le mordant pour lilas, brun cerise et fleur de pêcher, sont fortement tordus, et bien séchés à l'air; puis on les immerge dans de l'eau chaude, à laquelle on ajoute, par livre d'écheveaux, une once de craie, préalablement délayée dans l'eau, et on les lave aussi bien que possible, dans une eau courante.

Les écheveaux, ainsi apprêtés, se teignent par les mêmes procédés que pour le rouge d'Andrinople. On emploie, par livre d'écheveaux, une livre de garance, et par livre de garance, une once de craie pulvérisée, que l'on délaie dans un peu d'eau et que l'on mêle bien au bain de garance. On verse aussi dans ce bain un peu de sang de bœuf ou de mouton.

Après avoir lavé et tordu les écheveaux passés à la teinture, on en avive la couleur par les procédés suivans :

On les fait successivement bouillir à un feu modéré et pendant 8 à 10 heures, dans deux bains, dont le premier se compose, pour 100 livres d'écheveaux, de 8 livres de savon à l'huile, 5 livres de potasse fine et d'une suffisante quantité d'eau; et le second, de 8 livres de savon à l'huile et de 4 livres de potasse, pour une même quantité d'écheveaux et d'eau.

Pour donner à ces couleurs le plus grand lustre, on fait une troisième décoction avec 6 livres de savon, 3 ou 4 onces de muriate d'étain pour 100 livres d'écheveaux.

On dissout le sel d'étain dans un peu d'eau, et on l'ajoute par parties quand celle-ci est en ébullition; on fait bouillir les écheveaux dans ce bain pendant 1 heure $\frac{1}{4}$, puis on les lave et on les fait sécher à l'air. (*Bulletin des Sciences technologiques*, septembre 1827.)

VINS.

Sur la matière colorante des vins naturels; par M. Chevalier.

L'auteur a tiré les conséquences suivantes de ses expériences sur les moyens de reconnaître, par les réactifs, les couleurs des vins naturels et factices :

1°. Que la potasse peut être employée comme réactif, pour faire reconnaître la couleur des vins naturels, qu'elle fait passer du rouge au vert bouteille ou au vert brunâtre;

2°. Que le changement de couleur produit sur les vins par ce réactif, est différent suivant l'âge;

3°. Qu'il n'y a pas de précipitation de la matière colorante par l'addition de la potasse, cette matière restant en dissolution dans la liqueur alcaline;

4°. Que l'acétate de plomb ne doit pas être employé comme réactif pour reconnaître la coloration des vins, ce sel étant susceptible de donner, avec ces liquides colorés naturellement, des précipités de couleurs diverses;

5°. Qu'il en est de même de l'eau de chaux, du muriate d'étain, additionné d'alcali volatil, du sous-carbonate de plomb;

6°. Que l'ammoniaque peut être employé à faire reconnaître les vins naturels, les changemens de couleur qu'il détermine dans ces liquides ne variant pas d'une manière bien sensible ;

7°. Qu'il en est de même de la solution d'alun, à laquelle on ajoute une certaine quantité de potasse en dissolution. (*Annales de l'Industrie*, avril 1827.)

ARTS ÉCONOMIQUES.

BIÈRE.

Réfrigérant pour le moût de bière.

On sent que les moûts ont d'autant plus de qualité que le refroidissement a été plus rapide, puisqu'ils sont par là soustraits plus promptement à l'action de l'air atmosphérique, qui leur enlève leur arome, leur goût et leurs propriétés fermentescibles.

Les brasseurs anglais emploient un appareil fort simple pour refroidir leurs moûts. Il consiste en quatre plaques de fer fixées à angle droit autour d'un axe perpendiculaire au fond de la cuve. Le diamètre décrit par cet appareil est de 6 pieds. L'axe se meut dans une crapaudine, au centre de la cuve. Il reçoit son mouvement d'une roue d'engrenage communiquant avec un moteur quelconque.

Le moût forme une couche de 4 à 5 pouces au fond de la cuve, et les plaques métalliques inclinées sont placées à 1 pouce au-dessus de cette couche.

Le mouvement de rotation, de 120 révolutions

par minute qu'on leur imprime, produit un courant d'air qui aide puissamment l'évaporation, et réduit la température dans la même proportion.

On obtient avec cet appareil, en deux heures, le même effet pour lequel il faut dix heures par les moyens ordinaires. (*Francklin Journ.*, août 1826.)

Nouveau composé de malt et de houblon; par M. Lamb.

On fait infuser le houblon dans l'eau chaude, à raison d'une livre de houblon pour 2 gallons (8 pintes) d'eau; ensuite on distille pour recueillir l'huile essentielle de houblon; 50 livres de houblon donnent environ 3 onces d'huile essentielle. Cette opération faite, il faut extraire du houblon la liqueur qui reste par la pression, et faire évaporer l'extrait jusqu'à ce qu'on ait réduit 50 livres pesant à 15; on laisse refroidir parfaitement. Il faut alors mêler 3 onces d'huile essentielle de houblon avec 15 livres de l'extrait obtenu par évaporation. On fait le malt comme à l'ordinaire, et on fait évaporer l'extrait jusqu'à ce que le produit d'un boisseau de bon malt se réduise à 23 livres. Après le refroidissement, les deux extraits préparés, comme on vient de le dire, doivent être mêlés ensemble dans un vase de terre ou de bois, à raison de 1150 livres d'extrait de malt, évaporé, pour 15 livres de l'extrait composé de houblon. Ce mélange peut se conserver dans des jarres ou bouteilles de terre parfaitement privées d'air; on en fait de la bière au besoin par la fermentation, en y ajoutant un peu de levure. Pour la petite bière, il suffit de mêler une livre de l'extrait avec un gallon d'eau ; pour la bière de table, on emploie 1 livre et demie d'extrait, et pour la bière forte, 2 livres. En été on peut faire usage de l'eau à la température ordinaire; mais en hiver elle ne doit pas être au-dessous de 22 à 23° centigr. (*Lond. Journal of Arts*, septembre 1826.)

BLANCHIMENT.

Nouvelle méthode de blanchir et de préparer le lin; par M. Emmett.

On réduit en poudre fine du charbon de bois poreux ; on le met dans un sac de toile serrée que l'on plonge dans de l'eau douce; on le presse avec les mains jusqu'à ce qu'une partie soit délayée dans l'eau, de telle sorte qu'un peu de lin y prenne en quelques minutes une légère teinte noire. On place dans l'eau tout le lin à blanchir, qu'on a préalablement fait bouillir dans une faible solution de carbonate de potasse, en ayant soin qu'il soit bien imbibé dans son milieu ; quand tout est placé dans le liquide, l'eau agitée doit être troublée par le charbon. On presse le lin plusieurs fois par jour pour mettre le charbon le plus possible eu contact avec lui. Après 20 ou 24 heures on le retire du liquide, on le place dans un liquide contenant moins de charbon, on agite, et après le même intervalle de temps, on en examine un échantillon en le lavant avec de l'eau de savon chaude; si la couleur est bonne, on retire le tout, sinon on le laisse encore deux à trois jours. Il est avantageux de l'étendre sur l'herbe encore humide, et couvert de charbon en le retournant fréquemment, pendant quelques jours; le charbon disparaît et la surface acquiert un beau reflet.

On rince alors le lin dans une grande quantité d'eau, on le lave ensuite avec de l'eau de savon chaude, puis on rince encore à l'eau froide jusqu'à ce que l'eau soit parfaitement claire. Avant de laver avec du savon on fait tremper le lin pendant huit ou dix jours dans de l'eau aiguisée d'acide sulfurique, et on fait sécher sur l'herbe au soleil.

Le charbon est aisément et parfaitement enlevé avec le savon; les dernières fibres sont parfaitement séparées, elles sont aussi fines que la soie. (*Phil. Magaz.*, février 1827.)

Composition pour laver le linge dans l'eau de mer; par M. Heard.

Pour laver le linge dans l'eau de mer, on prend une dissolution très concentrée de potasse ou de soude; on y verse un poids égal au sien d'argile à porcelaine, et on mélange le tout de manière à en faire une pâte très épaisse, dont on prend une livre pour 16 litres d'eau de mer propre au lavage. La dissolution alcaline a pour effet de décomposer les muriates de chaux et de magnésie qui font cailloter le savon, en formant, par une double décomposition, un margarate de chaux; d'ailleurs elle substitue le muriate de potasse ou le muriate de soude au muriate de chaux, lequel est bien plus déliquescent et donne toujours au linge une humidité dont il est impossible de le débarrasser. (*Repert. of patent inventions*, décembre 1826.)

BOIS.

Moyen de teindre diverses espèces de bois.

Pour que le bois prenne la couleur bien également, on doit d'abord le planer, et ensuite le polir avec de la pierre-ponce ou autrement. Il doit encore être réduit en bandes ou en plaques minces, afin qu'il puisse être recouvert par le bain colorant. On recommande de tenir le bois dans un lieu chaud ou même dans une étuve pendant 24 heures, afin d'en chasser l'humidité. Lorsqu'on a beaucoup de bois à teindre, il convient d'avoir une grande chaudière de cuivre qu'on assujettit dans une maçonnerie en briques. On fait agir les divers bains de teinture sur le bois jusqu'à ce que la couleur ait pénétré d'un quart de pouce. Quand il arrive que le bois est trop épais pour être plongé entièrement dans le bain, on l'imprègne 4 ou 5 fois de suite de la matière colorante avec un pinceau doux, ayant soin de laisser sécher chaque couche de couleur avant d'en ajouter une nouvelle.

Pour donner au bois de sycomore la couleur d'acajou clair, on le fait bouillir avec le bois de Brésil, avec addition de garance; si l'on alune ce bois avec l'emploi du Brésil, et qu'on ajoute ensuite du verdet, on a la couleur de grenade; en faisant bouillir avec le Brésil, et traitant ensuite par l'acide sulfurique, faible, il en résulte une teinte de corail. Une solution de gomme gutte dans l'essence de térébenthine donne au sycomore la couleur citron; bouilli avec la garance et ensuite avec l'acétate de plomb, il prend un aspect brun marbré, que l'on peut encore changer en un vert veiné, par l'action de l'acide sulfurique faible.

Le sycomore teint avec le Campêche seul, imite l'acajou foncé; mais si le bain de Campêche est très chargé, et qu'on traite ensuite le bois avec une solution de verdet, il devient noir.

L'érable teint avec le Brésil imite l'acajou clair; avec le curcuma on obtient du jaune; avec le Campêche, de l'acajou foncé; avec le Campêche, puis l'acide sulfurique faible, on obtient la couleur corail; le Campêche, précédé de l'alunage, donne une couleur brune; il donne une couleur noire lorsqu'on emploie ensuite le verdet.

Le peuplier teint avec le Brésil et la garance imite l'acajou foncé.

Le bois de hêtre teint avec le curcuma devient jaune; avec la garance et ensuite l'acide sulfurique faible, on obtient un vert veiné; le même bois d'abord aluné, teint ensuite avec le Campêche, devient brun.

Le tilleul, teint avec le curcuma et le muriate d'étain, devient orange; avec la garance, puis avec l'acétate de plomb, on a du brun veiné; avec un bain de garance très chargé, et ensuite du verdet, on obtient du noir.

Le poirier, teint avec la gomme gutte et le safran, devient d'une couleur orange foncée.

Le charme, teint avec le bois de Brésil ou le Campêche, et traité ensuite par l'acide sulfurique faible, imite la couleur du corail.

L'orme, teint avec la gomme gutte et le safran, imite le bois de gaïac.

Lorsque les bois sont teints, on les fait sécher à fond et on les polit convenablement. (*Farmer's Magazine*, janvier 1827.)

Etuve portative pour courber les bois; par M. LEDÉAN.

L'étuve se compose de deux portions distinctes, entre lesquelles on établit à volonté une communication, savoir: le récipient ou la caisse à bordages, et la chaudière à vapeur.

1°. *Caisse à bordages*. C'est un cylindre ou tambour creux, de 10 à 12 mètres de longueur sur un mètre de diamètre, renflé extérieurement au milieu de sa longueur, avec une diminution graduelle de diamètre depuis ce milieu jusqu'au bout, afin de faciliter le cerclage, qui s'exécute comme celui des mâts d'assemblage. Les joints étant plans, il est aisé de les dresser avec une grande précision, et quand ils sont fortement serrés par les cercles, ils ne perdent pas plus de vapeur que ceux d'une bonne futaille ne laissent échapper de liquide.

Les deux fonds de cette caisse cylindrique sont fermés par des bouchons coniques très forts, en chêne, au sommet desquels appuie une vis de pression dans une crapaudine en fonte. Cette vis passe dans un écrou que porte un sommier tenu par des branches à charnières, dont un des bouts est entaillé dans le corps de la caisse et engagé dans les cercles.

Pour ouvrir la caisse et en dégager l'entrée, il suffit de laisser tomber le sommier, et de ranger de côté les bouchons coniques qui sont supportés l'un et l'autre par des plans.

2°. *Chaudière à vapeur.* C'est un cylindre horizontal en tôle, qui traverse, dans toute sa longueur, un autre cylindre servant de fourneau.

Le foyer, consistant en une grille et un cendrier, occupe la moitié intérieure de ce fourneau; dans la partie postérieure on a établi des diaphragmes pour retarder l'échappement de la fumée, et des tuyaux où peut circuler l'eau de la chaudière, afin de profiter de la chaleur que conserve cette fumée avant qu'elle arrive au tuyau.

La chaudière est renfermée dans une caisse rectangulaire en bois, et enveloppée d'une couche de bourre assez épaisse pour empêcher la déperdition de la chaleur. Cette caisse est mobile sur des roues, en sorte qu'on peut aisément la conduire d'un lieu à un autre.

La partie supérieure de la chaudière est munie de deux soupapes de sûreté et d'un tuyau garni d'un robinet pour transmettre la vapeur à la caisse à bordages. Ce tuyau se raccorde avec un autre de même calibre, passant au travers d'un des madriers de la caisse. (*Annales maritimes*, juillet 1825.)

Préparation pour prévenir la pourriture sèche dans les bois de construction; par M. Newmarch.

Ce procédé consiste à introduire entre les fibres du bois ou dans ses pores, de très petites molécules de matière métallique ou d'autres substances vénéneuses, pour empêcher la croissance des champignons ou des animalcules.

On prend un gallon (4 litres) d'huile de lin ou de toute autre espèce d'huile; on y ajoute 3 onces de sulfate ou d'acétate de cuivre, 3 onces d'arsenic blanc et 3 onces d'alun. On fait bouillir le tout ensemble jusqu'à ce que les matières soient parfaitement combinées avec l'huile. Le mélange, ainsi préparé, se place dans un vase propre à recevoir les pièces de bois de charpente sur lesquelles on doit opérer; on les y plonge et on les fait bouillir dans la dissolution pendant 3 ou 4 heures, plus ou moins, suivant l'épaisseur des pièces de bois. Après ce traitement, on laisse les pièces de bois plongées dans la dissolution jusqu'à ce qu'elles soient refroidies, afin que les pores du bois puissent être complétement remplis par l'huile et par les ingrédiens minéraux; mais cela n'est pas absolument indispensable. L'auteur recommande en outre l'emploi du charbon de bois pulvérisé, dans diverses circonstances, pour prévenir la pourriture sèche; on l'introduit entre les pièces de charpente voisines où la circulation de l'air est interceptée. (*Lond. Journ. of Arts*, septembre 1826.)

BOUGIES.

Bougies stéariques et chandelles; par MM. CAMBACÉRÈS.

Les auteurs emploient la saponification pour obtenir les acides stéarique et margarique. La mèche de la bougie stéarique est nattée; et par cette structure, la flamme ne scintille plus, et la mèche s'incline constamment d'un même côté, en tournant sur elle-même, ce qui empêche qu'il ne se forme à sa pointe cet amas de charbon que l'on sait être la cause ordinaire de la diminution de lumière dans les bougies.

Ces bougies brûlent d'une manière parfaite, avec une lumière blanche et toujours égale.

MM. *Cambacérès* fabriquent aussi une nouvelle chandelle à mèche nattée, composée de la partie concrète du suif ordinaire, obtenue par un nouveau procédé.

A l'aide du perfectionnement important apporté à la mèche, et de l'amélioration du suif par la privation de sa partie fluide, la nouvelle chandelle pourra entrer en concurrence avec les bougies ordinaires; elle donne une flamme aussi blanche et aussi éclatante. (*Bull. des Sciences technologiques*, septembre 1827.)

BOUTONS.

Boutons d'habits en fer; par M. CHAUSONNET.

Ces boutons en fer estampé sont très solides; ils offrent le travail et les dessins des boutons ordinaires en soie. Les couleurs dont ils sont revêtus sont très solides et résistent au frottement. Le prix de ces boutons est très modique. (*Bull. de la Soc. d'Enc.*, juillet 1827.)

Boutons en cuir; par MM. Jamin, Cordier *et* Tronchon.

Ces boutons sont de deux sortes; les uns sont de cuir découpé, et les autres en déchets de cuir fondu.

Pour les premiers, des bandes de cuir de vache franche sont d'abord préparées à une largeur qui peut varier en raison de l'échantillon des boutons auxquels on les destine; colorées, ainsi qu'on le désire, au moyen d'une teinture convenablement appropriée, et passées à un découpoir. Les plaques qui en proviennent sont ensuite soumises à un autre découpoir, qui y opère une rainure circulaire destinée à recevoir le culot en cuivre. Ce culot est successivement découpé, soudé, puis estampé à deux fois différentes pour préparer l'espèce de sertissure conique qui consolide le bouton.

Chaque plaque en cuir, garnie de son culot, est alors placée entre deux matrices de métal, chauffées à un certain degré, et gravées. Après quelques minutes de pression, le bouton se trouve formé, et il ne reste plus qu'à le passer de nouveau au découpoir pour l'ébarber, puis au tour, pour en unir et raccorder les bords, au moyen d'une lime, du papier de verre et d'un peu de teinture.

Quant aux boutons de cuir fondu, les déchets sont d'abord placés dans des moules en fer, et réduits au moyen de la chaleur et de la pression en galettes, qui sont râpées et réduites en poudre.

On prend ensuite une matrice double, dans laquelle on place d'abord des queues de métal; puis une quantité convenable de poudre de cuir mélangée de sciure de bois des îles, et autres matières propres à lui donner telle ou telle couleur. Six de ces matrices sont ensuite placées dans des viroles de fer, et pressées au moyen d'une vis à levier entre deux plaques de fer, chauffées de manière à leur communiquer le degré de chaleur nécessaire.

Les boutons sont ensuite ébarbés et terminés comme les précédens. Ils ne sont ni cassans, ni susceptibles d'être détériorés par l'eau; la teinture pénètre toute leur épaisseur, et la queue se trouve si solidement sertie, qu'on ne pourrait la détacher qu'en arrachant une partie du cuir même. (*Même Bulletin*, décembre 1827.)

CANONS DE FUSIL.

Méthode pour brunir les canons de fusil; par M. Dunkes.

Prenez acide nitrique et esprit doux de nitre, de chaque, demi-once; esprit de vin et teinture d'acier, de chaque, une once; vitriol bleu, deux onces : mêlez ces ingrédiens après avoir fait dissoudre le vitriol dans une quantité d'eau suffisante, de manière à composer, avec les autres ingrédiens, un quart (pinte) de mélange. Avant de procéder au brunissage des canons de fusil, il est nécessaire de les bien nettoyer, de mettre un tampon de bois à l'arme, et d'en bien boucher la lumière. Alors on applique le mélange avec une éponge ou un chiffon propre, en s'assurant que toutes les parties du canon en soient enduites. Ceci fait, on expose le canon à l'air durant vingt-quatre heures; après quoi on le frotte avec une brosse rude, afin d'enlever l'oxide à sa surface.

Cette opération doit être répétée une ou deux fois (s'il le fallait), au moyen de quoi le canon deviendra d'une couleur parfaitement brune. Alors il faut le brosser et l'essuyer avec soin, et le plonger dans de l'eau bouillante, dans laquelle on aura mis une certaine quantité d'alcali, afin de détruire l'action de l'acide sur le métal.

Le canon, après avoir été retiré de l'eau, puis parfaitement séché, doit être frotté avec un brunissoir de bois dur, jusqu'à ce qu'il soit bien uni, et ensuite chauffé à une température qui soit à peu près celle de l'eau bouillante; après quoi il sera prêt à recevoir un vernis composé d'une pinte d'esprit de vin, ou trois drachmes de sang dragon pulvérisé, et d'une once de gomme laque broyée. Après que le vernis a parfaitement séché sur le canon, on le frotte avec le brunissoir pour lui donner le poli et le lustre requis. (*Americ. Journ. of Arts*, février 1825.)

CIRE.

Procédé pour fondre la cire destinée à faire des bougies; par M. Feilberg.

La manière dont l'auteur fond la cire est d'opérer cette fonte dans des cuves de bois qui empêchent la cire de roussir; ces cuves permettent, à l'aide d'un thermomètre, de pouvoir toujours fondre, au degré de chaleur que l'on veut, telle quantité de matière que l'on désire au moyen d'un seul feu. Il suffit pour cela de tenir la chaudière un peu plus large pour qu'elle puisse produire une plus grande quantité de vapeur, et de se servir d'un plus grand nombre de tuyaux et de cuves en bois, ou bien d'établir les uns et les autres sur des dimensions proportionnellement plus grandes.

Ce procédé offre une économie d'emplacement, de temps et de combustible. (*Industriel*, janvier 1828.)

Moyen de blanchir la cire et le suif; par M. Davison.

Ce procédé consiste dans l'action du chlore dégagé du chlorure de chaux par l'acide sulfurique, sur la cire et la graisse animale.

L'auteur délaie à chaud la substance à blanchir dans une solution de chlorure de chaux, y ajoute l'acide, et fait bouillir le tout ensemble.

On a essayé depuis long-temps l'action du chlore et du chlorure de chaux pour blanchir la cire; mais on a remarqué que cette substance devenait cassante et friable. (*Bulletin des Sciences technologiques*, janvier 1827.)

CRISTAUX.

Moules en bronze pour la gobletterie; par M. Gerke.

Ces moules, qui ont pour but de donner à la gobletterie les ornemens qu'elle tient ordinairement à grands frais de la taille, sont faits de deux pièces qui se rapprochent à l'aide d'une charnière; ils portent une ouverture pour l'introduction du verre, et chacune des deux pièces peut recevoir un manche.

Le moule décrit par M. *Gerke*, et dont il a fait l'essai, vient d'Angleterre; il sert à faire des huiliers. Lorsque le moule est exécuté avec soin, les arêtes des cristaux sont très vives, et imitent bien la taille. L'auteur a ajouté au moule anglais un chapeau qui s'oppose à l'éruption du verre par le souffle de l'ouvrier, ce qui altérerait la qualité du produit en diminuant l'épaisseur. (*Mém. de la Soc. d'Encour. de Berlin*, mars et avril 1827.)

DISTILLATION.

Appareil à distiller; par M. Evans.

L'appareil consiste en une chaudière communiquant avec un serpentin horizontal plongé dans une caisse dont la température du liquide peut être déterminée par le moyen d'un thermomètre. Le serpentin ou rectificateur est mis en mouvement par deux roues dentées, et le mouvement de rotation détermine une condensation plus parfaite du liquide alcoolique.

L'auteur propose ensuite, comme procédé particulier pour la distillation, de substituer à la quantité de grain non malté, qu'on mêle ordinairement au grain malté, la même quantité de grain préparé de la manière suivante : on fait tremper le grain dans de l'eau chaude jusqu'à ce que l'eau cesse d'être colorée, en changeant l'eau une ou deux fois par jour, suivant qu'elle est plus ou moins chargée. (*Rep. of patent inventions*, octobre 1826.)

Nouvel appareil distillatoire ; par M. Hoffman.

Cet appareil est en bois. Il se compose d'une chaudière à vapeur et de quatre cuves en bois dont les trois premières communiquent les unes par les autres avec la chaudière, à l'aide de conduits en bois. Ces cuves de divers calibres servent à la rectification. La première seule se charge de vin, les autres reçoivent l'alcool plus ou moins rectifié. La troisième cuve communique avec un serpentin d'une forme particulière; il se compose de deux surfaces gauches hélicoïdes réunies de manière à offrir un creux qui est une espèce d'escalier ; la vapeur y est en contact parfait avec le liquide réfrigérant, et quand elle est condensée, elle coule en dehors comme dans les serpentins ordinaires. La quatrième cuve, qui termine l'appareil, sert à recueillir l'alcool.

D'après l'auteur, l'appareil réunit les avantages suivans : 1°. il peut s'établir à peu de frais; 2°. il donne par une seule opération trois degrés différens d'esprit; 3°. son réfrigérant est préférable aux serpentins ordinaires; il condense plus promptement les vapeurs; il exige moins de place, est moins cher et se nettoie plus facilement; 4°. enfin, le produit est exempt de goût d'empyreume. (*Bulletin des Sciences technologiques*, octobre 1827.)

ÉCLAIRAGE.

Emploi de l'huile empyreumatique de goudron pour l'éclairage; par M. Schwartz.

L'huile que l'on obtient pendant qu'on fait bouillir le goudron pour le convertir en poix donne, par la distillation, un gaz qui répand une lumière très vive en brûlant. Cent pouces cubes produisent 56 à 60 pieds cubes de gaz, qui contiennent environ le quart de leur volume de gaz oléfiant. L'huile du goudron est même préférable aux huiles grasses ordinaires pour la préparation du gaz éclairant, parce qu'étant plus volatile, elle entraîne rapidement le gaz hors de l'appareil et empêche que le gaz oléfiant, en restant trop long-temps exposé à la chaleur, ne se transforme en hydrogène proto-carboné. La vapeur de l'huile qui passe avec le gaz, se condense avec les tuyaux que l'on doit tenir constamment à une température très basse, et on peut la distiller de nouveau. (*Ann. des Mines*, t. XII.)

GAZ HYDROGÈNE.

Nouveau procédé pour purifier le gaz hydrogène servant à l'éclairage ; par M. Ledsham.

Après avoir saturé d'acide muriatique une certaine quantité de liqueur ammoniacale, on la fait évaporer jusqu'à cristallisation. Le muriate d'ammoniaque ainsi obtenu est mêlé avec les deux tiers de son poids de chaux vive, et placé dans une cornue sous laquelle on entretient un feu modéré. De cette cornue s'échappe continuellement un courant de gaz ammoniacal, qui, mêlé avec le gaz hydrogène, le purifie complétement; ensuite on fait passer celui-ci à travers de l'eau où il dépose l'ammoniaque qu'il retient. Le muriate de chaux qui reste dans la cornue, peut être employé pour convertir en muriate d'ammoniaque une nouvelle quantité de liqueur ammoniacale.

L'appareil dans lequel s'opère cette préparation, est simple, peu dispendieux, et d'une application facile dans les établissemens où on emploie la chaux en dissolution. Les matières sont des deux tiers moins chères que la chaux, et n'occupent que le centième du volume de celle-ci. Un seul homme peut soigner l'appareil ; le gaz obtenu est très pur, et donne une lumière blanche et éclatante. On estime la dépense à 18 centimes pour 1000 pieds cubes de gaz. (*Lond. Journ. of Arts*, mai et juin 1827.)

GLACIÈRES.

Nouvelle glacière américaine; par M. Hawkins.

Pour conserver la glace, on commence par creuser dans le sol un trou de 6 pieds en tous sens, au fond duquel on ménage une rigole pour l'écoulement de l'eau de la glace. Les parois du trou sont maintenues par des pièces de bois et des lattes, et revêtues d'une garniture de paille de trois pouces d'épaisseur, qui couvre également le fond. Après avoir rempli le trou de glace, on le recouvre d'un lit de paille, et on amoncelle au-dessus de la terre en forme de tertre; on ménage dans ce tertre un trou carré également rempli de paille, muni d'un couvercle et d'un fond amovible. L'entrée de la glacière, qui doit toujours être au nord, est munie de quelques marches, et d'une porte formée de bottes de paille très serrées, et qu'on ouvre quand on veut retirer de la glace. On pose sur les marches des pièces de viande, du lait et d'autres substances qui se conservent parfaitement frais. On pénètre dans cette première entrée par une trappe fermant exactement, et revêtue intérieurement d'un lit de paille.

Une glacière construite d'après cette méthode ne coûte que 137 francs. (*Bulletin de la Société d'Encouragement*, juin 1827.)

LAMPES.

Lampe sans mèche.

Un tube capillaire en verre d'un pouce de longueur

est fixé au centre d'une coupe de cuivre plaqué ou d'étain poli, d'à peu près un pouce de diamètre. Cette coupe renversée flotte sur l'huile. Le tube traverse verticalement le fond de la coupe qui est plongé dans l'huile. La coupe doit être lestée de manière à ce que l'orifice supérieur du tube ne dépasse que très peu le niveau de l'huile. Par ce moyen l'huile monte aisément aux parois du tube sans déborder, et lorsqu'on y applique une lumière, elle prend feu et donne une flamme légère, mais brillante et fixe. A mesure que l'huile se consomme, la coupe qui flotte à la surface, descend avec elle, et l'alimentation de l'orifice du tube restant toujours la même, peu importe qu'il y ait beaucoup ou peu d'huile dans la lampe. Il convient que celle-ci soit de cristal, afin qu'elle puisse éclairer de côté. Il se forme à l'orifice du tube capillaire, une petite croûte de matière charbonneuse qu'il faut enlever une fois par jour ou tous les deux jours.

Ces lampes présentent l'avantage de brûler tout une nuit, et même plusieurs nuits, sans que le volume ni l'éclat de la flamme en éprouvent la plus légère altération.

C'est un véritable éclairage au gaz hydrogène qui prouve mieux que les lampes, les bougies, les chandelles, etc., que la chaleur dégagée par la combustion des corps gras suffit pour les distiller d'une manière continue. Et, en effet, le bout du tube de verre où s'opère la combustion est une petite chaudière où l'huile est maintenue en ébullition et transformée en gaz. La disposition de la lampe y appelle l'huile, moins par une force de capillarité que par les lois d'équilibre des fluides. La capsule en effet est tellement lestée que l'huile se plaçant de niveau dans le tube, s'y trouve portée jusque dans la petite chaudière où elle doit être distillée. Si l'on prend un tube trop capillaire, la lampe s'éteint promptement, obstruée par le charbon qui s'y dépose.

L'on a déjà appliqué ce principe en Angleterre à la construction des lampes. En France, on a groupé dans une même capsule plusieurs tubes qui donnent un grand éclat, et l'on affirme qu'on s'occupe de construire des lampes d'Argand avec cette innovation. (*Bulletin des Sciences technologiques*, juillet 1827.)

Appareil fumivore condensateur, propre à détruire les émanations incommodes ou délétères des lampes à gaz; par M. Bourguignon.

Cet appareil est une sorte de cloche hémisphérique en verre blanc ou en tôle, à laquelle est adapté un tube recourbé de diverses manières, et terminé à la partie inférieure par un petit réservoir, dans lequel se rend l'eau résultant de la combustion de l'hydrogène du gaz par l'oxigène de l'air, et condensée dans son passage par le tube.

Pour faire usage de cet appareil, il suffit de le fixer de manière à ce que la cloche soit immédiatement au-dessus des bords supérieurs de la cheminée de la lampe; la force ascendante de la flamme pousse la plus grande partie des produits de la combustion dans le tube recourbé, la vapeur d'eau s'y condense, et le liquide coule dans le godet. (*Bulletin de la Société d'Encouragement*, janvier 1827.)

Lampe à gaz qui s'alimente d'elle-même.

L'appareil consiste en un réservoir placé en dessus d'une calotte creuse qui, par sa chaleur, décompose l'huile, laquelle y tombe goutte à goutte, et se convertit en gaz; à la partie supérieure sont deux tubes qui se recourbent pour former les becs de gaz.

Pour faire servir l'appareil, on remplit le réservoir d'huile, d'alcool, etc. On place, pendant 2 ou 3 minutes, sous la calotte, une plaque de métal disposée à cet effet et chauffée au rouge, et l'on fait tomber le liquide goutte à goutte sur la calotte; on retire la plaque de fer, et la chaleur, produite par la combustion des deux becs, suffit pour entretenir la température au point nécessaire pour décomposer l'huile. Il est quelquefois nécessaire de se servir d'une seconde plaque rouge au commencement de l'expérience, afin de produire tout le gaz nécessaire pour chasser l'air des vaisseaux. (*Lond. Journ. of Arts*, novembre 1826.)

Lampe à chalumeau; par M. REVELEY.

Cette lampe contient deux mèches plates, disposées de manière à laisser passer un courant d'air entre leurs flammes, ce qui produit une chaleur très intense. Les mèches peuvent être cylindriques ou légèrement aplaties. L'auteur propose d'employer pour porte-mèches des tubes plats et flexibles, glissant dans des porte-mèches ordinaires; ou bien de faire glisser un des porte-mèches en arrière et en avant, dans les rainures pratiquées au fond de la lampe, pour faciliter l'ajustement des mèches et obtenir à volonté des flammes plus ou moins intenses.

Cette lampe est en fer-blanc, et toutes les pièces en sont soudées à l'étain pur. M. *Reveley* s'en sert pour souder des objets de grande dimension, et pour chauffer des forets d'acier qu'on veut tremper. (*Technical Repository*, février 1825.)

LEVAIN.

Conservation du levain.

On peut conserver long-temps au levain ses propriétés fermentescibles sans le sécher, comme on le fait généralement. Il suffit pour cela de le mêler avec de la mélasse, de la cassonade et du sirop de raisin. On peut ensuite séparer ces matières de la levure par les lavages. (*Messager des Arts*, octobre 1824.)

MASTIC.

Mastic pour retenir les petites lentilles de verre pendant l'opération du douci et du polissage.

En doucissant de petites lentilles de verre, M. *Pritchard* trouva que la gomme laque dont se compose le ciment généralement en usage dans cette opération, n'avait nullement la tenacité nécessaire pour les retenir. Il la lui donna en y ajoutant un poids égal de pierre-ponce réduite en poudre fine, en les fondant ensemble dans un vaisseau de fer et en les remuant jusqu'à ce qu'elles fussent bien mélangées. Il faut avoir soin en s'en servant de ne pas échauffer ce mélange au-delà du degré qui est absolument nécessaire pour le fondre, et de bien assujettir la lentille. (*Edinb. phil. Journal*, juillet 1825.)

MATELAS.

Matelas élastiques; par M. MOLINARD.

Ces matelas se composent d'un cadre en bois formant un parallélogramme de 6 pouces de hauteur, qui varie en longueur et largeur, suivant la dimension du lit auquel on le destine; sur le fond, formé de sangles fortement tendues, sont disposés en lignes, à une distance de 2 pouces les uns des autres, des ressorts de 8 pouces de hauteur faits en fil de fer, d'une ligne et demie d'épaisseur, contournés en spirale, ayant la forme d'une clepsydre, et dont les ellipses, au nombre de 11, partant d'un centre commun de 15 lignes, se développent de chaque côté jusqu'au diamètre de 5 pouces; ces ressorts présentent aux extrémités une surface également large, propre à les fixer d'abord par leur base au fond sanglé auquel on les coud circulairement, et ensuite par leur sommet, à la forte toile qui doit, en couvrant, n'en faire en quelque sorte qu'un tout offrant une surface sans solution de continuité, destinée à recevoir la légère couche de crin nécessaire pour adoucir l'effet de la batterie élastique.

L'usage de ces matelas présente de nombreux avantages ; ils peuvent remplacer les lits ordinaires, sont plus économiques, plus propres et plus salubres, et leur élasticité est telle qu'ils reprennent la forme ordinaire sitôt que la pression cesse. (*Bull. de la Soc. d'Enc.*, février 1827.)

MÈCHES.

Mèches qui brûlent sans fumée.

Les mèches de chandelles, trempées dans du vinaigre, brûlent sans fumée. Pour cet effet, on dissout une partie de nitre dans une partie de vinaigre blanc, et on y laisse séjourner les mèches pendant un jour. (*Mech. Mag.*, janvier 1827.)

NACRE DE PERLE.

Ornemens faits avec la nacre de perle; par MM. Jennins *et* Betteridge.

On réduit les morceaux de nacre en plaques unies et minces d'un quarantième et quelquefois d'un centième de pouce, par les procédés ordinaires ; on dessine ensuite dessus les formes, devises, etc., que l'on veut ménager sur ces plaques, avec une solution d'asphalte ou de résine dans l'essence de térébenthine ; on laisse sécher ; on passe ensuite à plusieurs reprises, sur toute la nacre, de l'acide nitrique, ou tout autre acide fort, jusqu'à ce que les parties non couvertes du vernis soient suffisamment corrodées pour produire les formes voulues.

On peut aussi couvrir toutes les superficies de la nacre avec le vernis, puis dessiner dessus à la pointe sèche, et faire mordre l'acide dans les contours où la nacre est mise à nu ; enfin on peut, dans les parties du dessin creusées par l'acide, réserver des parties plus brillantes que d'autres, en les recouvrant de vernis, puis continuant ensuite de passer l'acide, qui augmente la profondeur de tous les traits laissés à nu ; enfin, on fait disparaître le vernis à l'aide de l'essence de térébenthine ou de tout autre dissolvant convenable. (*Technical Repository*, octobre 1825.)

PARAPLUIES.

Nouveaux parapluies ; par M. Hubert Desnoyers.

Les perfectionnemens que l'auteur a ajoutés aux montures de parapluies consistent :

1°. A substituer à la noix à laquelle sont attachées les naissances des branches dans les parapluies ordinaires, une boîte annulaire en cuivre, fermant à vis. Cette boîte forme corps par sa partie inférieure avec le coulant ; elle contient un anneau en cuivre non soudé, servant à retenir les branches dont la position est fixée, et dont le mouvement a lieu dans des échancrures pratiquées sur les bords ;

2°. A substituer également une boîte annulaire à la noix, où se réunissent les têtes des baleines, afin de pouvoir attacher ces baleines, comme les branches, à un anneau en cuivre; le couvercle, formé par une simple plaque de cuivre, est arrêté par une goupille qui fixe en même temps la boîte par son rebord intérieur à la tige du parapluie;

3o. A remplacer les fourchettes qui terminent les branches et les lient avec les baleines, par des espèces de charnières fixées aux baleines. Ces charnières sont formées par de petites plaques minces de cuivre, reployées de manière à pincer l'extrémité des branches et à embrasser la baleine;

4°. A supprimer le fer pour tous les assemblages, et même pour les goupilles, et à le remplacer par du cuivre. (*Bull. de la Soc. d'Enc.*, février 1827.)

PIPES.

Tuyaux de pipes perfectionnés; par M. Scheibler.

L'objet de cette invention est de débarrasser le tuyau des pipes du jus de tabac; d'offrir autant que possible un passage toujours libre à la fumée, d'empêcher qu'elle ne vienne brûler la langue; de ne lui livrer passage dans la bouche que lorsqu'elle est bien épurée, et de permettre de changer le tuyau chaque fois qu'on fume. Les pipes de Creveld consistent en un étui de bois qui sert de tuyau, et dans lequel on peut introduire un tuyau de papier qui établit la communication entre la tête de la pipe et l'embouchure, laquelle peut être en corne ou toute autre matière, comme dans les pipes ordinaires. A l'aide de cette disposition le tuyau de pipe se conserve bien net, et la fumée arrive épurée dans la bouche. L'on change le tuyau de papier chaque fois que l'on fume. (*Mémoires de la Société d'Encouragement de Berlin*, août 1826.)

PLATRE.

Procédé pour durcir et marboriser le plâtre; par M. Tissot.

On prend un bloc de plâtre tel qu'il sort de la carrière, on lui donne la forme que l'on veut à la scie, au ciseau, au tour, ou de toute autre manière, puis on le met sécher pendant environ 24 heures sur un four qui sert aussi à le cuire.

Si la pièce que l'on a ainsi préparée n'a que 18 lignes d'épaisseur, on la met pendant 3 heures dans un four chauffé au degré nécessaire à la cuisson du pain; si elle est plus épaisse, on la laisse plus long-temps dans le four en raison de son épaisseur, et on la retire avec précaution pour la laisser refroidir. Quand elle est froide, on la trempe pendant trente secondes dans l'eau de rivière, on l'expose ensuite à l'air pendant quelques secondes, et on la plonge de nouveau dans l'eau pendant une ou deux minutes, selon son épaisseur. Cette pièce ainsi préparée est exposée à l'air où elle acquiert, au bout de 3 à 4 jours, la dureté et la densité du marbre. Après ce temps, elle est susceptible de recevoir le poli, et si l'on veut la colorer il faut le faire une heure après que la seconde immersion dans l'eau a eu lieu.

Le poli doit toujours être la dernière opération que l'on fait subir à ces pierres; il se donne à l'aide des procédés ordinairement employés pour polir le marbre, mais il s'obtient plus facilement. (*Description des brevets*, t. XIII.)

Procédé pour bronzer les figures de plâtre.

Ce procédé consiste à couvrir le plâtre d'une couleur à l'eau ou à l'huile, et à frotter ensuite les parties saillantes avec une poudre métallique.

Quand on emploie la couleur à l'eau, il faut couvrir la figure d'un enduit de colle, et répéter les couches jusqu'à ce que la pièce ne boive plus, et reste humide : l'enduit peut être fait avec la colle forte ordinaire. On broie alors séparément du bleu de Prusse, de l'ocre et du noir de fumée, qu'on délaie dans de l'eau avec un peu de colle. On étend la couleur également sur la pièce; quand elle est sèche, on trempe légèrement une brosse ou un pinceau dans un vernis d'or très peu épais, et on humecte toutes les parties de la figure uniformément; quand le doigt happe encore au vernis sans l'enlever, on emploie la poudre métallique.

Quand on veut bronzer une figure à l'huile, on étend uniformément une couche de blanc de plomb ou de minium à l'huile, qu'on laisse sécher, puis une couche du mélange, aussi à l'huile, des trois couleurs ci-dessus, dans lesquelles on verse une petite quantité de vernis du Japon.

Poudres métalliques. — On emploie l'or musif pour

des ouvrages de peu de valeur ; on se sert aussi d'une poudre de cuivre, qu'on obtient par précipitation du nitrate de cuivre, en y plongeant des morceaux de fer bien décapé. On en fait encore une avec l'or d'Allemagne; on la prépare comme la poudre d'or fin. Toutes ces poudres noirciraient à l'air, si on ne les recouvrait d'une couche légère de vernis qui les préserve de l'oxidation.

Préparation de la poudre d'or fin. — On prend de l'or en feuilles qu'on broie avec de la mélasse ou du miel sur une table de marbre bien poli, ou dans un porphyre. Quand on suppose qu'il est très divisé, on verse le tout avec une grande quantité d'eau dans un vase, et on agite jusqu'à une dissolution complète de la mélasse; on laisse alors reposer la liqueur, et l'or se précipite en poudre très fine au fond du vase; on décante, on lave à grande eau jusqu'à ce qu'il ne reste plus de matière étrangère ; on sèche la poudre et on peut s'en servir immédiatement.

Le mode d'application le plus simple et le plus économique de la poudre d'or sur la figure bronzée, consiste à se couvrir le doigt d'un morceau très doux de peau de chamois ; on frotte le doigt ainsi couvert sur une autre peau qui retient les particules les moins adhérentes. On peut alors promener en sûreté le doigt sur les parties où l'on doit appliquer la poudre; cette méthode permet de l'étendre avec exactitude, et de former les teintes ou de les adoucir selon qu'il est nécessaire. Le vernis est inutile quand on emploie l'or fin. (*Franklin Journal*, septembre 1826.)

STORES.

Store pour les fenêtres cintrées; par M. Goode.

Le cintre de la croisée est garni d'une tringle creuse, ouverte en dessus le long de la courbure; cette tringle passe dans le store qui est plié en éventail, et fixé à la barre inférieure de la fenêtre par un clou qui en retient tous les plis. Au centre du demi-cercle décrit par la tringle creuse, passent des cordons qui font mouvoir le store par les moyens ordinaires. (*Transactions de la Société d'Encouragement de Londres*, t. LIV.)

SUIF.

Purification du suif; par M. Manicler.

On fait bouillir 400 livres de suif avec 60 litres d'eau dans un vase clos muni d'une soupape pouvant résister à la pression de 14 livres par pouce carré de surface. Le suif, maintenu à la même température pendant environ 6 heures, est retiré et coulé à 90° Fahrenheit environ, en couches, qui n'excèdent pas ½ pouce d'épaisseur, sur des draps serrés ou des feutres tous de même grandeur. Quand le suif devient dur on plie chaque feutre les coins en dessus; on les empile, et on les place sous un poids d'environ 1000 livres. Après une heure on ajoute de nouveaux poids qui complètent une tonne (2000 livres), et après 2 heures on le porte à 1 tonne ½, et on laisse le tout à une température d'environ 81° Fahrenheit pendant au moins 4 heures.

On retire alors les feutres, on sépare les pains en enlevant les morceaux qui ont été inégalement pressés, on place les rognures dans le milieu des pains, on les renferme dans les feutres comme auparavant pour les soumettre à l'action d'une presse hydraulique dont on augmente successivement la force jusqu'à ce qu'on ait exprimé toute la matière huileuse du suif.

On enlève alors, de leur enveloppe, les pains, qui sont devenus extrêmement cassans, on les brise et on les refond à la vapeur, on y incorpore de la cire ou de l'huile de lin préparée, dans le rapport d'environ 20 livres pour cent de suif. Si on préfère l'huile d'olive il faut l'avoir concentrée préalablement par l'ébullition, et portée à la consistance de la térébenthine; la quantité à mettre dépend de la nature du suif et de celle de l'huile.

Pour préparer l'huile, on la chauffe dans un vase ouvert, on enflamme le gaz qui s'en dégage, et on laisse le tout jusqu'à ce que l'huile soit réduite au tiers de son volume; on l'expose alors à l'action de l'air pendant un mois avant de s'en servir.

Les matières ayant été fondues à la vapeur, sont soumises pendant 3 ou 4 jours à l'action du chlore, et agitées fréquemment pendant ce temps dans un vase muni d'un carreau pour qu'on puisse voir dans l'intérieur.

On fait alors bouillir pendant 6 heures le suif dans l'eau pure avec environ un 10e de charbon animal, nouvellement préparé, et on filtre à travers des feutres à 15° Fahrenheit. (*London Journal of Arts*, décembre 1826.)

TAPIS.

Tapis de pieds vernis; par M. Vernet.

Les tapis de pied de M. *Vernet* réunissent à l'avantage d'être à très bas prix, celui d'une grande solidité, et d'une longue durée. Ils se fabriquent de la manière suivante :

La toile, après avoir été cousue de manière à former une largeur de 21 pieds, est fortement tendue et clouée sur un châssis de bois très solide. L'ouvrier pose sur chaque face, au moyen d'une brosse, une première couche de peinture à l'huile de lin lithargirée, et portée à la consistance convenable avec de l'ocre et de la terre d'ombre. Cette première couche étant bien sèche, les deux faces sont poncées pour recevoir successivement six couches, ayant soin de faire poncer chaque fois qu'on veut en donner une nouvelle.

Suffisamment sèche, la toile est roulée sur elle-même, et transportée dans un vaste atelier; là une portion de tapis est étendue sur une table; des moules sculptés se chargent de la couleur emplastique, et l'ouvrier la fixe sur le tapis; le moule est chargé de nouveau et fixé de la même manière, et successivement jusqu'à ce que tout le tapis soit imprimé. Le travail pour fixer une couleur est répété jusqu'à six fois, avec des couleurs différentes à chaque impression. Aucune matière résineuse n'entre dans la composition de ces couleurs.

Les tapis ne sont livrés au consommateur qu'après

six mois de fabrication. (*Bulletin de la Société d'Encouragement*, avril 1827.)

III. AGRICULTURE.

ÉCONOMIE RURALE.

BLÉ.

Moyen de se procurer, sans aucun frais, du blé de semence parfaitement net.

On choisira dans son champ, prêt à être moissonné, un arpent ou un arpent et demi par paire de labourage pour fournir la semence de l'année; et quelques jours avant la moisson, on obligera ses métayers à suivre ces deux ou trois arpens avec le plus grand soin, pour en enlever absolument toute graine étrangère; ce qui se fera avec la plus grande facilité sans aucun dommage pour le blé, si l'on a l'attention de ne pas prendre là où il est trop fourni, mais plutôt là où il est le plus clair et le moins haut. Six hommes feront ce travail dans moins d'une journée, si d'ailleurs le blé a été bien sarclé. On obtiendra ainsi à peu de frais une semence très nette et plus belle que celle que l'on achète. (*Journ. d'Agr. du Nord*, août 1826.)

ENGRAIS.

Emploi de l'huile comme engrais; par M. Delcourt.

L'engrais qu'on se procure à l'aide du procédé de M. *Delcourt*, est liquide ou solide. L'engrais liquide s'obtient par la mixtion suivante : On prend du crottin de cheval, de la bouse de vache ou de la fiente de mouton, dans la proportion de vingt brouettes, contenant 2 pieds cubes de fiente par hectolitre d'huile. On arrose cette fiente à raison de 10 à 12 litres d'huile, sur 2 ou 3 brouettes de fiente : on a soin de bien opérer le mélange.

On se procure un engrais solide pour remplacer le tourteau, que l'on sème en poudre, de la manière suivante : On prend de la cendre de houille, ou toute autre, dans la proportion de 20 hectolitres d'huile par hectolitre de cendre. On verse l'huile peu à peu sur le tas de cendre, en prenant soin de bien remuer le tout pour que la cendre soit bien imprégnée; on saupoudre ensuite les terres.

Cet engrais a été essayé avec succès; il est plus économique que l'engrais ordinaire. On peut employer des huiles de baleine, ou autres, et toute espèce de cendres. (*Société d'Agr. du Nord.*)

POMMES DE TERRE.

Manière de préparer les pommes de terre à l'usage de la nourriture et de l'engrais des bestiaux; par M. Pierrepont.

On prend une demi-douzaine de digesteurs de fer

ordinaires, de la contenance chacun de six gallons, que l'on remplit de pommes de terre, soit fraîches, soit sèches. On met alors ces digesteurs dans un four, dont l'âtre est formé d'une plaque de fonte de 3 pieds 10 p. sur 2 pieds 10 p., et sous lequel est un feu divisé en trois foyers partiels. La chaleur qui en émane circule de chaque côté autour des parois du four, et jusqu'à son ouverture; de là elle remonte vers la partie supérieure, d'où elle va se concentrer dans la cheminée. La cuisson de la première fournée dure environ deux heures, si le feu n'a pas été allumé avant de placer les pommes de terre dans le four : celle des fournées suivantes s'opère en un peu moins d'une heure. Ce procédé exige très peu de chauffage, et il est loin de nécessiter l'intensité de chaleur et l'attention requise pour la cuisson à la vapeur; les pommes de terre ne sont pas sujettes à s'aigrir et à incommoder le bétail.

L'auteur observe, relativement à ce mode de cuisson, 1°. que les digesteurs, ou autres vaisseaux qui contiennent les pommes de terre, ne doivent pas être mis en contact avec le feu; 2°. que ces vaisseaux, quand même ils sont placés sur une plaque de fonte, doivent avoir des pieds, de manière à ce que le fond ne touche pas celle-ci; 3°. que les couvercles doivent fermer hermétiquement ces vaisseaux, afin d'empêcher que la vapeur ne s'échappe avant que la cuisson des pommes de terre ne soit à peu près achevée, et être munis de soupapes semblables à celles des digesteurs; 4°. on doit empêcher l'air extérieur de pénétrer dans les vaisseaux, et ce, tant pour économiser le chauffage et le temps, que pour empêcher les pommes de terre de brûler. (*Transact. de la Soc. d'Enc. de Londres*, vol. XXI.)

SPERGULE.

Culture de la spergule et son utilité dans l'économie rurale; par M. Ziegler.

La spergule (*spergula arvensis*, Lin.) vient également bien sur toute espèce de terrain, maigre, léger et sablonneux; elle ne demande point d'engrais, féconde plutôt qu'elle n'épuise les terres, et fournit un fourrage excellent.

Le champ qui la produit a besoin de peu de préparation; un labour, sur lequel on fait passer la herse, suffit; il doit être dégagé de chiendent, dont la végétation forte étoufferait celle de la spergule. On la sème de la mi-mai à la mi-août : pour peu qu'elle ait été favorisée par la pluie, la récolte peut en être faite au bout de deux mois. Cinq livres de graine suffisent pour l'ensemencement d'un arpent de 120 verges carrées.

Dans tous les périodes de sa végétation, cette plante est utile aux animaux, soit qu'elle leur serve de pâturage, soit qu'elle leur soit donnée en fourrage vert, soit enfin qu'on en fasse du foin. La semence même peut leur être donnée à manger, mais détrempée dans de l'eau chaude. Dans le premier cas, quand les brins sont parvenus à la hauteur de

3 à 4 pouces, on les fait brouter par les bestiaux; après quoi on les laisse croître pour la fenaison, laquelle a lieu dès que la plante est en pleine floraison. Lorsqu'on l'emploie en vert, il faut avoir le soin de resemer tous les quinze jours, afin de proportionner les produits à la consommation. Les bestiaux et les moutons aiment beaucoup la spergule : les cochons en mangent également; mais il convient de la mêler d'un peu d'herbe ou de trêfle, ou de paille hachée, ou de foin, pour les chevaux. La spergule produit encore chez les vaches un lait gras, de bon goût, et abondant. (*Cellische Nach. fur Landwirthe*, 2e cahier, 1826.)

TAUPES.

Moyen de détruire les taupes.

Il faut se procurer des vers, les tuer; puis les saupoudrer de noix vomique en poudre; mêler le tout ensemble, et le laisser pendant vingt-quatre heures avant de l'employer; ensuite on ouvre les trous des taupes, et l'on place deux ou trois de ces vers de chaque côté du trou. Si le pré est très grand, on ne peut en mettre partout; mais en les multipliant le plus possible, on est sûr d'obtenir un heureux résultat. (*Ann. de la Soc. d'Agr. de la Charente*, août 1826.)

HORTICULTURE.

ANANAS.

Culture de l'ananas sous un châssis, au moyen de la chaleur des feuilles seulement; par M. Gibson.

L'auteur prépare ses couches en février : il les compose principalement de feuilles de chêne ordinaire et de châtaignier d'Espagne. Le châssis dont il se sert a 13 pieds de long sur 6 pieds $\frac{1}{2}$ de large, 3 pieds $\frac{1}{2}$ de haut au dossier, et 2 pieds $\frac{1}{2}$ sur le devant. Il donne à ses couches 8 pieds de large à leur base, et elles vont graduellement en se rétrécissant jusqu'à 7 pieds, largeur à laquelle la couche a 4 pieds $\frac{1}{2}$ de haut. A cette hauteur, on aplanit et on foule bien les feuilles; ensuite on élève dans le pourtour de la couche une rangée de feuilles, de 10 pouces d'épaisseur, au moyen de quoi on obtient dans le vide compris entre les parois inférieures de ce rang de feuilles, une profondeur suffisante pour les plantes d'une certaine élévation. Alors on place les ananas dans cet intervalle, que l'on remplit ensuite de feuilles mortes jusqu'à environ 3 pouces au-dessus du bord des pots.

Les avantages résultant de cette profonde immersion des pots consistent en ce que la plante jette bientôt ses racines parmi les feuilles, ce qui avance la croissance des fruits; et, comme dans ce cas elles exigent beaucoup moins d'eau que l'on n'en donne ordinairement aux plantes d'ananas implantées dans le tan, il suit que ce fruit obtient d'autant plus de saveur.

Il convient de renouveler les couches pour les plantes qui doivent être conservées durant l'hiver. Si l'on n'avait point assez de feuilles pour garnir complétement les couches, on pourra, au moyen des revêtemens intérieurs, y entretenir une chaleur suffisante jusqu'au printemps suivant. (*Techn. Repository*, novembre 1825.)

ANIMAUX NUISIBLES.

Moyen de préserver les jardins et les champs des animaux nuisibles.

Contre les lapins. Ces animaux, qui s'établissent en général dans le voisinage des habitations de l'homme, craignent beaucoup l'humidité. La neige, la pluie en font périr un grand nombre. Il sera donc utile de verser de l'eau en abondance dans les trous qu'on pourra découvrir.

On sait que les lapins font beaucoup de tort aux jeunes arbres, que souvent même ils font périr. Il ne suffit pas, pour les garantir, d'entourer leurs tiges d'épines, les lapins rongent les osiers qui lient celles-ci, et les détachent. Il faut que cette opération soit faite en automne, afin que les osiers sèchent promptement, et que les lapins ne soient plus tentés de les attaquer. On peut aussi dans cette vue les enduire de goudron.

Contre les fourmis. Pour préserver les fleurs et les fruits des dégâts de ces insectes, on fait depuis long-temps usage d'une raie faite avec de la craie et du charbon autour du tronc des arbres fruitiers, et l'on y suspend des bouteilles, dans lesquelles on met un peu de miel et de liqueur sucrée. Entr'autres moyens à employer pour tuer les fourmis, on peut se servir d'eau-de-vie de grain très concentrée. (*Bulletin des Sciences agricoles*, octobre 1827.)

GREFFE.

Lut pour les arbres greffés.

Le meilleur lut dont on puisse recouvrir les scions nouvellement greffés, se compose d'une égale quantité d'huile de baleine et de poix résine, que l'on prépare de la manière suivante : faites fondre de la résine dans un vase de terre; versez-la dans l'huile et mêlez bien; vous appliquerez ce mélange à froid avec un pinceau. Cette composition est employée avec beaucoup de succès en Angleterre. Elle a ce grand avantage qu'elle ne se fond jamais, et ne laisse aucun passage à la pluie ou au vent, ce qui est la cause ordinaire du dépérissement des scions; elle est plus expéditive et plus propre que l'enduit d'argile. (*Francklin Journal*, février 1826.)

MELONS.

Sur les melons de Perse; par M. Lindley.

Les melons de Perse sons très différens des variétés

généralement cultivées en Europe. Ils sont tout-à-fait dépourvus de cette écorce épaisse et rude qui caractérise ces dernières, et qui rend la moitié du fruit impropre à la nourriture de l'homme; mais aussi la peau mince et délicate qui les recouvre, les expose à des vicissitudes qui paraissent ne point agir sur les melons d'Europe. Leur chair est extrêmement tendre, douce et pourvue de sucs aussi abondans que parfumés. A cette qualité se joint celle d'offrir souvent une récolte abondante de fruits également beaux et bons.

La culture des melons de Perse exige des soins particuliers; ils paraissent demander la difficile combinaison d'une température très élevée, d'une atmosphère sèche et d'un sol extrêmement humide, en même temps qu'ils redoutent l'excès de cette humidité, qui ferait périr la plante avant la maturité du fruit. Dans les jardins de la Perse, les melons sont cultivés en plein air, sur des couches ou plates-bandes élevées au-dessous du sol, richement fumées avec de la fiente de pigeon et entrecoupées par une foule de petits ruisseaux qui coulent dans toutes les directions. Les jardiniers persans n'ont d'autres soins à prendre que de faire courir l'eau partout; leur climat fait le reste.

M. Willock a envoyé à la Société d'Horticulture de Londres les graines de 10 variétés, jusqu'à présent inconnues, de melons généralement exquis. Ces graines ont été semées et ont donné des fruits qui ont été observés par M. *Lindley*. (*Trans. de la Soc. d'Horticulture de Londres*, vol. VI, part. V.)

RAVES.

Sur la rave tortillée; par M. Caron.

Cette espèce de rave, qui est originaire du département de la Sarthe, se conserve en terre pendant tout l'hiver, et fournit dans cette saison, jusqu'au printemps, un aliment sain, agréable et toujours vert; elle ne craint pas le froid de nos hivers ordinaires.

A la différence de la rave ordinaire, la rave tortillée ne doit être semée qu'à la fin de juillet; encore faut-il qu'à cette époque la chaleur ne soit pas trop forte; si la constitution atmosphérique annonce une tendance déterminée à une haute température, il faudrait en retarder l'ensemencement, car elle croît et se développe rapidement, et sous l'influence d'une grande chaleur elle monterait promptement aux dépens de sa racine, qui perdrait alors toute sa saveur. Semée en temps convenable, elle commence à être bonne à manger au mois d'octobre et dure tout l'hiver sans éprouver aucune modification, souvent même elle se prolonge jusqu'au renouvellement de la petite rave en pleine terre. Elle est d'un goût agréable et d'une saveur assez fortement épicée; sa substance est plus ferme que celle de la petite rave, et moins dure que celle du gros radis; en général, elle paraît tenir le milieu entre ces deux espèces pour le goût, la saveur et la consistance. (*Mém. de la Soc. d'Agr. de Seine-et-Oise*, 26e année.)

SERRES.

Couvertures et vitrages de serres ; par M. Speechly.

Les carreaux à grandes dimensions sont sujets à gauchir, c'est pourquoi les vitriers sont dans l'usage de les assujettir avec des pointes. Le verre supporte cette contrainte tant que la température est chaude, mais par de fortes gelées les carreaux, ainsi étreints, sont sujets à se casser.

Les carreaux d'une serre ne doivent pas avoir plus de 8 pouces de long sur 6 de large ; on donne $\frac{1}{8}$ de pouce de profondeur à la *figure*, ce qui permet de les y asseoir sans contrarier leur forme naturelle, et dans cet état ils n'auront rien à craindre des intempéries de l'air. Il y a une grande économie à faire usage de carreaux de petites dimensions, attendu que le prix du verre varie suivant les différentes grandeurs de vitres. En outre, comme chaque carreau posé à mastic ne porte que de deux côtés, de petits carreaux seront plus forts, et par conséquent moins sujets à casser que des grands.

Nombre de petites serres sont couvertes d'une grande pièce de canevas qui, au moyen d'un rouleau et de poulies, se lève et s'abaisse à volonté et aisément. Ce procédé est très utile à l'approche d'une forte bourrasque de grêle, mais il ne s'adapte pas aussi bien aux grandes serres qu'on abrite de légers panneaux de bois, ou de châssis de bois recouverts de toile peinte.

Dans bien des endroits on laisse souvent, par un temps neigeux, pluvieux, rude ou sombre, les serres couvertes durant plusieurs jours de suite, ce qui nuit considérablement aux plantes; car si les plantes croissent plus vite dans l'obscurité qu'au grand jour, l'action du soleil et de la lumière leur donne la maturité nécessaire, et la privation de ces principes vivifians est cause que la plante languit, s'affaiblit par degrés, et finit par périr avant le temps. (*Techn. Repository*, août 1825.)

INDUSTRIE NATIONALE DE L'AN 1827.

I.

Exposition publique des Produits de l'Industrie française, dans les salles du palais du Louvre, le 1er aout 1827.

Médailles décernées par le jury chargé d'examiner ces produits.

Cette exposition, qui a été aussi remarquable que celle de 1823, par le nombre, la variété et la richesse des produits, s'est tenue partie dans des galeries construites dans la cour du Louvre, partie dans les vastes salles qui forment l'aile orientale du palais. Le nombre des articles présentés était très considérable, surtout ceux de luxe; tels que bronzes, ameublemens, orfévrerie, gravures, etc. La capitale y contribuait pour près de moitié; les départemens ont comparativement fourni peu d'objets. Malgré les progrès sensibles de plusieurs branches d'industrie, les récompenses de premier ordre ont été distribuées avec parcimonie, et beaucoup de fabricans, qui pouvaient prétendre à d'honorables distinctions par l'importance de leurs travaux, paraissent avoir été oubliés.

Le nombre des médailles distribuées par le jury a été de 413, dont 48 en or, 146 en argent et 219 en bronze. En 1823, il en avait été décerné 471, dont 72 en or, 153 en argent et 246 en bronze. Plusieurs des fabricans à qui des médailles avaient été accordées alors, ont obtenu cette année des diplômes de confirmation qui rappellent les services qu'ils ont rendus aux arts, et les droits qu'ils se sont acquis à la munificence royale.

Les bornes que nous nous sommes prescrites ne nous permettent pas d'entrer dans des détails sur cette exposition, détails qu'on trouvera au surplus dans le rapport du jury, dont la publication se prépare maintenant; nous nous contenterons de donner la liste des fabricans qui ont obtenu des médailles d'or, d'argent et de bronze, et des décorations de la Légion-d'Honneur, en vertu d'une ordonnance spéciale.

I. CROIX-D'HONNEUR.

1. *Draps.*

A M. *Chayaux* (*Pierre*), manufacturier de draps à Sédan.

A M. *Turgis* (*Pierre*), *idem* à Elbeuf.

A M. *Guibal* (*David*), *idem* à Castres.

2. *Tapis.*

A M. *Roze-Cartier*, manufacturier de tapis à Tours.

3. *Soie.*

A M. *Roux-Carbonnel*, manufacturier d'étoffes de soie à Lyon.

A M. *Poidebard*, filateur de soie à Lyon.

4. *Fer.*

A M. *Aubertot*, maître-de forges à Vierzon (Cher).

5. *Instrumens.*

A M. *Gambey*, ingénieur, fabricant d'instrumens de mathématiques, à Paris.

6. *Bronzes.*

A M. *Deniere*, fabricant de bronzes à Paris.

7. *Poteries.*

A M. *Saint-Cricq Cazeaux* (*Edouard*), manufacturier de faïences à Creil.

8. *Glaces.*

A M. *Cauthion*, directeur des travaux de la manufacture de glaces à Paris.

A M. *Bellangé* (*Pierre-Louis*), conseiller du Roi au conseil général des manufactures à Paris.

II. MÉDAILLES D'ENCOURAGEMENT.

A M. *Burdin*, ingénieur des mines dans le département du Puy-de-Dôme. — Médaille d'argent.

A MM. *Cazalis* et *Cordier*, mécaniciens à Saint-Quentin (Aisne). — Médaille d'argent.

A M. *Leblanc*, professeur de dessin au Conservatoire des arts et métiers à Paris. — Médaille d'argent.

A M. *Roufiet* (*Jean-Baptiste*), menuisier mécanicien à Paris. — Médaille de bronze.

III. MÉDAILLES D'OR.

PREMIÈRE DIVISION. — LAINES ET LAINAGES.

§. 1er. *Amélioration des laines.*

1. M. le vicomte *de Jessaint*, à Beaulieu (Marne), pour des toisons et des laines d'une qualité superfine.

2. Madame la comtesse *du Cayla*, à Saint-Ouen, près Paris, pour des laines longues et brillantes.

§. 2. *Etoffes drapées.*

3. MM. *Ternaux*, père et fils, à Sédan (Ardennes), pour des draperies fines.

4. M. *Flavigny* (*Louis-Robert*), et fils, à Elbeuf (Seine-Inférieure), pour *idem.*

5. M. *Turgis* (*Pierre*), à Elbeuf, pour des draperies moyennes.

6. M. *Fages* (*Jean-Louis*), à Carcassonne (Aude), pour des draps du Levant.

7. MM. *Henriot*, frère, sœur *et* compagnie, à Reims, pour des casimirs.

§. 3. *Etoffes rases.*

8. MM. *Sabran*, père et fils *et* compagnie, à Lyon, pour des tissus en laine de cachemire.

9. MM. *Deneyrouse* et *Gossen*, à Paris, pour des schalls en laine de cachemire.

DEUXIÈME DIVISION. — COTON.

§. 1er *Coton filé.*

10. M. *Schlumberger* (*Nicolas*), à Guebviller (Haut-Rhin), pour des cotons filés de divers numéros.

11. MM. *Arnaud* et *Fournier*, à Paris, pour *idem.*

§. 2. *Tissus de coton.*

12. MM. *Lelong*, oncle et neveu, à Rouen, pour des calicots, des percales et des madapolams.

13. MM. *Clérambault* et *Leroy Guibé*, à Alençon, pour des mousselines unies.

14. MM. *Mercier* père et fils, à Alençon, pour *id.*

15. M. *Gréau* aîné, à Troyes (Aube), pour des coutils de coton.

TROISIÈME DIVISION. — LIN.

§. 2. *Toiles et tissus en fil.*

16. M. *Dollé* (*Alexandre*), à Saint-Quentin (Aisne), pour du linge de table damassé.

§. 3. *Dentelles et blondes.*

17. Madame *Carpentier*, à Bayeux (Calvados), pour des dentelles et des blondes.

QUATRIÈME DIVISION. — SOIES.

§. 2. *Etoffes de soie.*

18. M. *Maisiat*, à Lyon, pour des étoffes de soie unies et brochées.

19. MM. *Corderier* et *Lemire*, à Lyon, pour des étoffes pour meubles.

20. MM. *Ollat* et *Deverney*, à Lyon, pour des velours et satins.

21. MM. *Balme*, *Dautencourt*, *Garnier* et compagnie, à Lyon, pour *idem*.

§. 3. *Bourres de soie.*

22. M. *Roux-Carbonel*, à Nismes, pour des tissus en bourre de soie.

SEPTIÈME DIVISION. — TEINTURE ET IMPRESSION.

§. 1er. *Teintures et apprêts.*

23. MM. *Javal* frères et compagnie, à Saint-Denis près Paris, pour des toiles peintes.

NEUVIÈME DIVISION. — MÉTAUX.

§. 1er. *Fers et aciers.*

24. MM. *Boigues* et fils, à Fourchambault (Nièvre), pour des fers affinés à la houille, et étirés au laminoir.

25. MM. *Manby* et *Wilson*, aux Carrières-sous-Charenton (Seine), pour des fontes douces et malléables.

26. MM. *Debladis*, *Auriacombe*, *Guérin* jeune et *Bronsat*, à Imphy (Nièvre), pour des tôles et fers noirs laminés.

§. 2. *Fer-blanc.*

27. MM. *Debuyer*, oncle et neveu, à la Chaudeau

(Haute-Saône), pour des fers-blancs ductiles et bien étamés.

28. M. le baron de *Falatieu*, à Fontenay-le-Château (Vosges), pour *idem*.

§. 3. *Tréfilerie.*

29. MM. *Laverrière* et *Gentelet*, à Lyon, pour des peignes de tisserand en acier.

§. 4. *Outils et instrumens.*

30. M. *Couleaux* aîné et compagnie, à Molsheim (Bas-Rhin), pour des faux et faucilles.

31. M. *Musseau*, à Paris, pour des limes.

§. 7. *Cuivre.*

32. MM. *Frèrejean* et fils, à Pont-l'Évêque (Isère), pour des cuivres laminés.

DIXIÈME DIVISION. — MINÉRAUX.

§. 1er. *Marbres et granits.*

33. MM. *Pugens* et compagnie, à Toulouse, pour des marbres blancs des Pyrénées.

ONZIÈME DIVISION. — MACHINES ET MÉCANISMES.

§. 1er. *Machines à laine.*

34. M. *Collier* (*John*), à Paris, pour des machines à filer et peigner la laine.

§. 2. *Machines à coton.*

35. M. *Calla*, à Paris, pour des machines à filer le coton.

DOUZIÈME DIVISION. — HORLOGERIE.

36. M. *Bréguet*, à Paris, pour des chronomètres et des montres perfectionnées.

37. M. *Perrelet*, à Paris, pour des pendules à équation et autres.

38. M. *Pons*, à Saint-Nicolas d'Aliermont (Seine-Inférieure), pour des mouvemens de pendules.

TREIZIÈME DIVISION. — INSTRUMENS DE PRÉCISION.

39. M. *Gambey*, à Paris, pour une lunette méridienne et un cercle mural.

QUINZIÈME DIVISION. — BEAUX-ARTS.

§. 1er. *Instrumens de musique.*

40. M. *Erard*, à Paris, pour des pianos perfectionnés.

41. M. *Pleyel*, à Paris, pour *idem.*

§. 7. *Bronzes.*

42. M. *Denière*, à Paris, pour des candelabres, lustres et pendules en bronze.

§. 9. *Typographie.*

43. MM. *Firmin Didot*, père et fils, à Paris, pour des caractères typographiques.

SEIZIÈME DIVISION. — ARTS CHIMIQUES.

§. 1er. *Produits chimiques.*

44. MM. *Vicat* et compagnie, à Paris, pour de la chaux hydraulique.

45. M. *Derosne* (*Charles*), à Paris, pour un appareil de distillation.

46. M. *Crespel-Delisse*, à Arras (Pas-de-Calais), pour du sucre de betterave.

§. 4. *Papiers.*

47. M. *Léger-Didot*, à Jeandheure (Meuse), pour des papiers fabriqués à la mécanique.

DIX-SEPTIÈME DIVISION. — PRODUITS ALIMENTAIRES.

48. M. *Appert*, à Paris, pour des comestibles conservés.

IV. MÉDAILLES D'ARGENT.

PREMIÈRE DIVISION. — LAINES ET LAINAGES.

§. 1er. *Amélioration des laines.*

1. M. *Deboulenois*, à Paris, pour des laines en suint et lavées.
2. M. *Ganneron* fils, à Paris, pour *idem*.
3. M. *Bourgeois*, à Rambouillet, pour *idem*.
4. M. *Griolet* (*Eugène*), à Paris, pour des laines peignées.
5. *La société anonyme* de Marc et Baroeul (Nord), pour des laines filées.
6. MM. *Dobler* (*Henri*) et *Ronchaud* (*Emile*), à Tenay (Ain), pour *idem*.
7. MM. *Lardin* frères et compagnie, à Saint-Rambert (Ain), pour *idem*.

§. 2. *Etoffes drapées.*

8. MM. *Bechet* (*Etienne*) et compagnie, à Sedan, pour draperies fines et moyennes.

9. MM. *Raulin* (*Nicolas*) père et fils, à Sedan, pour *idem.*

10. MM. *Berteche*, *Lambquin* et fils, à Sedan, pour *idem.*

11. MM. *Brincourt* père et fils, à Sedan, pour *id.*

12. MM. *Jobert-Lucas* et *Louis Ternaux*, à Reims, pour *idem.*

13. M. *Janson*, à Sedan, pour *idem.*

14. M. *Clerc* neveu, à Louviers (Eure), pour *id.*

15. M. *Prestat* fils, à Louviers, pour *idem.*

16. MM. *Desfrèches* et *Chenevière*, à Louviers, pour *idem.*

17. MM. *Chefdrue* et *Chaulvreux*, à Elbeuf, pour *id.*

18. MM. *Tourangin* frères, à Bourges, pour des draps communs et des draps de troupes.

19. MM. *Roque* et *Levard*, à Enfernel (Calvados), pour *idem.*

20. M. *Guiraut-Fournil*, à Limoux (Aude), pour *idem.*

21. M. *Dumas*, à Lavelanet (Arriége), pour *idem.*

22. Madame veuve *Henriot* et fils, à Reims, pour des flanelles lisses et croisées.

23. M. *Charbonneau-Denizet*, à Reims, pour *idem.*

§. 3. *Étoffes rases.*

24. MM. *Eggly-Roux* et compagnie, à Paris, pour des tissus de mérinos.

25. MM. *Polino* frères, à Paris, pour des tissus en laine de cachemire.

26. M. *Bietry* (*Laurent*), à Montmartre près Paris, pour *idem.*

27. M. *Girard*, à Sèvres (Seine-et-Oise), pour des schalls en laine de cachemire.

28. M. *Lainné* (*Etienne*), à Paris, pour *idem.*

29. M. *Hébert* (*Frédéric*), à Paris, pour *idem.*

30. MM. *Juillerat* et *Desolme*, à Paris, pour *idem.*

31. MM. *Hennequin* et compagnie, à Paris, pour *idem.*

32. M. *Polonceau*, à Versailles, pour des tissus en cachemire angora.

DEUXIÈME DIVISION. — COTON.

§. 1er. *Coton filé.*

33. MM. *Gombert* père et fils, à Paris, pour des cotons filés de divers numéros.

34. M. *Gombert* fils aîné, à Paris, pour *idem.*

35. MM. *Heilmann* frères, à Ribeauvillé (Haut-Rhin), pour *idem.*

36. MM. *Cordier* et compagnie, à Paris, pour *id.*

§. 2. *Tissus de coton.*

37. M. *Baumgartner* (*Daniel*), à Mulhausen (Haut-Rhin), pour des calicots, percales et madapolams.

38. MM. *Schlumberger*, *Steiner* et compagnie, à Mulhausen, pour *idem.*

39. M. *Leméteyer* (*Victor*), à Fécamp (Seine-Inférieure), pour *idem.*

40. MM. *Schmid* et *Salzman*, à Ribeauvillé (Haut-Rhin), pour des guingamps, étoffes mélangées de coton et madras.

41. M. *Kaiser* (*Xavier*), à Sainte-Marie-aux-Mines, (Haut-Rhin), pour *idem*.

42. MM. *Sénéchal* et compagnie, au Grand-Couronne (Seine-Inférieure), pour du tulle de coton.

43. MM. *Dablaing*, *Estabel* père et compagnie, à Douai (Nord), pour *idem*.

44. MM. *Fabre*, *Chiboust* et compagnie, à Paris, pour des broderies sur mousseline, batiste, etc.

45. MM. *Chedeaux* et compagnie, à Metz, pour *id.*

46. M. *Chenu* jeune, à Nancy, pour *idem*.

47. M. *Balbatre*, à Nancy, pour *idem*.

TROISIÈME DIVISION. — LIN.

§. 2. *Toiles et Tissus en fil.*

48. M. *Caron-Langlois* fils, à Beauvais, pour des toiles de diverses qualités.

49. Madame veuve *Delloye* et fils, à Cambrai, pour des batistes.

§. 3. *Dentelles et Blondes.*

50. M. *Vignon*, à Chantilly (Oise), pour des blondes.

51. L'*Hospice de Pontorson* (Manche), pour *id.*

QUATRIÈME DIVISION. — SOIES.

§. 1er. *Soies grèges.*

52. M. *Teissier-Ducros*, à Vallerangue (Gard),

pour des soies blanches, filées, organsinées, etc.

53. MM. *Chartron* père et fils, à Saint-Vallier (Drôme), pour *idem.*

54. M. *Dez-Maurel*, à Dôle (Jura), pour *idem.*

§. 2. *Etoffes de soie.*

55. MM. *Arquillière* et *Mouron*, à Lyon, pour des étoffes de soie unies et brochées.

56. M. *Henry* aîné, à Soissons (Aisne), pour des étoffes pour meubles.

57. MM. *Mathevon* et *Bouvard*, à Lyon, pour des étoffes pour ornemens d'église.

58. M. *Didier-Petit*, à Lyon, pour *idem.*

59. MM. *Maupetit* et compagnie, à Paris, pour *id.*

60. MM. *Brosset*, *Tanaron* et *Ripert*, à Lyon, pour des velours, satins et filoselles en soie.

61. MM. *Maille*, *Pierron* et compagnie, à Lyon, pour *idem.*

62. MM. *Morfouillet* et compagnie, à Lyon, pour *id.*

63. M. *Kurtz*, à Rouen, pour *idem.*

64. MM. *Brunier* frères, à Lyon, pour *idem.*

65. MM. *Doguin* et compagnie, à Lyon, pour des crèpes, gazes et tulles de soie.

66. MM. *Lombart* jeune et *Grégoire* aîné, à Nîmes, pour *idem.*

67. M. *Delbare*, à Paris, pour *idem.*

§. 3. *Bourres de soie.*

68. MM. *Didelot* frères, à Paris, pour des bourres de soie filées.

69. MM. *Boutet* et *Rochon*, à Lyon, pour des tissus en bourre de soie.

CINQUIÈME DIVISION. — BONNETERIE.

70. M. *Trotry-Latouche*, à Paris, pour de la bonneterie de laine.

71. M. *Roux* cadet, à Nîmes, pour de la bonneterie de soie.

SEPTIÈME DIVISION. — TEINTURE ET IMPRESSION.

§. 1er. *Teintures et Apprêts.*

72. MM. *Ziegler*, *Greuter* et compagnie, à Guebviller (Haut-Rhin).

73. MM. *Thiery-Mieg*, à Mulhausen (Haut-Rhin).

HUITIÈME DIVISION. — CHAPELLERIE.

74. M. *Dupré*, à Lagnieu (Ain), pour des chapeaux de paille.

NEUVIÈME DIVISION. — MÉTAUX.

§. 1er. *Fers et Aciers.*

75. M. *Martin* (*Émile*), à Fourchambault (Nièvre), pour des fers affinés à la houille et étirés au laminoir.

76. M. *Gaultier de Claubry*, à Bercy (Seine), pour des aciers cémentés et fondus.

§. 3. *Tréfilerie.*

77. M. *Hue*, à l'Aigle (Orne), pour des fils d'acier

propres à la fabrication des aiguilles à coudre et des cardes.

78. M. *Colliau* (*Valentin*) et compagnie, à Tourtevoie (Oise), pour *idem.*

79. M. *Mignard-Billinge*, à Belleville (Seine), pour *idem.*

80. M. *Saulnier*, à Paris, pour des cardes à coton et à laine.

81. M. *Metcalfe* (*S.-D.*), à Meulan (Seine-et-Oise), pour *idem.*

82. MM. *Scrive* frères, à Lille (Nord), pour *idem.*

§. 4. *Outils et Instrumens.*

83. M. *Mongin* aîné, à Paris, pour des lames de scie et des ressorts.

84. M. *Schmid*, à Paris, pour des limes.

85. MM. *Dessoye* et *Paintendre*, à Breuvannes (Haute-Marne), pour *idem.*

86. M. *Fourmand* (*Louis-Bertrand*), à Nantes, pour des chaînes-cables à l'usage de la marine.

87. MM. *Rafin* jeune et compagnie, à Nevers, pour *idem.*

§. 5. *Coutellerie.*

88. M. *Sirhenry*, à Paris, pour de la coutellerie fine.

89. M. *Gavet*, à Paris, pour *idem.*

90. M. *Cardeilhac*, à Paris, pour *idem.*

91. M. *Taillandier-Aimard*, à Thiers (Puy-de-Dôme), pour de la coutellerie moyenne.

92. M. *Gillet*, à Paris, pour des rasoirs.

§. 6. *Armes.*

93. M. *Renette*, à Paris, pour des canons de fusil.

94. M. *Lepage*, à Paris, pour des fusils de chasse à percussion.

95. M. *Pottet-Delcusse*, à Paris, pour *idem.*

§. 7. *Cuivre.*

96. M. *Fouquet* (*Paul*), à Rugles (Eure), pour des épingles.

DIXIÈME DIVISION. — MINÉRAUX.

§. 1er. *Marbres et Granits.*

97. M. *Layerlé-Capelle*, à Toulouse, pour des marbres blancs des Pyrénées.

98. MM. *Thomas Duquesne* et *de Conchy*, à Paris, pour des marbres de couleur.

99. M. *Boudon* (*Félix*), à Chassal (Jura), pour *id.*

100. MM. *Vallin*, père et fils, à Paris, pour des granits et marbres de diverses qualités.

ONZIÈME DIVISION. — MACHINES ET MÉCANISMES.

§. 2. *Machines à coton.*

101. MM. *Pihet* frères, à Paris, pour des machines à filer le coton.

§. 3. *Métiers.*

102. MM. *Debergue* et compagnie, à Paris, pour des métiers mécaniques à tisser.

103. M. *Favreau*, à Paris, pour un métier à tricot simplifié.

§. 4. *Machines à vapeur.*

104. M. *Dietz* fils, à Paris, pour une machine à vapeur de rotation.

§. 5. *Presses.*

105. M. *Moulfarine*, à Paris, pour une presse hydraulique.

106. M. *Revillon* (*Thomas*), à Mâcon (Saône-et-Loire), pour un pressoir nouveau.

§. 6. *Machines et Mécanismes divers.*

107. MM. *Rollé* (*Frédéric*) et *Schwilgué*, à Strasbourg, pour des balances bascules.

108. M. *Kermarec*, à Brest, pour une échelle à incendie.

DOUZIÈME DIVISION. — HORLOGERIE.

109. M. *Wagner*, à Paris, pour des horloges publiques.

110. MM. *Berthoud* frères, à Paris, pour des chronomètres et des montres.

111. M. *Deshayes*, à Paris, pour *idem.*

112. M. *Motel*, à Paris, pour des pendules.

113. M. *Garnier*, à Paris, pour *idem.*

114. M. *Laresche*, à Paris, pour *idem.*

QUATORZIÈME DIVISION. — INSTRUMENS D'OPTIQUE.

115. MM. *Vincent Chevalier* et fils, à Paris, pour des lunettes, chambres obscures et microscopes.

QUINZIÈME DIVISION. — BEAUX-ARTS.

§. 1er. *Instrumens de musique.*

116. M. *Domeny*, à Paris, pour des harpes perfectionnées.

117. M. *Dietz* (*Christian*), pour un clavi-harpe.

118. M. *Thiboust*, à Paris, pour des violons.

119. M. *Wuilliaume*, à Paris, pour *idem*.

120. M. *Delabaye*, à Paris, pour des cors et autres instrumens à vent.

§. 3. *Peinture.*

121. M. *Morteleque*, à Paris, pour des peintures sur verre et porcelaine.

§. 4. *Sculpture.*

122. M. *Romagnesi*, à Paris, pour des statues et bustes en carton-pierre.

123. MM. *Vallet* et *Hubert*, à Paris, pour *idem*.

§. 6. *Ebénisterie et Tabletterie.*

124. M. *Bellangé*, à Paris, pour des meubles en bois indigène.

125. M. *Christophle*, à Paris, pour des boutons en écaille et en corne.

7. *Bronzes.*

126. MM. *Feuchère* et *Fossey*, à Paris, pour des candélabres, lustres et pendules en bronze.

127. M. *Choiselat-Gallien*, à Paris, pour *idem.*

§. 8. *Orfévrerie.*

128. M. *Pilloud*, à Paris, pour des ouvrages en plaqué.

129. M. *Parquin*, à Paris, pour *idem.*

§. 9. *Typographie.*

130. M. *Pinard*, à Paris, pour des caractères typographiques et des impressions.

131. M. *Crapelet*, à Paris, pour *idem.*

SEIZIÈME DIVISION. — ARTS CHIMIQUES.

§. 1er. *Produits chimiques.*

132. La *Société des mines de Bouxwiller* (Bas-Rhin), pour de l'alun et du sulfate de fer.

133. M. *Payen*, à Paris, pour du sel ammoniac, bitume minéral.

134. M. *Souchon*, à Lyon, pour du bleu de Prusse.

135. M. *Bourget*, à Lyon, pour de l'orseille.

136. MM. *Gensse* et *Lajonkaire*, au Petit-Montrouge (Seine), pour du blanc de baleine raffiné.

137. MM. *Lefèvre* et compagnie, à Wazemmes (Nord), pour de la céruse.

138. M. *Dihl*, à Paris, pour du ciment hydrofuge.

139. M. *Ledru*, à Franvillers (Somme), pour du sucre de betterave.

140. M. *Julien*, à Paris, pour des poudres pour la clarification des vins.

§. 2. *Verrerie.*

141. M. *Bontems*, à Choisy-le-Roi (Seine), pour des verres colorés.

142. M. *Douault-Wieland*, à Paris, pour des strass et des pierres précieuses artificielles.

§. 4. *Papiers.*

143. MM. *Berthe* et *Grevenich*, à Sorel (Eure-et-Loir), pour des papiers fabriqués à la mécanique.

144. MM. *Clavaud* et *Georgeon*, au moulin de Bourisson (Charente), pour *idem*.

DIX-HUITIÈME DIVISION. — CHAUFFAGE ET ÉCLAIRAGE.

145. M. *Houton - Labillardière*, à Rouen, pour un calorimètre.

146. M. *Bonnemain*, à Paris, pour des fours à poulets.

V. MÉDAILLES DE BRONZE.

PREMIÈRE DIVISION. — LAINES ET LAINAGES.

§. 1er. *Amélioration des laines.*

1. M. le marquis de *Poterat*, de Mardereau (Loiret), pour des toisons de laine mérinos.

2. M. le comte de *Turenne* à Paris, pour *idem*.

3. M. *Prevost*, à Paris, pour des laines peignées.

4. M. *Hennet*, à Paris, pour *idem*.

§. 2. *Etoffes drapées.*

5. MM. *Claisse* et compagnie, à Sedan, pour des draperies fines et moyennes.

6. M. *Beuvart-Lenoble*, à Sedan, pour *idem*.

7. MM. *Paret* jeune, *Castel* et compagnie, à Sedan, pour *idem*.

8. M. *Gastine* fils, à Louviers, pour *idem*.

9. MM. *Viollet* et *Jeuffrain*, à Louviers, pour *idem*.

10. MM. *Gautier* (*Henri*) et *Lenoble*, à Elbeuf, pour des draps communs et de troupes.

11. M. *Laperine* (*Dominique*), à Carcassonne (Aude), pour *idem*.

12. M. *Sompeyrac* aîné, à Canne-Monestiers (Aude), pour *idem*.

13. MM. *Gillard* et compagnie, à Reims, pour des flanelles lisses et croisées.

14. M. *Dobrée* (*Thomas*), à Nantes, pour du feutre pour doublage de vaisseaux.

§. 3. *Etoffes rases.*

15. M. *Descoings* fils, à Mouy (Oise), pour des tissus mérinos.

16. MM. *Richard* (*Jean-Baptiste*) et compagnie, à Paris, pour *idem*.

17. M. *Broyon*, à Paris, pour *idem*.

18. MM. *Durand* frères, à Lyon, pour *idem*.

19. MM. *Legrand*, *Rigault* et compagnie, à Reims, pour des étoffes de laine moirées.

20. M. *Faciot* (*Charles-Robert*), à Montmartre (Seine), pour des tissus en laine de Cachemire.

21. M. *Laisney*, à Paris, pour des schalls en laine de Cachemire.

22. M. *Collignon* fils, à Paris, pour *idem.*

23. M. *Piedanna*, à Paris, pour *idem.*

DEUXIÈME DIVISION. — COTON.

§. 1er. *Coton filé.*

24. M. *Faucomprez*, à la Bassée (Nord), pour des cotons filés.

25. M. *Casiez-Dehollain*, à Cambrai (Nord), pour *idem.*

26. La *Société d'Ourcamp* (Oise), pour *idem.*

27. M. *Vallée* (*Severin*), à Paris, pour *idem.*

§. 2. *Tissus de coton.*

28. MM. *Dulud* frères, à Carlepont (Oise), pour des calicots, percales et madapolams.

29. MM. *Rafine* (*Noël*) et compagnie, à Meaux, pour *idem.*

30. M. *Mieg* (*Charles*), à Mulhausen (Haut-Rhin), pour *idem.*

31. MM. *Reber* et compagnie, à Sainte-Marie-aux-Mines (Haut-Rhin), pour *idem.*

32. M. *Curvu-Desurmont*, à Roubaix (Nord), pour *id.*

33. M. *Delobel-Desurmont*, à Turcoing (Nord), pour des guingamps, étoffes mélangées de coton.

34. M. *de Buchy* (*J.-B.*), à Turcoing, pour *idem.*

35. MM. *Bardel* et compagnie, à Versailles, pour du tulle de coton.

36. M. *Mine*, à Paris, pour tulles et broderies sur mousseline et batiste.

37. M. *Larnaz-Tribout*, à Paris, pour *idem.*

38. M. *Cardin-Meauzé*, à Paris, pour *idem.*

39. M. *Paysant* (*Paul*), à Caen, pour *idem.*

40. Mademoiselle *Beauguillot*, à Caen, pour *idem.*

41. Madame *Armand*, à Paris, pour *idem.*

TROISIÈME DIVISION. — LIN.

§. 1er. *Lin filé.*

42. La *Société anonyme* pour le lin filé à la mécanique, pour des fils de lin à deux et à trois bouts.

43. M. *de La Croix* (*Edouard*), à Lille (Nord), pour *idem.*

44. M. *Crespel-Destombes*, à Lille, pour *idem.*

§. 2. *Toiles et Tissus en fil.*

45. M. *Lemeneur*, à Vimoutier (Orne), pour des toiles de diverses qualités.

46. MM. *Bruneel* et *Calemieu*, à Lille, pour du linge de table damassé.

§. 3. *Dentelles et Blondes.*

47. M. *Videcoq-Tessier*, à Paris, pour des dentelles.

48. MM. *Fabien Pillet* et compagnie, à Paris, pour *idem.*

49. Mademoiselle *Valin Bimont*, à Paris, pour des blondes.

50. L'*Atelier de Charité de Valognes* (Manche), pour *idem.*

51. Les *Ateliers de Charité de Montebourg* (Manche), pour *idem.*

§. 4. *Crin.*

52. M. *Joliet*, à Paris, pour des étoffes de crin.

QUATRIÈME DIVISION. — SOIES.

§. 1er. *Soies grèges.*

53. M. *Martin* père, à Moulins (Allier), pour des soies blanches filées.

54. M. *Champoiseau* (*Noël*), à Tours (Indre-et-Loire), pour *idem.*

§. 2. *Etoffes de soie.*

55. M. *Bousquet-Dupont*, à Nîmes (Gard), pour des étoffes de soie unies et brochées.

56. MM. *David* et *Daughien*, à Lyon, pour des étoffes pour ornemens d'église.

57. MM. *Burel* et *Beroujon*, à Lyon, pour *idem.*

58. M. *Biais* aîné, à Paris, pour *idem.*

59. MM. *Joyart* et *Dambuant*, à Lyon, pour des velours et satins.

60. MM. *Walter* et *Joyeux*, à Metz, pour *idem.*

61. M. *Viallet*, à Lyon, pour *idem.*

§. 3. *Bourres de soie.*

62. M. *Turbé* (*Charles*), à Lyon, pour des bourres de soie filées.

63. MM. *Monteux* et *Vidal*, à Nîmes, pour des tissus et bourres de soie.

CINQUIÈME DIVISION. — BONNETERIE.

64. M. *Maurel*, à Laroque d'Olmes (Arriége), pour de la bonneterie de laine.

65. M. *Tur* (*Jean*), à Nîmes (Gard), pour de la bonneterie de soie.

66. M. *Detruissard*, à Caen (Calvados), pour de la bonneterie de coton.

67. L'*Institution des jeunes Aveugles*, à Paris, pour *idem*.

SIXIÈME DIVISION. — TAPIS ET TENTURES.

68. M. *Bellanger Pagé*, à Tours, pour des tapis en poil de chèvre.

69. MM. *Brunet* frères, à Autun (Saône-et-Loire), pour des tapis en poil de vache.

70. MM. *Atramblay*, *Briot* et compagie, à Paris, pour des tapis vernis.

71. MM. *Vernet* frères, à Paris, pour *idem*.

SEPTIÈME DIVISION. — TEINTURE ET IMPRESSION.

72. MM. *Reber*, *Mieg* et compagnie, à Mulhausen (Haut-Rhin), pour des toiles peintes.

73. M. *Pimont* aîné, à Rouen, pour *idem*.

74. M. *Pimont* (*Prosper*), à Darnetal (Seine-Inférieure), pour *idem*.

75. M. *Jacquet* (*Louis*), à Paris, pour des étoffes teintes et apprétées.

76. MM. *Basyle* (*E.*) et compagnie, à Versailles, pour *idem.*

HUITIÈME DIVISION. — CHAPELLERIE.

77. MM. *Pecherand*, *Dubois* et compagnie, à Maizans (Isère), pour des chapeaux de paille.

NEUVIÈME DIVISION. — MÉTAUX.

§. 1er. *Fers et Aciers.*

78. M. *Muel-Doublat*, à Abainville (Meuse), pour des fers affinés à la houille et étirés au laminoir.

79. La *Compagnie des forges de la Basse-Indre*, pour *idem.*

80. M. *Michel* jeune, aux forges de Corbançon (Indre), pour *idem.*

81. MM. *Gignoux* et compagnie, à Grège (Lot-et-Garonne), pour *idem.*

82. Madame veuve *Dietrich* et fils, à Niederbronn (Bas-Rhin), pour des fontes douces et malléables.

83. M. *Rattcliff*, à Paris, pour *idem.*

84. M. *Benoist*, à Paris, pour *idem.*

85. M. *Richard*, à Paris, pour *idem.*

86. M. *Falatieu* (*Joseph-Louis*), à Pont-Dubois (Haute-Saône), pour des aciers cémentés et fondus.

87. La *Société anonyme*, sous la raison *Fabrique d'acier du Bas-Rhin*, pour *idem.*

§. 3. *Tréfilerie.*

88. MM. *Denimal* et *Miniseloux*, à Valenciennes (Nord), pour des tissus métalliques.

89. M. *Vallier*, à Saint-Denis, près Paris, pour des tissus métalliques.

90. M. *Vuilquin*, à Paris, pour des peignes de tisserand en acier.

91. MM. *Chatelard* et *Perrin*, à Lyon, pour *idem*.

92. MM. *Marchand* et *Vanhoutem*, à l'Aigle (Orne), pour des aiguilles à coudre.

93. M. *Rousset*, à Paris, pour des cordes d'instrumens en fil métallique.

§. 4. *Outils, Instrumens et Objets de quincaillerie.*

94. Madame veuve *Baverel* et fils, à Laferrière-sous-Jougne (Doubs), pour des faux et faucilles.

95. M. *Bobilier*, à la Grande-Combe (Doubs), pour *idem*.

96. MM. *Guaita* et compagnie, à Zornhoff (Bas-Rhin), pour des lames de scie et ressorts.

97. M. *Valond* (*Victor*), à Saint-Clair-sur-Galore (Isère), pour *idem*.

98. M. *Pupil*, à Paris, pour des limes.

99. M. *Sirot* fils, à Valenciennes, pour des clous.

100. M. *Lemire* (*Noël*), à Clairvaux (Jura), pour *id*.

101. M. *Joly*, à Paris, pour des serrures à combinaisons et autres.

102. M. *Thiry*, à Metz, pour *idem*.

103. M. *Becasse*, à Paris, pour *idem*.

104. M. *Lepaul*, à Paris, pour *idem*.

105. MM. *Deschamps* (*Paul*) et compagnie, à la Charité-sur-Loire (Nièvre), pour des ustensiles et objets de quincaillerie divers.

106. M. *Delarue*, à Paris, pour des objets de quincaillerie divers.

107. MM. *Lacompar* et compagnie, à Plancher-les-Mines (Haute-Saône), pour *idem*.

108. M. *Zanole* aîné, à Orléans (Loiret), pour *idem*.

109. M. *Blanchard*, à Paris, pour *idem*.

110. M. *Antiq*, à Paris, pour des moulins en fer.

§. 5. *Coutellerie*.

111. M. *Laporte*, à Paris, pour de la coutellerie moyenne.

112. M. *Vallon*, à Paris, pour *idem*.

Touron, à Paris, pour *idem*.

114. M. *Douris-Fumaux*, à Thiers (Puy-de-Dôme), pour *idem*.

115. M. *Soulot*, à Paris, pour des instrumens de chirurgie.

116. M. *Greiling*, à Paris, pour *idem*.

117. M. *Roussin*, à Paris, pour des rasoirs de diverses qualités.

118. M. *Villenave*, à Paris, pour *idem*.

119. M. *Frestel*, à Saint-Lô (Manche), pour *idem*.

§. 6. *Armes*.

120. M. *Cessin*, à Paris, pour des fusils de chasse à percussion.

121. M. *Delebourse*, pour *idem*.

122. M. *Lelyon*, à Paris, pour *idem*.

§. 7. *Cuivres*.

123. M. *Mazarin*, à Toulouse, pour des cuivres laminés.

124. M. *Thiébault* aîné, à Paris, pour des cuivres fondus.

125. MM. *Cartier* fils et *Guérin*, à Paris, pour *idem*.

§. 8. *Étain.*

126. M. *Clancau*, à Paris, pour de l'étain pour glaces.

§. 9. *Plomb.*

127. La *Société anonyme* pour la manutention du plomb à Clichy-la-Garenne (Seine), pour des plombs coulés et étirés.

§. 10. *Zinc.*

128. M. *Averty*, à Paris, pour des feuilles de zinc pour doublage.

DIXIÈME DIVISION. — MINÉRAUX.

§. 1er. *Marbres et Granits.*

129. MM. *Maurel*, *Courcet* et compagnie, à Belesta (Arriége), pour des marbres blancs des Pyrénées.

130. MM. *Grimes*, à Cannes (Aude), pour des marbres de couleur.

131. M. *Giraud*, à Paris, pour *idem*.

132. La *Société anonyme* de Moncy-Notre-Dame (Ardennes), pour *idem*

133. M. *Dubuc*, à Paris, pour *idem*.

§. 2. *Objets divers.*

134. M. *Domet-Demont*, à Dôle (Jura), pour des pierres lithographiques.

135. M. *Bergé* (*Victor*), à la Bastide-sur-l'Hers (Arriége), pour de la bijouterie en jayet.

136. M. *Escot*, à la Bastide-sur-l'Hers, pour *idem.*

137. MM. *Pillot* et *Eyquem*, à Paris, pour des carreaux et couvertures en bitume minéral.

ONZIÈME DIVISION. — MACHINES ET MÉCANISMES.

§. 1er. *Machines à laine.*

138. MM. *Bernard*, *Gillet* et fils, à Sédan (Ardennes), pour des machines à fouler les draps.

139. M. *Chardron* (*Maxime-Anne*), à Sédan, pour *idem.*

§. 5. *Presses.*

140. MM. *Middendorp* et *Gautier-Laguionnie*, à Paris, pour une presse d'imprimerie mécanique.

§. 6. *Machines et Mécanismes divers.*

141. M. *Davenport*, à Rouen, pour des molettes à graver.

142. M. *Thonnelier*, à Paris, pour une machine à fileter les vis.

143. M. *Avit* aîné, à Paris, pour une montre solaire.

144. M. *Delavelay*, à Clichy-la-Garenne (Seine), pour un nouveau dynamomètre.

145. M. *Dioudonnat*, à Paris, pour des ustensiles en verre pour la fabrication des schalls.

146. M. *Farcot*, à Paris, pour des engrenages et des pompes.

147. M. *Odobel*, à Paris, pour une machine à râper les betteraves.

148. M. *Clerc* (*Armand*), à Paris, pour des machines à l'usage des horlogers.

DOUZIÈME DIVISION. — HORLOGERIE.

149. MM. *Niot* et *Chaponnel*, à Paris, pour des horloges publiques.

150. M. *Gravan*, à Paris, pour des pendules à équation.

151. M. *Brocot*, à Paris, pour des pendules ordinaires.

152. M. *Devrine*, à Paris, pour *idem.*

153. M. *Cahier*, à Paris, pour des montres ordinaires.

TREIZIÈME DIVISION. — INSTRUMENS DE PRÉCISION.

154. M. *Brocchi*, à Paris, pour des modèles de géométrie et de coupe de pierres.

155. M. *Bunten*, à Paris, pour des instrumens de physique en verre.

QUATORZIÈME DIVISION. — INSTRUMENS D'OPTIQUE.

156. M. *Chevalier*, à Paris, pour des lunettes et besicles.

157. M. *Tabouret*, à Paris, pour un appareil catadioptrique.

QUINZIÈME DIVISION. — BEAUX-ARTS.

§. 1er. *Instrumens de musique.*

158. M. *Chaillot*, à Paris, pour des harpes perfectionnées.

159. M. *Klepfer*, à Paris, pour des pianos perfectionnés.

160. M. *Endres*, à Paris, pour *idem.*

161. M. *Bernhardt*, à Paris, pour *idem.*

162. M. *Wetzel*, à Paris, pour *idem.*

163. M. *Bekers*, à Paris, pour *idem.*

164. M. *Laprevote*, à Paris, pour des violons.

165. M. *Halary*, à Paris, pour des cors et instrumens à vent.

166. M. *Lefèvre*, à Paris, pour *idem.*

167. M. *Godefroy*, à Paris, pour *idem.*

168. M. *Tribert*, à Paris, pour *idem.*

§. 2. *Gravure.*

169. M. *Godard* fils, à Alençon (Orne), pour des gravures sur bois.

170. M. *Langlumé*, à Paris, pour des lithographies.

171. Mlle *Fromentin*, à Paris, pour *idem.*

172. M. *Simonin*, à Paris, pour un procédé de nettoyage des gravures et dessins.

§. 3. *Objets divers.*

173. M. *Isnard de Sainte-Lorette*, à Paris, pour des fleurs en baleine.

§. 6. *Ébénisterie et Tabletterie.*

174. M. *Youf*, à Paris, pour des meubles en bois indigène.

175. M. *Beaudry*, à Paris, pour *idem*.

176. M. *Hénon* fils aîné, à Paris, pour des peignes en écaille.

§. 7. *Bronzes.*

177. M. *Jeanest*, à Paris, pour des candélabres, lustres, etc., en bronze.

§. 8. *Orfévrerie.*

178. M. *Bertholon*, à Paris, pour des ouvrages en plaqué.

179. M. *Balaine*, à Paris, pour *idem*.

180. M. *Veyrat*, à Paris, pour *idem*.

§. 9. *Typographie.*

181. M. *Pankouke*, à Paris, pour impressions.

SEIZIÈME DIVISION. — ARTS CHIMIQUES.

§. 1er. *Produits chimiques.*

182. MM. *Roux* et compagnie, à Paris, pour du bleu de Prusse.

183. M. *Degrand*, à Marseille, pour du sucre raffiné.

184. M. *Fauze* (*Louis*), à Wazemmes (Nord), pour de la céruse.

185. MM. *Dupré* fils et compagnie, à Paris, pour *id*.

186. M. *Camus*, à Paris, pour des savons fins et de ménage.

187. MM. *Lefèvre* et *Barthélemy*, à Rouen, pour des colles fortes.

188. M. *Grenet*, à Rouen, pour *idem*.

189. M. *Dedreux*, à Paris, pour des pierres factices.

190. M. *Lebel* (*Joseph-Achille*), à Lampertsloch (Bas-Rhin), pour du pétrole et bitume minéral.

191. M. *Dournay*, à Lobsann (Bas-Rhin), pour *id.*

192. M. *Crespel Pinta*, à Arras, pour du sucre de betterave.

193. M. *Masson*, à Pont-à-Mousson (Meurthe), pour *idem.*

194. M. *André*, à Pont-à-Mousson, pour *idem.*

195. M. *Levaillant*, à Paris, pour des produits chimiques divers.

196. MM. *Julien* et compagnie, à Vaugirard, près Paris, pour *idem.*

197. MM. *Cartier* fils et *Grieu*, à Paris, pour *idem.*

198. MM. *Ador* et *Bonnaire*, à Paris, pour *idem.*

§. 2. *Verrerie.*

199. M. *Leguay*, à Commentry (Allier), pour des glaces.

200. M. *Deviolaine*, à Prémontré (Aisne), pour *id.*

201. M. *Bourguignon*, à Paris, pour des strass et des pierres précieuses factices.

202. MM. *Lancon* père et fils, à Paris, pour *idem.*

§. 3. *Poteries et Porcelaines.*

203. M. *Langlois*, à Bayeux (Calvados), pour de la porcelaine dure allant au feu.

204. M. *de Saint-Amans*, à Passy, près Paris, pour des poteries-grès imitant les produits anglais.

§. 4. *Papiers.*

205. MM. le comte *de Ligneville* et *Ferry-Milon*, à Souche-d'Anoud (Vosges), pour des papiers de diverses qualités.

206. M. *Roulhac* aîné, à Limoges (Haute-Vienne), pour *idem.*

207. M. *Baudoin*, à Paris, pour des papiers de tenture.

§. 5. *Cuirs et Peaux.*

208. M. *Lignières*, à Toulouse, pour des cuirs forts.

209. MM. *Soucin* et *Lavocat*, à Troyes, pour *idem.*

210. M. *Leglâtre*, à Saint-Brieuc (Côtes-du-Nord) pour *idem.*

211. M. *Delacresnaude*, à Dunkerque (Nord), pour des tiges de bottes.

212. M. *Trempé* aîné, à la Villette, près Paris, pour des peaux chamoisées.

213. MM. *Nathan* et *Beer*, à Lunéville (Meurthe), pour *idem.*

§. 6. *Objets divers.*

214. M. *Tavernier*, à Paris, pour de la tôle vernie.

215. Mme *Breton*, à Paris, pour un biberon artificiel.

DIX-SEPTIÈME DIVISION. — PRODUITS ALIMENTAIRES.

216. M. *Gannal*, au Grand-Gentilly (Seine), pour de la gélatine.

217. M. *Duvergier*, à Paris, pour de la farine de légumes cuits.

218. M. *Thilorier*, à Paris, pour des lampes hydrostatiques.

219. M. *Cambacérès*, à Paris, pour de la bougie stéarique.

II.

SOCIÉTÉ D'ENCOURAGEMENT

POUR L'INDUSTRIE NATIONALE, SÉANT A PARIS.

Séance générale du 23 mai 1827.

Cette séance a été consacrée à la lecture faite par M. le baron *Degérando*, du compte rendu des travaux du Conseil d'administration, depuis le 24 mai 1826, et à celle du rapport sur les recettes et dépenses de la Société, pendant l'année 1826, présenté par M. *Molinier de Montplanqua*. Il résulte de ce rapport que les recettes se sont

élevées à	63,604 fr. 55 c.
Et les dépenses de toute nature à	47,985 80
Partant la recette excède la dépense de	15,618 fr. 75 c.
A quoi ajoutant la valeur représentative de 166 actions de la Banque, ci	341,960
On voit que le fonds social était au 1er janvier 1827, de	357,578 fr. 75 c.

Indépendamment d'un legs de 270,000 fr. fait à la Société par feu M. le comte *Jollivet*, et dont elle doit entrer en jouissance dans le courant de 1828. Alors le capital formera une somme de plus de 600,000 fr., qui, à 5 p. $\frac{0}{0}$, produira une revenu annuel de . . . . 30,000 fr.

Ajoutant, 1°. le montant des souscriptions des membres et la cotisation du Gouvernement 46,000

2°. Le produit de la vente du bulletin. 4,000

Le revenu fixe et annuel de la Société s'élevera à . . . . 80,000 fr.

Cette situation prospère lui a déjà permis d'augmenter le nombre et la valeur de ses prix, et d'accorder des récompenses pécuniaires à plusieurs artistes. Les médailles d'encouragement décernées dans cette séance sont au nombre de quatre, dont deux en or, une en argent et une en bronze, savoir :

1°. A la Compagnie anonyme des fonderies et forges de la Loire et de l'Isère, une médaille d'or, de première classe, pour avoir fondé à Vienne, département de l'Isère, et à Terre-Noire et la Voulte, département de la Loire, de vastes et importans établissemens où le fer est traité à la manière anglaise, et qui livrent annuellement au commerce 4 à 5 millions de kilogrammes de fonte et de fer. On y trouve cinq hauts fourneaux, un grand nombre d'autres fourneaux pour griller et préparer le minerai, et quatre puissantes machines à vapeur construites sur les lieux mêmes.

2°. A M. *Mathieu de Dombasle*, une médaille d'or

de première classe, pour avoir fondé à Roville, département de la Meurthe, une ferme-modèle très remarquable, et qui a déjà exercé une heureuse influence sur l'amélioration de l'agriculture en général, et du département en particulier.

3°. A M. *Pierre Saulnier*, mécanicien à Paris, une médaille d'argent, pour avoir contribué, par l'invention de plusieurs machines ingénieuses, à la perfection de la fabrication des cardes à coton et à laine.

4°. A M. *Champion*, à Paris, une médaille de bronze, pour ses tissus imperméables, remplaçant les toiles et taffetas gommés.

Des mentions honorables ont été accordées à M. *Caplain*, pour la construction d'un appareil condensateur des vapeurs d'acide sulfurique employé dans l'affinage des matières d'or et d'argent; et à MM. *Vernet* frères, à Bordeaux, pour leurs tapis de pied vernis.

Objets présentés dans cette séance.

1°. Une très belle horloge à équation, sonnant les quarts, et dont le mouvement se remonte par la sonnerie des quarts. Les principaux rouages sont en cuivre, et d'une exécution parfaite. Cette horloge, due aux talens de l'habile M. *Wagner*, horloger-mécanicien du Roi, rue du Cadran, n° 39, est destinée pour l'église de Saint-Romain, à Rouen.

2°. Des boutons en fer, façonnés, imitant les boutons en soie, et supérieurs à ceux-ci par leur solidité et leur durée; ils sont couverts de différentes couleurs, et fabriqués par M. *Chaussonnet*, rue Saint-Denis, n. 256.

3°. Des tabatières en racine de buis doublées en écaille; d'autres en bois de sycomore, ornées d'impressions de différens sujets, et imitant les tabatières d'Ecosse. Elles se distinguent par leur légèreté, la beauté du vernis dont elles sont couvertes, et par la charnière noyée dans le bois et exécutée avec une perfection remarquable. On les trouve chez M. *Coletta*, rue Mandar, n. 11.

4°. Des cafetières, des théïères, des tasses, assiettes, et différens vases culinaires en porcelaine dure, et allant au feu sans se briser, de la manufacture de Bayeux, département du Calvados, dont le dépôt est établi rue du Faubourg-Montmartre, n. 88. La dureté de cette porcelaine a permis d'en fabriquer des rouets de poulies, dont une longue expérience a constaté la supériorité sur ceux en bois. On l'a également appliquée aux inscriptions des rues et au numérotage des maisons, et déjà plusieurs villes de France ont adopté ce numérotage aussi solide que brillant.

5°. Des briques rouges et blanches de bonne qualité, de la fabrique de M. *Sargeant*, à Auteuil.

6°. Du fil de lin simple, d'autre retors à 2 et 3 brins, filés à la mécanique; et de la toile tissée avec ces fils, de la manufacture de MM. *Schlumberger* père et fils, et *Breidt*, à Nogent-les-Vierges près Creil, département de l'Oise.

7°. Un dessin lavé d'un appareil pour apprécier la force des câbles en fer et en chanvre, pour lequel il a été accordé un brevet d'invention à M. *de Montaignac*, le 15 janvier 1827. Cet appareil, qui est employé avec succès dans l'établissement de MM. *Raffin* et compagnie, à Nevers, se compose d'une presse hydraulique, qui tire un des bouts de la chaîne, tandis que l'autre est attaché au bras vertical d'un long fléau de balance romaine, qui, par son poids, forme la résistance, et sert à donner une limite exacte et positive à l'effort que l'on veut faire subir au chaînon ou au cordage.

8°. Des tapis de pied peints et vernis, à 2, 4 et 6 couleurs, de la manufacture de MM. *Vernet* frères, à Paris, dont le dépôt est établi rue de Richelieu, n. 60. Ces tapis, qui se distinguent par leur solidité, le bon goût des ornemens et des dessins, la vivacité et l'éclat des couleurs, et leur bas prix, sont recherchés par le public.

9°. Deux petits appareils de distillation, d'une construction simple et ingénieuse, et qui réunissent plusieurs avantages sur les appareils ordinaires, de l'invention de M. *Ch. Derosne*, rue Saint-Honoré, n. 115.

10°. Une machine à teiller le chanvre et le lin, présentée par M. *Roux*.

11°. Une garde-robe inodore, de l'invention de M. *Cordier*, de Chartres.

12°. Une statue de l'empereur François II, de 16 pouces de hauteur, en plaqué d'argent, embouti et relevé au marteau, par M. *Heyman*, à Belleville, près Paris.

13°. Des souliers imperméables, fabriqués par M. *Thil*, cordonnier, rue de Beaune, n. 5.

14°. Des baromètres construits d'après le système de M. Gay-Lussac; un thermométrographe d'après Bellami; des siphons en verre, et divers appareils aérostatiques en taffetas et en baudruche, par M. *Bunten*, opticien, quai Pelletier, n. 26.

15°. Enfin, des veilleuses sans mèches, présentées par M. *Caseneuve*, lampiste, place de Vannes, n. 6, marché Saint-Martin. Ces veilleuses sont composées d'un petit godet en plaqué, au centre duquel s'élève un petit tube de verre. On pose ce godet sur de l'huile contenue dans un gobelet ou autre vase; l'huile monte jusqu'au niveau du tube; alors, en la chauffant au moyen d'une allumette, elle s'enflamme, et continue de brûler en répandant une lumière vive et blanche.

Séance générale du 28 novembre 1827.

La distribution des prix, mis au concours pour l'année 1827, a occupé cette séance, qui était aussi nombreuse que brillante.

Sur vingt-cinq prix, proposés pour l'année 1827, et dont la valeur s'élevait à 76,300 fr., il en est douze pour lesquels il ne s'est présenté aucun concurrent; sur les treize autres, deux ont été remportés, six ont obtenu des médailles et des accessit, et cinq ont donné lieu à des recherches qui promettent des succès.

Aucun concurrent ne s'est présenté pour disputer les prix suivans:

1°. Fabrication des briques, tuiles et carreaux par machines ;

2°. Construction d'une machine propre à raser les poils des peaux employées dans la chapellerie ;

3°. Fabrication de la colle de poisson ;

4°. Découverte d'un outre-mer factice ;

5°. Fabrication du papier avec l'écorce du mûrier à papier ;

6°. Étamage des glaces à miroirs, par un procédé différent de ceux qui sont connus ;

7°. Perfectionnement des matériaux employés dans la gravure en taille-douce ;

8°. Découverte d'un métal ou alliage moins oxidable que le fer et l'acier, propre à être employé dans les machines à diviser les substances molles alimentaires ;

9°. Découverte d'une matière se moulant comme le plâtre, et capable de résister à l'air autant que la pierre ;

10°. Dessiccation des viandes ;

11°. Importation en France et culture de plantes utiles à l'agriculture, aux manufactures et aux arts ;

12°. Construction d'un moulin propre à nettoyer le sarrasin.

Le prix de 500 fr., pour l'établissement des puits artésiens dans un pays où ces sortes de puits n'existent pas, a été décerné à M. *Halette*, ingénieur-mécanicien à Arras.

Le prix de 500 fr., pour un semis de pins d'Écosse (*pinus rubra*), a été décerné à M. *Charles de Thuisy*, propriétaire à Cormicy, près Reims.

Une médaille d'or, de deuxième classe, a été décernée à M. *Niceville*, propriétaire à Metz, et une médaille de bronze à M. *L'Hermite*, à Saint-Martin (Basses-Alpes), pour la construction de scieries à bois, à mouvement alternatif, établies sur les meilleurs principes.

Un encouragement de 2,000 fr., y compris une médaille d'or, à M. *Burdin*, ingénieur en chef des mines dans le département du Puy-de-Dôme, pour la construction des turbines hydrauliques ou roues à palettes courbes de Belidor.

Une médaille d'or, de deuxième classe, à M. *Mignard-Billinge*, fabricant de fil d'acier à Belleville, près Paris, pour avoir présenté des fils d'acier d'excellente qualité.

Une médaille d'argent à M. *Gompertz*, fabricant de colle forte, au Banc de Saint-Julien, près Metz, pour avoir présenté des colles fortes de bonne qualité qu'il livre à bas prix.

Une médaille de bronze à MM. *Kœchlin* frères, de Mulhausen, et une semblable médaille à MM. *Dollfuss, Mieg* et comp., de la même ville, pour avoir amélioré la construction des fourneaux des machines à vapeur.

Un encouragement pécuniaire de 500 fr. à M. *Lamothe*, mécanicien à Paris, pour un moulin à écorcer les légumes secs, qui remplit bien son objet.

Le prix pour la fabrication de fil d'acier propre à faire les aiguilles à coudre, a été retiré.

Il a été proposé, dans cette séance, un prix de 13,500 fr. pour la construction des tuyaux de conduite des eaux, en fer, en bois, en pierre, etc., à décerner en 1829.

Les prix proposés pour l'année 1828 sont au nombre de 23, et forment une valeur de 58,500 fr., savoir :

Arts mécaniques.

1°. Pour la fabrication des briques, tuiles et carreaux par machines. . . . . 2,000 fr.

2°. Pour la construction d'ustensiles simples et à bas prix, propres à l'extraction du sucre de la betterave, deux prix, l'un de 1,500 fr., l'autre de 1,200 fr.; ensemble. 2,700

3°. Pour la construction d'un moulin à bras, propre à écorcer les légumes secs. . 1,000

4°. Pour la construction d'une machine propre à raser les poils des peaux employées dans la chapellerie 1,000

Arts chimiques.

5°. Pour la préparation du lin et du chanvre, sans employer le rouissage. . . 6,000

6°. Pour le perfectionnement de la lithographie; dix questions de prix, ensemble 6,700

7°. Pour le perfectionnement de la fabrication des cordes à boyaux destinées aux instrumens de musique. 2,000

21,400 fr.

Ci-contre. . . . . . 21,400 fr.

8°. Pour le perfectionnement de la teinture des chapeaux. 3,000

9°. Pour la fabrication de la colle de poisson. 2,000

10°. Pour la découverte d'un outre-mer factice. 6,000

11°. Pour la fabrication du papier avec l'écorce du mûrier à papier. 3,000

12°. Pour des laines propres à faire des chapeaux communs à poils. 600

13°. Pour l'étamage des glaces à miroirs, par un procédé différent de ceux qui sont connus. 2,400

14°. Pour le perfectionnement des matériaux employés dans la gravure en taille-douce. 1,500

15°. Pour la découverte d'un métal ou alliage moins oxidable que le fer et l'acier, propre à être employé dans les machines à diviser les substances molles alimentaires 3,000

Arts économiques.

16°. Pour la découverte d'un procédé très économique, propre à conserver la glace 2,000

17°. Pour la dessiccation des viandes. . 5,000

18°. Pour une matière se moulant

49,900 fr.

De l'autre part. . . . . 49,900 fr.

comme le plâtre, et capable de résister à l'air autant que la pierre. 2,000

Agriculture.

19°. Pour un semis de pins du Nord ou de pins de Corse, connus sous le nom de laricios. 1,000

20°. Pour un semis de pins d'Écosse (*pinus rubra.*) 500

21°. Pour la construction d'un moulin propre à nettoyer le sarrasin. 600

22°. Pour l'introduction des puits artésiens dans un pays où ces sortes de puits n'existent pas ; trois médailles d'or d'une valeur de 500 fr. chacune ; ci. 1,500

23°. Pour l'importation en France, et la culture de plantes utiles à l'agriculture, aux manufactures et aux arts. . { 1er prix 2,000 ; 2e prix 1,000

Total. 58,500

Les prix proposés pour l'année 1829 sont au nombre de huit, et forment une valeur totale de 50,000 fr., savoir :

Arts mécaniques.

1. Pour la fabrication des tuyaux de conduite des eaux, en fer, en bois et en pierre, cinq questions de prix. . . . . 13,500 fr.

Ci-contre.	13,500 fr.
2. Pour l'application en grand, dans les usines et manufactures, des *turbines hydrauliques*, ou roues à palettes courbes de Belidor	6,000
Arts chimiques.	
3. Pour le perfectionnement des fonderies de fer	6,000
4. Pour le perfectionnement du moulage des pièces de fonte destinées à recevoir un travail ultérieur	6,000
5. Pour la fabrication de la colle forte.	2,000
6. Pour l'établissement en grand d'une fabrication de creusets réfractaires . . .	3,000
7. Pour le perfectionnement de la construction des fourneaux; trois prix de 3000 fr. chacun, ci	9,000
Agriculture.	
8. Pour la description détaillée des meilleurs procédés d'industrie manufacturière, qui ont été et qui pourront être exercés par les habitans des campagnes; deux prix, l'un de 3,000 fr., l'autre de 1,500 fr.; ensemble	4,500
Total	50,000 fr.

Les prix proposés pour l'année 1830 sont au nombre de quatre, représentant une valeur de 14,000 fr., savoir :

Arts mécaniques.

1. Pour le perfectionnement des scieries à bois, mues par l'eau . . . . 5,000 fr.
2. Pour la fabrication des aiguilles à coudre 3,000

Agriculture.

3. Pour la plantation des terrains en pente; deux prix, l'un de 3,000 fr., et l'autre de 1,500 fr., ci 4,500
4. Pour la détermination des effets de la chaux employée comme engrais . . . 1,500

Total. . . . . 14,000 fr.

En réunissant tous les prix dont nous venons de donner la désignation, on voit qu'ils sont au nombre de trente-cinq, et que leur valeur s'élève à 122,500 fr. Aucune Société savante ou industrielle n'en propose un aussi grand nombre, ni auxquels soient attachés d'aussi fortes récompenses; c'est un puissant stimulant pour l'industrie, et qui ne peut manquer de produire les plus heureux résultats.

Les mémoires devront être adressés au secrétariat de la Société, rue du Bac, n° 42, à Paris, avant le 1er juillet de chaque année.

Objets exposés dans cette séance.

1. Un appareil de chauffage pour les appartemens,

par la circulation de l'eau ou à volonté par la vapeur; présenté par M. *Charles Derosne*. Cet appareil construit en cuivre, sur de grandes proportions, est fondé sur le principe de celui de Bonnemain.

2. Un fourneau-cuisine en fonte de fer, qui peut être monté par tout propriétaire intelligent, avec le secours d'un simple ouvrier maçon, sans avoir besoin d'aucune connaissance en pyrotechnie. Ce fourneau, très économique, est alimenté par un seul foyer; il renferme deux marmites, un récipient pour l'eau chaude, un four, une coquille à rôtir et deux fourneaux à grille, sur lesquels on place des casseroles de fonte. Son prix est très modique; toutes les pièces en sont bien moulées et s'emboîtent exactement. Elles ont été exécutées avec beaucoup de soin par M. *B. Derosne*, maître de forges à Louhans (Haute-Saône), d'après les idées de M. *Charles Derosne* son frère.

3. Un compensateur à canon, à leviers fixes; construit par M. *Laresche* horloger mécanicien, Palais-Royal, galerie de Valois, à Paris. Ce perfectionnement apporté au système d'Ellicot et de Deparcieux ne laisse rien à désirer pour la rigoureuse exactitude de la compensation, même dans le pendule à demi-secondes.

4. Un instrument pour éprouver la dilatation des métaux, par *le même*.

5. Une machine d'une disposition particulière pour la démonstration des principaux effets d'horlogerie, et à laquelle s'adaptent trois échappemens différens, lesquels forment entre eux une partie intéressante

des divers modes de régularisation employés dans la mesure du temps. Ce mécanisme, d'une exécution très soignée, dont tous les effets sont à découvert, appartient à l'Ecole Polytechnique, et sert dans le cours de démonstration de machines tenu à cette école. Il a été composé et exécuté par M. *Perrelet*, horloger mécanicien, rue du Bac, n° 40.

6. Plusieurs modèles, construits avec beaucoup de soin, de machines employées dans la manufacture impériale d'armes de Saint-Pétersbourg, pour la confection des canons et des platines de fusil, présentés par M. le colonel de *Lancry*, ancien directeur de cette manufacture.

7. Un instrument pour dessiner la perspective, composé par M. *Bourousse de Laffore*, ingénieur des ponts et chaussées.

8. Une règle à coulisse, construite par M. *Hoyau*, ingénieur mécanicien, rue de Paradis-Poissonnière, n° 39, et nommée par lui *interdate*. Elle a pour objet de faire connaître, sans calcul, le nombre de jours compris entre une date et une autre. Elle porte 730 divisions égales, avec l'indication des noms des douze mois de l'année répétés deux fois. La même division existe en dessus et en dessous; au milieu est une réglette ou coulisse qui porte 365 divisions.

9. Des agrafes et des portes de divers numéros, fabriquées au moyen de machines inventées par *le même*.

10. Des sandales mi-métalliques solides et légères, par M. *Kettenhoven*, rue Saint-Lazare, n° 114.

11. Un assortiment de fils d'acier de divers nu-

méros, fabriqués par M. *Mignard-Billinge*, à Belleville près Paris.

12. De nouveaux pressoirs à volans-balanciers de percussion, et des presses pouvant servir à différens usages; par M. *Revillon*, mécanicien à Mâcon (Saône-et-Loire).

13. Des sonnettes à levier excentrique pour battre les pilotis; par *le même*.

14. Des horloges publiques à l'usage des églises et des édifices particuliers; par *le même*. Elles frappent les heures, les quarts, les demies et la répétition, sur toutes sortes de cloches, occupent peu de volume, et sont à des prix modiques. Leur mécanisme est simplifié; elles exigent peu de réparations, et peuvent s'établir partout avec facilité.

15. Un moulin à écorcer les légumes secs; par M. *Lamotte*, mécanicien à Paris.

16. Un instrument fort ingénieux, propre à essayer la force des bouteilles par la compression de l'eau; par M. *Colardeau*, ingénieur.

17. Un modèle de scierie portative; par M. *L'Hermite*, à Saint-Martin (Basses-Alpes).

18. Une étoffe de soie dite *Cayennaise*, rendue imperméable par le caoutchouc (gomme élastique); par M. *Verdier*, rue Notre-Dame-des-Victoires, n° 40.

19. Des serrures incrochetables, à garnitures mobiles, construites sur le principe de celles de *Bramah*; par M. *Lequin*, rue de la Calandre, n° 25.

20. Des cartes de visite glacées et vernies; par M. *Seguin*, passage du Caire.

21. Des reliures dites *mobiles* qui offrent l'avantage de pouvoir intercaler ou supprimer des feuillets, de changer le titre, et de réduire ou d'augmenter le volume; par M. *Adam*, breveté d'invention, rue Bleue, n° 17.

22. Des blondes en soie, des pélerines et des écharpes; par MM. *Videcoq-Tessier*, à Paris.

23. Des échantillons de colle forte fabriqués par M. *Gompertz*, à Metz; d'autres, présentés par MM. *Chassein* et *Valette*, à Roanne (Loire).

24. Un assortiment de boutons en cuir fondu et non fondu, à culot de métal, et imitant la soie de toute couleur; par M. *Tronchon* aîné, breveté, rue Grenetat, n° 32, près celle Saint-Denis.

25. Une belle et nombreuse collection d'objets en porcelaine, demi-porcelaine et faïence, tels qu'assiettes, théïères, tasses, pots à lait, etc., ornés d'impressions sous couverte, et fabriqués par M. de *Saint-Amans*, à Passy, près Paris, à l'imitation des poteries du Staffordshire en Angleterre.

26. Des peignes en écaille et imitation d'écaille; par M. *Hénon* fils, rue Michel-le-Comte, n° 37.

27. Un sécateur et divers autres instrumens confectionnés avec beaucoup de soin; par M. *Bataille*, coutelier, passage Radziwill, près le Palais-Royal.

28. Trois cadres renfermant plusieurs gravures d'un ouvrage que publie M. *Chenavard* fils, dans le but d'offrir des modèles aux manufacturiers dont les produits ont rapport avec les décorations intérieures. Ce recueil renferme un choix complet de dessins de

tapisseries, tapis, plafonds, meubles, bronzes, stores de croisées, écrans, draperies, vases, et en général de tous les objets composant l'ameublement que l'auteur a eu occasion de faire exécuter.

29. De la colle dite *grenetine*, remplaçant la colle de poisson, propre à divers usages, et pouvant être employée à la clarification des vins et autres liquides; par M. *Grenet*, à Rouen, dont le dépôt est établi chez M. *Delafoy*, au Petit-Montrouge, n° 11, près la barrière d'Enfer, à Paris.

30. Divers objets de bijouterie en platine fort bien travaillés; par M. *Bernauda*, quai des Orfèvres, n. 32.

31. Des presses à copier les lettres; par M. *Saint-Maurice Cabany*, rue Neuve-des-Petits-Champs, n. 1.

32. Divers modèles d'appareils pour sauver les incendiés et les naufragés; par M. *Castéra*. Ces appareils consistent, 1°. en plusieurs échelles en bois et en cordes, et en paniers de secours; 2°. en trois modèles de planches de salut pour les pêcheurs; la première, soutenue par deux petits barils attachés à chacune de ses extrémités, et garnie de deux avirons pour la manœuvrer; la seconde, reposant sur deux boîtes en bois, renfermant chacune une boîte en ferblanc remplie d'air, et garantie, par son enveloppe, de tout choc qui pourrait l'entamer; la troisième, construite en bois très épais et très léger, et pourvue de deux allonges.

33. Divers instrumens de précision construits par M. *Bunten*, ingénieur, quai Lepelletier, n. 16, tels que

1°. des baromètres à siphon, d'après le système de Gay-Lussac, remarquables par leur précision, leur légèreté et leur solidité; ces baromètres sont entourés d'un tube de cuivre qui les garantit des accidens pendant le transport; leur prix est modique. On s'en est servi avec avantage dans plusieurs opérations de nivellement; 2°. des thermométrographes d'après Bellami; 3°. des hygromètres de *Daniel*, *Saussure*, *Leslie*; 4°. des photomètres de *Leslie*; 5°. plusieurs espèces de thermomètres, etc.

III.

LISTE

DES BREVETS D'INVENTION,

D'IMPORTATION ET DE PERFECTIONNEMENT,

ACCORDÉS PAR LE GOUVERNEMENT PENDANT L'ANNÉE 1827.

---

1. A M. *Calla*, ingénieur mécanicien, rue du Faubourg Poissonnière, n. 92, à Paris, un brevet d'invention de cinq ans, pour une nouvelle espèce de bornes. (Du 5 janvier.)

2. A M. *de Bourgoing*, rue de Bourbon, n. 85, à Paris, un brevet d'invention de quinze ans, pour un art reproductif nouveau qu'il appelle *lithophanie*, s'appliquant à toutes les combinaisons possibles des matières opaques et transparentes, pouvant produire des effets dits *lithophaniques*, qui consistent à trouver dans les différens degrés d'épaisseur de matières transparentes et colorées, toutes les dégradations d'ombre et de clairs d'un tableau, en même temps que ces produits *lithophaniques* sont à volonté des transparens ou des tableaux ordinaires. (Du 12 janv.)

3. A M. *Labbaye* (*Jacques-Michel*), rue Saint-Lazare, n. 73, à Paris, un brevet d'invention, d'importation et de perfectionnement, de cinq ans, pour

une trompette d'harmonie à trois ventilateurs et à piston. (Du 12 janvier.)

4. A M. *Clairembourg* (*Nicolas-Louis*), à Rouen (Seine-Inférieure), un brevet d'invention de cinq ans, pour une pâte liquide, propre à faire couper les rasoirs, et à adoucir les cuirs, de quelque nature qu'ils soient. (Du 12 janvier.)

5. A MM. *Risler* frères et *Dixon*, passage Saulnier, n. 6, à Paris, un brevet d'invention de cinq ans, pour un métier à tisser à la mécanique, le coton, la laine, le lin et la soie. (Du 12 janvier.)

6. A M. *Carillon* (*Louis-Désiré*), mécanicien, rue de Touraine, n. 6, à Paris, un brevet d'invention de cinq ans, pour une machine à vapeur à piston incliné, à détente, à condenseur partiel, et à garniture métallique. (Du 12 janvier.)

7. A M. *Brasseux* jeune (*Hippolyte*), graveur, passage des Panoramas, n. 17, à Paris, un brevet d'invention de cinq ans, pour un cachet à cent devises, qu'il appelle *cachet-médailler*. (Du 19 janvier.)

8. A MM. *Duret* (*Antoine*) et *Anthoine* jeune (*Pierre-Thomas*), rue de Louvois, n. 5, à Paris, un brevet d'invention et de perfectionnement de cinq ans, pour le pavage des fours au moyen du grès vulgairement appelé *pierre de Barbantane*. (Du 19 janvier.)

9. A M. *Chaussenot* (*Bernard*), ingénieur-chimiste, rue du Faubourg Poissonnière, n. 33, à Paris, un brevet d'invention de dix ans, pour un appareil propre à l'éclairage au moyen du gaz hydrogène *percarburé*, obtenu de la distillation de la résine et de

toutes les matières hydrogénées solides et liquides. (Du 19 janvier.)

10. A M. *Boulet* (*Jacques*), rue Froidmanteau, n. 10, à Paris, un brevet d'invention de quinze ans, pour une préparation à donner aux laines cardées et peignées, à l'effet d'en redresser la fibre qui se trouve naturellement fixée et crispée. (Du 19 janvier.)

11. A MM. *Beauvais* (*Camille*) et *Dautremont*, rue Notre-Dame de Nazareth, n. 18, à Paris, un brevet d'importation de dix ans, pour une machine nommée *dressing-machine*, propre à apprêter les étoffes de soie et de laine. (Du 19 janvier.)

12. A MM. *Haize* (*Félix*) et *Binet* (*Pierre-Jacques*), rue du Faubourg Saint-Martin, n. 108, à Paris, un brevet d'invention de cinq ans, pour une soupape de sûreté propre aux machines à vapeur. (Du 19 janv.)

13. A M. *Derheims* (*Charles-François*), à Lyon (Rhône), un brevet d'invention de cinq ans, pour un genre particulier de construction de bateaux à vapeur, soit en pirogue, en planches, ou suivant l'ancien usage, avec des roues à aubes fixes ou tournantes, à tambour ou planes, et également applicables à la navigation sur les rivières de peu de profondeur. (Du 19 janvier.)

14. A M. *Mairet* (*François-Ambroise*), à Fontenay près Montbard (Côte-d'Or), un brevet d'invention de cinq ans, pour une machine propre à fabriquer le papier, avec ou sans ouvriers, faisant également le papier à verjure et vélin, d'une longueur indéfinie, et d'un format fixe à volonté. (Du 19 janvier.)

15. A M. *Piquet* (*Jean*), cour des Fontaines, n. 2, à Paris, un brevet d'invention de cinq ans, pour un instrument qu'il appelle *polymètre*, propre à établir les proportions et les dimensions des différentes figures. (Du 26 janvier.)

16. A M. *Ansman*, coiffeur, rue Saint-Honoré, n. 188, à Paris, un brevet d'invention et de perfectionnement de cinq ans, pour un peigne de toilette à plusieurs rangs et à queue. (Du 26 janvier.)

17. A M. *Vanhoorick* (*Silvestre*), à Strasbourg (Bas-Rhin), un brevet d'invention de dix ans, pour une voiture inversable au moyen d'une flèche mobile. (Du 26 janvier.)

18. A M. *Cartereau* (*Pierre*), rue de Charenton, n. 106, à Paris, un brevet d'invention et de perfectionnement de cinq ans, pour une table à rallonge, à brisures au lieu de coulisses. (Du 26 janvier.)

19. A M. *Berthault* (*Claude-Alexandre*), rue Christine, n. 3, à Paris, un brevet d'invention de quinze ans, pour des procédés propres à la fabrication de mastics imperméables. (Du 26 janvier.)

20. A M. *Guimberteaux* (*Pierre-Louis*), rue du Grand-Hurleur, n. 25, à Paris, un brevet d'invention et de perfectionnement de cinq ans, pour une machine qu'il appelle *corbeau*, propre à l'enlèvement de toutes sortes de matériaux ou à leur descente. (Du 26 janvier.)

21. A M. *Rotch* (*Benjamin*), rue du Faubourg Poissonnière, n. 8, à Paris, un brevet d'importation de quinze ans, pour une machine perfectionnée pro-

pre à dévider et à bobiner la soie. (Du 26 janvier.)

22. A M. *Erard* (*Sébastien*), rue du Mail, n°s 13 et 21, un brevet d'invention de quinze ans, pour un mécanisme à adapter aux pianos, et pour des perfectionnemens dans leur construction. (Du 2 février.)

23. A M. *Tereygeol* (*Jean-Baptiste*), place du pont Saint-Michel, n. 46, à Paris, un brevet d'invention de quinze ans, pour la construction de moulins sans meules, destinés à la fabrication des farines de tout genre. (Du 2 février.)

24. A M. *Rabier* (*Joachim*), à Rennes (Ille-et-Vilaine), un brevet d'invention de dix ans, pour un procédé de construction de cylindres en bois de toute dimension, propres aux soufflets à piston des grosses forges et fonderies, et applicables aux foudres et cuves, à des colonnes, etc. (Du 2 février.)

25. A M. *Pocock* (*George*), rue Blanche, n. 3, à Paris, un brevet d'invention et d'importation de dix ans, pour une machine qu'il appelle *cerf-volant*, servant à traîner des voitures, élever en l'air des fardeaux, et propre aussi à la navigation. (Du 2 février.)

26. A M. *Hoyau* (*Louis-Alexandre*), rue de Paradis-Poissonnière, n. 39, à Paris, un brevet d'invention de quinze ans, pour une machine propre à fabriquer des agrafes. (Du 2 février.)

27. A M. *Dietz* fils, facteur de pianos, rue de Bondi, n. 26, à Paris, un brevet d'invention de dix ans, pour un piano de forme et construction nouvelles, à mécanisme nouveau. (Du 2 février.)

28. A M. *Gourlier* (*Adrien-Jean-Baptiste*), rue du

Faubourg Saint-Martin, n°ˢ 92 et 94, à Paris, un brevet d'invention de cinq ans, pour un fer de batte, qu'il appelle *fer mobile cylindrique*. (Du 8 février.)

29. A M. *Poncet* (*Claude-Henri*), à Lyon (Rhône), un brevet de perfectionnement de cinq ans, pour une navette applicable à la fabrication des tissus autres que les draps. (Du 8 février.)

30. A M. *Néry*, rue Saint-Lazare, n. 37, à Paris, un brevet d'importation et de perfectionnement de cinq ans, pour un appareil propre à empêcher les cheminées de fumer. (Du 8 février.)

31. A M. *Néry* (*Honoré-Henri*), rue Michel-le-Comte, n. 36, à Paris, un brevet d'invention de dix ans, pour une machine à vapeur à rotation immédiate. (Du 8 février.)

32. A M. *Huet* (*Michel-Laurent*), médecin, rue de Provence, n. 8, à Paris, un brevet d'invention de cinq ans, pour un appareil de bains de vapeur transportable. (Du 8 février.)

33. A M. *de Montaignac*, ingénieur civil, à Bordeaux (Gironde), un brevet d'invention de cinq ans, pour des moyens relatifs à la fabrication et à l'épreuve des chaînes-câbles en fer à l'usage des navires. (Du 15 février.)

34. A MM. *Portefait* frères, rue Jean-Jacques Rousseau, n. 12, à Paris, un brevet d'invention de cinq ans, pour des lampes dynamiques. (Du 15 février.)

35. A MM. *Risler* frères et *Dixon*, passage Saulnier, à Paris, un brevet d'invention et de perfection-

nement de dix ans, pour un métier de banc à broches qu'ils appellent *méchoir*. (Du 15 février.)

36. A M. *Newton* (*William*), rue Neuve-Saint-Augustin, n. 28, à Paris, un brevet d'importation et de perfectionnement de quinze ans, pour un appareil perfectionné qu'il appelle *calorifère* et *réfrigérant* propre à chauffer et refroidir les fluides. (Du 15 février.)

37. A M. *Miles-Berry*, rue Neuve-Saint-Augustin, n. 28, à Paris, un brevet d'importation et de perfectionnement de quinze ans, pour des perfectionnemens dans les machines, appareils et procédés propres à mieux parer les draps, draperies et autres étoffes. (Du 15 février.)

38. A M. *Cavé* (*François*), rue du Faubourg Saint-Denis, n. 189, à Paris, un brevet d'invention de cinq ans, pour une machine à double levier, servant à découper et estamper les métaux malléables. (Du 23 février.)

39. A M. *Godefroy-Devillers* et compagnie, à Lille (Nord), un brevet d'invention de cinq ans, pour une broche et sa bobine propres à la filature du lin, et applicables aux autres filamens textiles. (Du 23 février.)

40. A M. *Finino* (*Jean-Antoine*), rue Beaubourg, n. 19, à Paris, un brevet d'invention de cinq ans, pour un chandelier de métal sonnant à repoussoir, fondu d'une seule pièce. (Du 23 février.)

41. A M. *Clémenceau* (*François*), rue Phélippeaux, n. 37, à Paris, un brevet d'invention et de perfec-

tionnement de dix ans, pour une machine propre à cribler le blé, et toute autre espèce de grains. (Du 23 février.)

42. A Mesdemoiselles *Beauguillot* sœurs, à Caen (Calvados), un brevet d'invention de cinq ans, pour un procédé de fabrication du picot et du pied d'une pièce de tulle ou de dentelle. (Du 23 février.)

43. A M. *Poncet* (*Onésime*), commune de la Guillotière (Rhône), un brevet de perfectionnement de dix ans, pour un système de corps de maillons employés dans les métiers d'étoffes de soie façonnées. (Du 23 février.)

44. A M. *Cunningham* (*Charles*), rue Saint-Lazare, n. 73, à Paris, un brevet d'importation et de perfectionnement de dix ans, pour une machine propre à fabriquer et à former la tête des épingles. (Du 2 mars.)

45. A M. *Carez* (*Joseph*), à Toul (Meurthe), un brevet d'invention de quinze ans, pour des procédés propres à graver en relief, qu'il appelle *pantoglaphie*. (Du 2 mars.)

46. A MM. *Fichtenberg* et compagnie, rue Neuve-Saint-Augustin, n. 28, à Paris, un brevet d'importation et de perfectionnement de dix ans, pour des perfectionnemens chimiques et manufacturiers dans la fabrication de papiers colorés en imitation de granits et de marbres divers, et dans les moyens et procédés de les lustrer, glacer ou satiner. (Du 2 mars.)

47. A MM. *Savaresse* et compagnie, plaine de Grenelle, n. 7, près Paris, un brevet d'invention de cinq

ans, pour une nouvelle méthode de faire des cordes harmoniques sans nœuds, et d'une seule longueur pour chaque instrument. (Du 9 mars.)

48. A M. *Duguet* fils (*Antoine-Nicolas*), rue de Bercy, n. 11, à Paris, un brevet d'invention de quinze ans, pour une machine qu'il appelle *pétrin mécanique*, propre au pétrissage de toute sorte de pâtes destinées à la fabrication du pain. (Du 9 mars.)

49. A M. *Lebrun-Touron* (*Félix*), rue du Bac, n. 77, à Paris, un brevet d'invention, d'importation et de perfectionnement de dix ans, pour une machine à faire de la charpie avec du vieux linge ou autres matières. (Du 9 mars.)

50. A M. *Carpentier* (*Parfait-Modeste*), rue des Deux-Boules, n. 1, à Paris, un brevet d'invention et de perfectionnement de quinze ans, pour un lit-fauteuil mécanique et à suspensoir, destiné aux malades. (Du 9 mars.)

51. A M. *Allien* (*Auguste*), rue Clément, n. 4, à Paris, un brevet d'invention de cinq ans, pour une liqueur qu'il appelle *marjolaine*, servant à dégraisser et détacher toute espèce d'étoffes. (Du 9 mars.)

52. A M. *Cordier* (*Jean-Marie*), à Béziers (Hérault), un brevet d'invention de cinq ans, pour un procédé à extraire les huiles, le vin et tous les sucs de fruits, au moyen de plateaux circulaires et par l'application d'une machine hydraulique, aux anciens comme aux nouveaux pressoirs. (Du 9 mars.)

53. A MM. *Caplain* aîné et *Caplain* jeune, à Elbeuf (Seine-Inférieure), un brevet d'invention de cinq

ans, pour une machine à fabriquer des clous d'épingles de toute espèce. (Du 16 mars.)

54. A M. *Bouillon* jeune (*Pierre*), à Limoges (Haute-Vienne), un brevet d'invention de dix ans, pour un système de machines à vapeur à toutes les pressions, avec ou sans condensation, avec ou sans expansion ou détente, et dans un espace double, triple, et qui peut s'étendre jusqu'à douze. (Du 16 mars.)

55. A MM. *Houlet* (*Dominique-Marie*) et *Riverin* (*Silvain*), rue Meslay, n. 47, à Paris, un brevet d'invention et de perfectionnement de cinq ans, pour l'emploi et l'application des déchets de fanon de baleine, à la fabrication de boutons de toute sorte de couleurs. (Du 16 mars.)

56. A M. *Blard* (*Laurent*), rue Neuve-Saint-Martin, n. 9, à Paris, un brevet d'invention et de perfectionnement de cinq ans, pour une mécanique propre à estamper et former en même temps des coulans et anneaux dits *bellières*, servant à faire des chaînes de sacs, de montres, etc. (Du 16 mars.)

57. A M. *Janin* (*Anthelme*), rue Bourg-l'Abbé, n. 39, à Paris, un brevet d'importation et de perfectionnement de cinq ans, pour de nouveaux procédés propres à la fabrication de petits clous dorés ou argentés à facettes. (Du 23 mars.)

58. A M. *Rule* (*Charles*), passage Saulnier, n. 15, à Paris, un brevet d'importation, de perfectionnement et d'addition, de quinze ans, pour des moyens et procédés propres à extraire le gaz des substances

oléagineuses, bitumineuses, résineuses et autres, avec une grande économie et avec sécurité, facilité et promptitude. (Du 23 mars.)

59. A M. *Chauvelot* (*Jean-Baptiste*), à Dijon (Côte-d'Or), un brevet d'invention de cinq ans, pour une machine propre à démoucheter le blé, à égermer l'orge employée par les brasseurs dans la fabrication de la bière, et qui, avec un léger changement, peut servir comme blutoir parfait. (Du 23 mars.)

60. A M. *Fischer* fils (*Jean-Conrad*), rue des Blancs-Manteaux, n. 27, à Paris, un brevet d'importation de quinze ans, pour la fabrication d'un acier qu'il appelle *acier météorique*. (Du 23 mars.)

61. A M. *Hutter* (*Jean-Thomas*), faubourg de Vaise, à Lyon (Rhône), un brevet d'invention de cinq ans, pour un four mécanique à rotation, propre à l'étendage du verre-vitre. (Du 23 mars.)

62. A M. *Cote* (*Charles*), à Lyon (Rhône), un brevet d'invention et de perfectionnement de cinq ans, pour un piano à clavier placé sur les cordes, et pour la garniture des marteaux dans toute espèce de pianos. (Du 23 mars.)

63. A MM. *Pitot-Dubellés* et *de Kerever*, à Morlaix (Finistère), un brevet d'invention de dix ans, pour des moyens et procédés à faire des chaux ordinaires, et des chaux hydrauliques d'une grande énergie. (Du 23 mars.)

64. A M. *Furnival* (*William*), rue Neuve-Saint-Augustin, n. 28, à Paris, un brevet d'invention de quinze ans, pour un nouvel appareil et procédé,

soit mobile, flottant ou fixe, propre à la fabrication du sel. (Du 30 mars.)

65. A M. *Fortier*, rue de la Pépinière, n. 23, à Paris, un brevet d'invention de cinq ans, pour un poêle en fonte de fer, à circulation d'air chaud. (Du 30 mars.)

66. A M. *Allard* (*Jean-Joseph*), rue Saint-Denis, n. 368, à Paris, un brevet d'invention et de perfectionnement de dix ans, pour une lampe à huile ascendante. (Du 30 mars.)

67. A MM. *Devillez-Bodson* et fils, à Mézières, un brevet d'invention de dix ans, pour une machine à fabriquer les queues de poêle. (Du 30 mars.)

68. A MM. *Ledoux* (*Eugène-Valentin*) et *Herhan*, rue des Boucheries-Saint-Germain, n. 38, à Paris, un brevet d'invention de quinze ans, pour un nouveau moule propre à la fonte des caractères d'imprimerie, et pour une machine à rainer appliquée à la fonderie. (Du 30 mars.)

69. A MM. *Galinier* fils (*Barthélemi*), et *Espinas* (*Michel*), à Cannes (Aude), un brevet d'invention de dix ans, pour un appareil ambulant propre à la distillation des vins. (Du 14 avril.)

70. A MM. *Dollfus*, *Mieg* et compagnie, rue des Jeûneurs, n. 6, à Paris, un brevet d'importation et de perfectionnement de cinq ans, pour une machine propre à imprimer sur étoffe plusieurs couleurs et nuances à la fois, avec le même cylindre gravé. (Du 14 avril.)

71. A M. *Pouillot* (*Louis-Joseph*), rue Royale,

enclos Saint-Martin, n. 8, à Paris, un brevet d'invention et de perfectionnement de cinq ans, pour des porte-crayons à écritoire, plumes en cuivre et sabliers. (Du 19 avril.)

72. A M. *Ancelle*, boulevard Poissonnière, n. 7, à Paris, un brevet d'invention et de perfectionnement de cinq ans, pour une chaussure qu'il appelle *socque mobile en tout sens.* (Du 19 avril.)

73. A MM. *de Renneville* et *Lemoine-Desmares*, rue de Grenelle-Saint-Germain, n. 126, à Paris, un brevet d'importation de dix ans, pour un procédé propre au lavage des laines. (Du 19 avril.)

74. A MM. *Koechlin* et *Zimmermann*, rue des Jeûneurs, n. 8, à Paris, un brevet d'invention de cinq ans, pour un banc d'étirage propre à la filature du coton. (Du 27 avril.)

75. A MM. *Favreau* père et fils, rue de la Bûcherie, n. 4, à Paris, un brevet d'invention de cinq ans, pour un instrument pouvant servir d'encrier et de porte-crayon, à l'aide d'une pompe aspirante et foulante. (Du 4 mai.)

76. A M. *Havard*, rue du Renard-Saint-Sauveur, n. 10, à Paris, un brevet d'invention de dix ans, pour un appareil propre aux siéges d'aisances. (Du 4 mai.)

77. A M. *Audoyer* (*Xavier*), passage de l'Opéra, n. 31, à Paris, un brevet d'invention, d'importation et de perfectionnement, de cinq ans, pour un nouveau système d'écriture, qu'il appelle *Méthode américaine* ou l'*art d'apprendre à écrire en peu de leçons.* (Du 4 mai.)

78. A M. *Cosson* (*Mathurin*), rue de Bondy, n. 30, à Paris, un brevet d'invention et de perfectionnement de cinq ans, pour des blouses de billard à coulisses. (Du 4 mai.)

79. A MM. *Orry* (*Alexis*), *Néry* (*Honoré*), et *de Cormeille* (*Claude-Simon*), rue des Petites-Écuries, n. 38, à Paris, un brevet d'invention de dix ans, pour un appareil qu'ils nomment *fumicombûrateur*, propre à détruire et consumer la fumée et les parties nuisibles qu'elle contient. (Du 4 mai.)

80. A M. *Jamain* (*Jean-Baptiste*), rue Saint-Martin, à Paris, au Conservatoire royal des arts et métiers, un brevet d'invention de cinq ans, pour une pompe foulante et aspirante, à quatre soupapes et à jet continu, capable d'élever l'eau du puits le plus profond, et de la porter au dernier étage d'une maison. (Du 4 mai.)

81. A M. *Heyraud* (*Joseph-Claude*), rue de Seine, n. 6, à Paris, un brevet d'invention de dix ans, pour la fabrication de fers de chevaux, au moyen du balancier. (Du 11 mai.)

82. A M. *Cordier* (*Louis-Joseph*), rue Neuve-Saint-Augustin, n. 36, à Paris, un brevet d'importation et de perfectionnement de dix ans, pour un nouveau système de barrages et de portes busquées d'écluses, avec axes horizontaux et de fond. (Du 11 mai.)

83. A MM. *Lemonnier* (*Armand*), mécanicien, et *Maitre*, à Châtillon-sur-Seine, un brevet d'invention de dix ans, pour une machine à fabriquer et perforer les bandes ou cercles à roues. (Du 11 mai.)

84. A M. *Church* (*Edouard*), à Lyon (Rhône), un brevet d'invention de cinq ans, pour une gondole à vapeur. (Du 11 mai.)

85. A M. *Ouarnier* (*Jacques-François*), quai de la Mégisserie, n. 10, à Paris, un brevet d'invention de dix ans, pour un filtre clarificateur à haute pression. (Du 11 mai.)

86. A M. *Guelle* aîné, rue des Vieux-Augustins, n. 66, à Paris, un brevet d'invention et de perfectionnement de cinq ans, pour un vitrage qu'il appelle *fenestra*, employé dans la toiture, et servant à remplacer les châssis à tabatière. (Du 18 mai.)

87. A M. *Ladavière* (*Louis*), à Lyon (Rhône), un brevet de perfectionnement de cinq ans, pour une machine qu'il appelle *seméquelle*, propre à marquer les points dans les jeux de société. (Du 18 mai.)

88. A M. *Moisson-Devaux*, rue des Petits-Hôtels, n. 20, à Paris, un brevet d'importation de dix ans, pour la fabrication de tubes métalliques, au moyen d'un appareil soumis à la force compressive. (Du 18 mai.)

89. A MM. *Sorel* (*Stanislas*), et *Artus* (*Louis-François*), à Alençon (Orne), un brevet d'invention de cinq ans, pour un instrument qu'ils appellent *pyromètre*, propre à apprécier les hautes températures. (Du 18 mai.)

90. A M. *Bautain*, rue Simon-le-Franc, n. 7, à Paris, un brevet d'invention et de perfectionnement de cinq ans, pour une lunette double, qu'il appelle *binocle à tirage simultané*. (Du 18 mai.)

91. A M. *Bellomet-Warin* (*Hilaire*), à Remilly (Ardennes), un brevet d'invention de cinq ans, pour l'emploi des broches et étuis en fer creux au service des filatures. (Du 18 mai.)

92. A M. *Allevy*, rue Beaujolais, n. 7, à Paris, un brevet d'invention de quinze ans, pour une machine qu'il appelle *hydro-pondérique*, propre à élever et à descendre les fardeaux. (Du 18 mai.)

93. A M. *Jones* (*Théodore*), rue Caumartin, n. 15, à Paris, un brevet d'importation de quinze ans, pour des perfectionnemens à la confection des roues de voiture. (Du 18 mai.)

94. A M. *Fasanini* (*Pierre*), à Lyon (Rhône), un brevet d'importation et de perfectionnement de dix ans, pour une machine à tisser toute sorte d'étoffes, et qui s'arrête lorsque les fils de la chaîne ou de la trame se cassent. (Du 18 mai.)

95. A M. *Bassuet* (*Louis*), à Bordeaux (Gironde), un brevet d'invention de cinq ans, pour une poudre et une liqueur combinées dans leur emploi, propres à la conservation des dents et à la propreté de la bouche, qu'il appelle *poudre et liqueur végétales*. (Du 25 mai.)

96. A M. *Fournier* (*Jean-Baptiste*), rue Saint-Denis, n. 268, à Paris, un brevet d'invention et de perfectionnement de cinq ans, pour un procédé propre à la fabrication des blouses de billard. (Du 25 mai.)

97. A M. *Bécasse* (*Pierre-Victor*), rotonde du Temple, n. 24, à Paris, un brevet d'invention de

cinq ans, pour une enrayure à levier mobile, propre à toute espèce de voitures. (Du 25 mai.)

98. A M. *Poyenar*, rue de Tournon, n. 17, à Paris, un brevet d'invention et de perfectionnement de cinq ans, pour une plume sans fin portative, s'alimentant d'encre elle-même. (Du 25 mai.)

99. A MM. *Risler* frères et *Dixon*, passage Saulnier, n. 6, à Paris, un brevet d'invention de cinq ans, pour un métier à tisser à la mécanique, qu'ils appellent *métier Dixon*. (Du 25 mai.)

100. A MM. *Vesin* et *Devannes*, à Cessieux (Isère), un brevet d'invention de dix ans, pour un système de plans inclinés, propres dans certains cas à remplacer les écluses, pour la petite navigation, en rivière ou sur des canaux. (Du 25 mai.)

101. A MM. *Anverny* et *Guiaux* dit *Duras*, à Montpellier (Hérault), un brevet d'invention et de perfectionnement de cinq ans, pour une mécanique propre à faire des bouchons de liége. (Du 25 mai.)

102. A M. *Schertz* (*Louis*), à Strasbourg (Bas-Rhin), un brevet d'invention de quinze ans, pour un procédé propre à élever les vers à soie avec des végétaux autres que la feuille de mûrier; et pour un autre, à l'aide duquel on nettoie et on élargit la couche des vers à soie pendant leur éducation. (Du 25 mai.)

103. A M. *Winslow* (*Isaac*), au Havre (Seine-Inférieure), un brevet d'importation de cinq ans, pour une machine qu'il appelle *rotta flotteur* ou *fileur en doux économique et expéditif*, propre à filer le co-

ton en doux, sans le tordre, et avec la plus grande vitesse. (Du 25 mai.)

104. A M. *Gaubert* fils (*Jacques-Augustin*), à Montpellier (Hérault), un brevet d'invention de dix ans, pour la fabrication, soit des sels de tartre, soit des crêmes de tartre provenant des marcs de raisin. (Du 1er juin.)

105. A M. *Millet* (*André*), passage Saulnier, n. 4, à Paris, un brevet d'invention de cinq ans, pour un appareil à placer sur le haut des cheminées, et servant à empêcher le refoulement de la fumée produite par des coups de vent. (Du 8 juin.)

106. A M. *Dollfus* (*Charles*), à Cernay (Haut-Rhin), un brevet d'invention de cinq ans, pour un mécanisme propre à guillocher sur les rouleaux destinés à l'impression des calicots, des cercles, des ellipses et des lignes ondulées en large et en biais. (Du 8 juin.)

107. A M. *Collombet* (*Jean-Antoine*), à Bordeaux (Gironde), un brevet d'invention de cinq ans, pour des perfectionnemens apportés à la nouvelle méthode américaine, propres à réformer les écritures les plus défectueuses. (Du 22 juin.)

108. A M. *Maillot* (*Philibert*), à Lyon (Rhône), un brevet d'importation et de perfectionnement de cinq ans, pour un métal malléable et ductile, qu'il appelle *maillechort*. (Du 22 juin.)

109. A M. *Fusz* (*Pierre*), à Château-Salins (Meurthe), un brevet d'invention de dix ans, pour une mécanique qu'il appelle *enrayure à levier*, propre à en-

rayer les voitures, sans que le conducteur et le postillon soient obligés de descendre. (Du 22 juin.)

110. A M. *Migeon*, à Morvillars (Doubs), un brevet d'invention de quinze ans, pour une nouvelle machine soufflante. (Du 22 juin.)

111. A M. *Scheinlein* (*Wilhelm*), rue Neuve-Saint-Augustin, n. 28, à Paris, un brevet d'importation et de perfectionnement de cinq ans, pour un instrument de chirurgie qu'il nomme *lithontriptor*, propre à broyer la pierre dans la vessie. (Du 22 juin.)

112. A M. *Perpigna* (*Antoine*), rue du Faubourg-Poissonnière, n. 8, à Paris, un brevet d'importation de dix ans, pour un filtre clarificateur perfectionné. (Du 22 juin.)

113. A M. *Sautermeister* (*François-Antoine*), à Lyon (Rhône), un brevet d'invention et de perfectionnement de cinq ans, pour un instrument à vent, à onze clefs, qu'il nomme *basse d'harmonie* ou *nouvel ophicléide*. (Du 22 juin.)

114. A M. *Lépine*, rue Saint-Lazare, n. 37, à Paris, un brevet d'importation et de perfectionnement de cinq ans, pour de nouvelles lampes à mèches incombustibles. (Du 29 juin.)

115. A M. *Chaussy* (*Pierre*), à Avignon (Vaucluse), un brevet d'invention de cinq ans, pour un nouveau pressoir sans vis, propre à l'extraction des huiles d'olives, de graines et de marc de raisin. (Du 29 juin.)

116. A M. *Moreau* (*Jacques-Etienne*), rue des Vieilles-Étuves-Saint-Martin, n. 4, à Paris, un brevet

d'invention de cinq ans, pour une machine propre à fabriquer des agrafes. (Du 29 juin.)

117. A M. *Cadet-Devaux* (*Benjamin*), rue de l'Éperon, n. 8, à Paris, un brevet d'invention de dix ans, pour des procédés de fabrication de papiers et de cartons avec du lin et du chanvre rouis ou non rouis. (Du 29 juin.)

118. A M. *Delcourt* (*André*), rue du Petit-Reposoir, n. 6, à Paris, un brevet d'importation et de perfectionnement de dix ans, pour une machine qu'il appelle *linourgos*, propre à travailler le lin brut en baguettes, en évitant le rouissage et conservant à la filasse toute sa force et toute sa longueur. (Du 29 juin.)

119. A M. *Lanzenberg* (*Mathieu-Louis*), à Strasbourg (Bas-Rhin), un brevet d'importation de dix ans, pour une machine et des procédés propres à fendre ou dédoubler les peaux de veaux, moutons et chèvres, afin de les séparer en deux. (Du 29 juin.)

120. A M. *Poirot de Valcourt*, rue Richer, n. 9 *bis*, à Paris, un brevet d'invention et de perfectionnement de quinze ans, pour une machine propre à creuser la terre. (Du 29 juin.)

121. A M. *Hall* (*William-Wilmot*), rue Neuve-Saint-Augustin, n. 28, à Paris, un brevet d'importation et de perfectionnement de quinze ans, pour rendre utiles et appliquer comme force motrice agissant sur un piston, soit conjointement avec la vapeur, soit indépendamment, l'air chauffé et les émanations provenant de la combustion. (Du 29 juin.)

122. A MM. *Carswell* frères (*Alexandre* et *Robert*), rue de l'Université, n. 8, à Paris, un brevet d'invention de quinze ans, pour diverses améliorations dans la construction des bâtimens mis en mouvement par les moyens mécaniques agissant sur l'eau. (Du 29 juin.)

123. A M. *Paret* (*Pierre-Joseph*), à Montpellier (Hérault), un brevet d'invention de quinze ans, pour des instrumens de pesage. (Du 29 juin.)

124. A M. *Gandais* (*Jacques-Augustin*), Palais-Royal, galerie de pierre, n. 118, à Paris, un brevet d'importation et de perfectionnement de cinq ans, pour une cafetière à filtre et à vapeur. (Du 29 juin.)

125. A MM. *Landrieu* (*Jean-Baptiste-Joseph*), à Anzin (Nord), un brevet d'invention de cinq ans, pour la fabrication de briques réfractaires. (Du 13 juillet.)

126. A M. *Rolland de Bussy* (*Jean-François*), rue du Faubourg-Poissonnière, n. 20, à Paris, un brevet d'invention de dix ans, pour un four d'épuration et de carbonisation de la tourbe. (Du 13 juillet.)

127. A. M. *Moussier* (*Réné-Louis*), rue Beauregard, n° 20, à Paris, un brevet d'invention et de perfectionnement de cinq ans, pour une lime sulfurique diamantée, propre à enlever les cors et durillons. (Du 13 juillet.)

128. A M. *Ferry* (*Jean-Nicolas*), à Épinal (Vosges), un brevet de perfectionnement de cinq ans, pour des procédés de perfectionnement à la balance portative de *Quintenz*. (Du 13 juillet.)

129. A M. *Ensgraber* (*Léopold*), à Chauny (Aisne), un brevet d'invention de cinq ans, pour un ventilateur réfrigérant, à l'usage des brasseurs. (Du 13 juillet.)

130. A MM. *Jamin* (*Louis*) et *Cordier* (*François-Remi*), passage de la Trinité, rue des Arts, n° 77, à Paris, un brevet d'invention et de perfectionnement de cinq ans, pour l'emploi et l'application du cuir teint en toutes couleurs et nuances à la fabrication des boutons. (Du 13 juillet.)

131. A. M. *Pradel* (*Pierre*), horloger, à Carcassonne (Aude), un brevet d'invention de dix ans, pour une machine propre à tondre les draps. (Du 13 juillet.)

132. A MM. *Jolly* (*Victor*) et *Ewbank* (*Bruno*), à la Glacière, près Paris, un brevet d'invention et de perfectionnement de cinq ans, pour un appareil propre à la carbonisation de la tourbe. (Du 20 juillet.)

133. A M. *Nuellens*, rue du Rocher, n°. 23, à Paris, un brevet d'invention et de perfectionnement de quinze ans, pour des matelas et meubles élastiques. (Du 20 juillet.)

134. A M. *Lesgent* jeune, rue Bourg-l'Abbé, n° 3, à Paris, un brevet d'invention de dix ans, pour un procédé de fabrication de couverts en métal aciéré, ayant la force, l'élasticité et le poli de l'argent. (Du 27 juillet.)

135. A MM. *Rey* (*Etienne*), à Lyon (Rhône), et *Aguettant* (*Sébastien*), à la Guillotière (Rhône), un brevet d'invention de dix ans, pour l'application de la force de l'eau, de celle de la vapeur et du vent, aux travaux des ponts-et-chaussées. (Du 27 juillet.)

136. A M. *Munch* (*Jean-Philippe*), à Strasbourg (Bas-Rhin), un brevet d'invention de cinq ans, pour une voiture inversable. (Du 27 juillet.)

137. A M. *Giraud* (*Jean-Joseph*), à Bagnols (Gard), un brevet d'invention de cinq ans, pour une machine propre à filer les cocons. (Du 4 août.)

138. A M. *Bouchet-Rondier* (*Jean*), à Nîmes (Gard), un brevet d'invention de cinq ans, pour faire agir à bras d'homme, par une combinaison de leviers, diverses machines propres aux filatures, aux moulins, etc. (Du 4 août.)

139. A M. *Decrouan* (*Michel-François*), rue Saint-Severin, n. 14, à Paris, un brevet d'invention et de perfectionnement de cinq ans, pour un moyen et des procédés de graver et fixer sur la toile des tableaux de tout genre, qu'il appelle *tableaux chalcographiés*. (Du 4 août.)

140. A MM. *Guerin de Foncin* et compagnie, rue Bergère, n. 7, à Paris, un brevet d'importation de quinze ans, pour un procédé économique de fabrication de l'acide sulfurique. (Du 4 août.)

141. A M. *Penot* (*Jean-Fleuri-Achille*), à Mulhausen (Haut-Rhin), un brevet d'invention de quinze ans, pour un procédé propre à obtenir les sous-carbonate, acétate, nitrate et hydro-chlorate de plomb. (Du 11 août.)

142. A MM. *Peyron* (*Jean-Louis*) et *Augier* (*Louis-André*), à Montélimart (Drôme), un brevet d'invention de dix ans, pour une machine propre à battre et vanner les grains. (Du 16 août.)

143. A M. *Gervais*, rue du Four-Saint-Germain, n. 26, à Paris, un brevet d'invention de dix ans, pour un procédé d'amélioration des vins, eaux-de-vie et autres liqueurs vineuses, par l'application de la chaleur. (Du 16 août.)

144. A M. *Bouché* (*Denis-Joseph*), rue du Faubourg-Poissonnière, n. 66, à Paris, un brevet d'importation et de perfectionnement de dix ans, pour une machine à tondre les draps et autres étoffes. (Du 16 août.)

145. A M. *Vallon* (*Pierre*), passage de l'Opéra, n. 23, à Paris, un brevet d'invention de cinq ans, pour des affiloirs en pierre artificielle, propres à affiler les rasoirs. (Du 24 août.)

146. A M. *Martin* (*Ferdinand*), rue des Filles-Saint-Thomas, n. 1, à Paris, un brevet d'invention de cinq ans, pour une machine d'extension de la colonne vertébrale, qu'il appelle *lit à extension constante et élastique.* (Du 24 août.)

147. A M. *Viéville de Clanlieux*, rue Saint-Victor, n. 49, à Paris, un brevet d'invention de quinze ans, pour un manchon de peignes. (Du 24 août.)

148. A M. *Adam* (*Jacques-François*), rue Bleue, n. 27, à Paris, un brevet d'invention de dix ans, pour une reliure mobile, donnant lieu à un nouveau système de publicité et à d'autres résultats. (Du 24 août.)

149. A M. *Débezis* (*Pierre-Jacques*), rue des Jeûneurs, n. 19, à Paris, un brevet d'invention et de perfectionnement de dix ans, pour un système de lits de repos ou baignoires élastiques, dites *baignoires dormeuses.* (Du 24 août.)

150. A M. *Noriet* (*Louis*), à Tours (Indre-et-Loire), un brevet d'invention de cinq ans, pour un mécanisme au moyen duquel les pendules se mettent d'aplomb toutes seules. (Du 31 août.)

151. A M. *Duport* (*Union*), rue Saint-Honoré, n. 248, à Paris, un brevet d'invention et de perfectionnement de cinq ans, pour des socques articulés ou sous-chaussures. (Du 31 août.)

152. A M. *Pierron*, rue Saint-Honoré, n. 123, à Paris, un brevet d'invention et de perfectionnement de cinq ans, pour une presse autographique. (Du 31 août.)

153. A M. *Ratcliff* (*Thomas*), rue Saint-Ambroise-Popincourt, n. 5 *bis*, à Paris, un brevet d'importation et de perfectionnement de cinq ans, pour une broche mécanique destinée à filer et à tordre la laine, la soie, le coton, le chanvre, le lin et toute espèce de matières filamenteuses. (Du 31 août.)

154. A M. *Godain* (*Jean-Marie*), rue des Filles-Saint-Thomas, n. 21, à Paris, un brevet d'invention et de perfectionnement de cinq ans, pour une eau qu'il appelle *Crème des Sybarites*, propre à teindre les cheveux. (Du 31 août.)

155. A M. *Luzier* (*Jean-Jacques*), rue Saint-Jacques-la-Boucherie, n. 48, à Paris, un brevet d'invention et de perfectionnement de dix ans, pour appliquer sur les armes à feu, à percussion et à pierre, deux coups dans un canon simple. (Du 31 août.)

156. A M. *Pecqueur* (*Onésiphore*), rue Traversière-Saint-Antoine, n. 18 *bis*, à Paris, un brevet d'inven-

tion de dix ans, pour un nouveau système de navigation propre à la remorque des bateaux. (Du 31 août.)

157. A MM. *Blanc* et *Conville*, rue de Grammont, n. 3, à Paris, un brevet d'invention et de perfectionnement de quinze ans, pour une méthode d'approprier les machines à vapeur à double effet, à l'épuisement ou à l'élévation des eaux à toutes les profondeurs ou hauteurs, et pour une machine propre à mettre cette méthode en usage. (Du 31 août.)

158. A M. *Poupart* (*Abraham*), à Sédan (Ardennes), un brevet d'invention et de perfectionnement de quinze ans, pour un mode de revêtement de cylindres en lames métalliques applicables au droussage, cardage, peignage des laines et autres matières filamenteuses, et remplaçant les chardons dans le lainage des draps. (Du 31 août.)

159. A MM. *Thébes*, aîné et neveu, à Tarbes (Hautes-Pyrénées), un brevet d'invention et de perfectionnement de quinze ans, pour une machine propre à écraser toutes sortes de graines oléagineuses. (Du 31 août.)

160. A MM. *Prévost* et compagnie, rue de Louvois, n. 2, à Paris, un brevet d'invention et de perfectionnement de cinq ans, pour un mode de publicité continue et permanente. (Du 31 août.)

161. A M. *Egg* (*Joseph*), rue Mandar, n. 7, à Paris, un brevet d'invention de dix ans, pour un fusil à percussion, s'amorçant de lui-même. (Du 31 août.)

162. A M. *Egger*, rue du Dragon, n. 3, à Paris, un brevet d'invention de cinq ans, pour un perfec-

tionnement dans la confection et l'emploi des tentes mobiles. (Du 8 septembre.)

163. A M. *Morize (Jean-Baptiste)*, rue aux Ours, n. 9, à Paris, un brevet d'invention de cinq ans, pour une cisaille munie d'un mécanisme qu'il appelle *cisoir de proportion*, propre à régler à volonté la longueur des pièces que l'on veut couper avec cet outil. (Du 8 septembre.)

164. A M. *Delaroche* fils, rue du Bac, n. 38, à Paris, un brevet d'invention de cinq ans, pour deux appareils à placer dans les cheminées, servant de chenets et destinés à remplacer les ventouses. (Du 8 septembre.)

165. A M. *Carreau (Noël-André)*, rue Saint-Benoît, n. 7, à Paris, un brevet d'invention de cinq ans, pour un moulin à égruger le sel. (Du 8 septembre.)

166. A M. *Viret (Joseph)*, à Brionne (Eure), un brevet d'invention de cinq ans, pour un nouveau mécanisme propre à l'étirage des laines. (Du 8 septembre.)

167. A M. *Brouillet (Louis-François)*, rue Aubry-le-Boucher, n. 28, à Paris, un brevet d'invention de cinq ans, pour un appareil distillatoire continu. (Du 8 septembre.)

168. A M. *Lanteires (Pierre)*, à Lyon (Rhône), un brevet d'invention de dix ans, pour une machine propre au pliage des chaînes d'étoffes de soie. (Du 8 septembre.)

169. A MM. *Réal* et *Pichon*, rue de l'Université, n. 5, à Paris, un brevet d'importation et de perfectionnement de dix ans, pour une machine rotative,

mue par la vapeur agissant par jet continu, avec répétition indéfinie. (Du 8 septembre.)

170. A M. *Godart* (*Jean-Baptiste*), à Amiens (Somme), un brevet d'invention de quinze ans, pour un procédé mécanique propre au teillage du lin et du chanvre, avec ou sans rouissage préalable. (Du 8 septembre.)

171. A M. *Vaughan* (*George*), place de la Bourse, à Paris, un brevet d'invention, d'importation et de perfectionnement, de dix ans, pour un système de machines à vapeur perfectionnées, procurant une augmentation de force et une diminution de dépense. (Du 8 septembre.)

172. A M. *Muller* (*Charles-François*), boulevard Saint-Denis, n. 19, à Paris, un brevet d'invention de cinq ans, pour un pupitre mécanique à l'usage des dessinateurs et des lithographes. (Du 14 septembre.)

173. A M. *Willer* (*Jean-Charles-Guillaume*), rue Jean-Jacques-Rousseau, n. 20, à Paris, un brevet d'invention de cinq ans, pour la composition d'une eau qu'il appelle *Eau d'Hébé*, propre à enlever les taches de rousseur. (Du 14 septembre.)

174. A M. *Poisson* (*Louis-Pierre*), rue d'Angoulême du Temple, n. 19, à Paris, un brevet d'invention et de perfectionnement de cinq ans, pour des procédés de fabrication du papier et du carton avec de la réglisse. (Du 14 septembre.)

175. A M. *Garat* (*Joseph-Dominique*), faubourg Montmartre, passage Bergère, n. 6, à Paris, un brevet d'invention et de perfectionnement de cinq ans,

pour une chaussure supplémentaire, qu'il appelle *paracrotte*, propre à garantir les pieds et les jambes de la boue et de l'humidité. (Du 14 septembre.)

176. A M. *Caire* (*Jean-Alexis*), boulevard Montmartre, n. 1 *bis*, à Paris, un brevet d'invention et d'importation de dix ans, pour une machine à manivelle servant à boucher les bouteilles avec des bouchons de liége. (Du 14 septembre.)

177. A M. *de Sainte-Croix-Molay* (*Pierre-Hippolyte de la Potterie*), rue de Louvois, n. 2, à Paris, un brevet d'importation et de perfectionnement de quinze ans, pour les arches mobiles métalliques, ou silos métalliques portatifs. (Du 14 septembre.)

178. A MM. *Briand* et *de Saint-Léger*, rue de Grenelle-Saint-Germain, n° 126, un brevet d'invention et de perfectionnement de quinze ans, pour des procédés de fabrication de chaux hydraulique artificielle. (Du 14 septembre.)

179. A M. *Dalton* (*Samuel*), Champs-Élysées, allée des Veuves, n. 13 *bis*, à Paris, un brevet d'importation de cinq ans, pour un procédé de fabrication de boutons de drap, de soie ou de toute autre étoffe et matière flexible, par des moyens mécaniques et sans faire usage de la couture. (Du 14 septembre.)

180. A MM. *Canson* frères, rue de Grenelle-Saint-Honoré, n. 29, à Paris, un brevet d'invention et de perfectionnement de dix ans, pour un procédé de collage du papier dans la cuve de fabrication. (Du 28 sept.)

181. A M. *Beaudoin* (*Jean-Baptiste*), rue de Valois-Batave, n. 8, à Paris, un brevet d'invention et de

perfectionnement de quinze ans, pour un système de navigation sous-marine. (Du 28 septembre.)

182. A M. *Houzeau* (*Nicolas*), rue Montorgueil, hôtel Saint-Christophe, à Paris, un brevet d'invention et de perfectionnement de cinq ans, pour un procédé d'éclairage par le gaz portatif non comprimé. (Du 28 septembre.)

183. A M. *Harmey* (*Joseph*), rue de Pontoise, n. 10, à Paris, un brevet d'invention et de perfectionnement de cinq ans, pour un moteur hydrostatique. (Du 28 septembre.)

184. A M. *Lavaud* (*Antoine*), à Périgueux (Dordogne), un brevet d'invention de cinq ans, pour une méthode propre à écrire quatre genres d'écriture en vingt leçons, et dix en soixante, qu'il appelle *Calligraphie française.* (Du 28 septembre.)

185. A M. *Durant* (*Nicolas-Félix*), rue Saint-Denis, n. 256, à Paris, un brevet d'invention et de perfectionnement de cinq ans, pour une nouvelle cafetière. (Du 28 septembre.)

186. A M. *Triquet* (*Vincent-Pluviose*), rue Martel, n. 16, à Paris, un brevet d'invention et de perfectionnement de dix ans, pour un piano à sommier isolé, donnant plus de force et d'harmonie. (Du 28 sept.)

187. A M. *Joannis*, rue du Bac, n. 58, à Paris, un brevet d'invention de quinze ans, pour des procédés de purification des métaux en général et en particulier, applicables aux minerais, aux fontes et aux fers. (Du 28 septembre.)

188. A M. *Proust* (*Alexis*), à la Jarrie près de La

Rochelle (Charente-Inférieure), un brevet d'invention de cinq ans, pour un appareil de distillation. (Du 28 septembre.)

189. A M. *Souffrant* (*Barthélemi*), rue Saint-Lazare, n. 105, à Paris, un brevet d'invention de quinze ans, pour une pompe appelée *française*, propre à remplacer la pompe à feu. (Du 5 octobre.)

190. A M. *Bourrousse de Lafore* (*Joseph*), rue des Tournelles, n. 31, à Paris, un brevet d'invention et de perfectionnement de dix ans, pour un procédé qu'il appelle *Stalilégie*, propre à apprendre à lire en peu de temps. (Du 30 octobre.)

191. A. M. *Cagniard de Latour*, rue du Rocher, n. 36, à Paris, un brevet d'invention et de perfectionnement de quinze ans, pour des procédés servant à appliquer les différentes espèces de laves à des usages auxquels ces produits volcaniques n'ont pas encore été employés. (Du 30 octobre.)

192. A M. *Capdeville* (*Charles*), à Lugos (Gironde), un brevet d'invention de dix ans, pour un procédé d'amélioration de la fonte de fer par l'usage de la racine de *brande*, non carbonisée. (Du 30 octobre.)

193. A MM. *Spiller* (*Joel*), et *Crespel-Delisse* (*Louis*), rue d'Anjou Saint-Honoré, n. 6, à Paris, un brevet d'invention de cinq ans, pour l'application de la vapeur à l'évaporation du suc de betteraves, au moyen d'une chaudière dont le fond est formé de tubes demi-sphériques, fixés sur une planche de cuivre. (Du 30 octobre.)

194. A M. *Cluesman* (*Jean-Baptiste*), rue des Fossés-

Montmartre, n. 5, à Paris, un brevet d'invention et de perfectionnement de cinq ans, pour un piano qui diffère des autres par la position des chevilles et des étouffoirs. (Du 30 octobre.)

195. A M. *Lepine* (*Jacques*), rue Saint-Lazare, n. 37, à Paris, un brevet d'invention et de perfectionnement de dix ans, pour un appareil portatif propre à l'éclairage des appartemens, usines, établissemens, etc., par le gaz hydrogène, en se servant de la chaleur produite dans toute espèce de foyers. (Du 30 octobre.)

196. A M. *Segundo*, petite rue Saint-Roch, n. 3, à Paris, un brevet d'invention et de perfectionnement de dix ans, pour des mors et gourmettes de chevaux. (Du 30 octobre.)

197. A M. *Petitpierre* (*Jean-Henri*), rue Pavée-Saint-André-des-Arcs, n. 5, à Paris, un brevet d'invention de quinze ans, pour une boîte mélo-tachygraphique servant à fondre les planches propres à la gravure de la musique. (Du 10 novembre.)

198. A MM. *Ascherman* et *Perrin*, rue de Montmorency, n. 7, au Marais, à Paris, un brevet d'importation de dix ans, pour une machine servant à couper les poils de toute espèce de peaux à l'usage de la chapellerie, et connue sous le nom de *cutting-machine*. (Du 10 novembre.)

199. A M. *Louis* (*François*) jeune, à Nîmes (Gard), un brevet de perfectionnement de dix ans, pour un battant mécanique, appliqué principalement aux métiers à la Jacquart. (Du 10 novembre.)

200. A M. *Maisiat* (*Étienne*), à Lyon (Rhône), un

brevet d'invention de dix ans, pour la fabrication de tissus imitant la gravure et la typographie. (Du 10 novembre.)

201. A M. *Lebarbey* (*Pierre*), rue Saint-Denis, n. 24, à Paris, un brevet d'invention de dix ans, pour un moyen de prévenir et contenir les hernies. (Du 10 novembre.)

202. A MM. *Conrad* et *Adhémar*, rue Saint-Thomas-du-Louvre, n. 36, à Paris, un brevet d'invention de dix ans, pour des procédés de fabrication de briques en terre ferme. (Du 10 novembre.)

203. A M. *Steininger* (*François*), rue du Temple, n. 137, à Paris, un brevet d'invention de dix ans, pour un mécanisme adapté principalement aux basses. (Du 10 novembre.)

204. A M. *Lorget* (*Albert-Louis*), rue Montmartre, n. 84, à Paris, un brevet d'importation et d'invention de cinq ans, pour un procédé de fabrication d'un papier-glace imitant l'émail. (Du 10 novembre.)

205. A MM. *Firmin Didot* et *Motte*, rue Jacob, n. 24, à Paris, un brevet d'invention de cinq ans, pour un procédé qu'ils appellent *lithotypographie*, propre à imprimer sous la presse typographique les dessins ou l'écriture exécutés par l'encre ou le crayon lithographiques, simultanément avec les caractères mobiles employés dans la typographie. (Du 10 nov.)

206. A M. *Leistenschneider* (*Ferdinand*), à Poncey (Côte-d'Or), un brevet d'invention de cinq ans, pour des procédés de fabrication de cartons à la mécanique. (Du 10 novembre.)

207. A M. *Bourquin* (*Abraham*), à Lyon (Rhône), un brevet d'invention et de perfectionnement de cinq ans, pour une navette mécanique propre au tissage. (Du 10 novembre.)

208. A MM. *Mallié* et *Memo* (*Fleuri*), à Lyon (Rhône), un brevet d'invention de cinq ans, pour un battant mécanique, propre à la fabrication des rubans et autres tissus. (Du 10 novembre.)

209. A MM. *Berthet* (*Claude*) et *Cacheux* (*Victor*), rue du Temple, n. 125, à Paris, un brevet d'invention de cinq ans, pour un échappement de pendule à oscillation dans la fourchette, qui s'adapte à toute espèce de mouvement, et pouvant marcher avec chute égale sans précaution d'aplomb. (Du 10 novembre.)

210. A M. *Beauvais* (*François*), à Lyon (Rhône), un brevet d'invention, d'importation et de perfectionnement, de cinq ans, pour une composition métallique qu'il appelle *argyroïde*, susceptible de prendre le poli de l'acier. (Du 10 novembre.)

211. A M. *Saint-Maurice Cabany*, rue Sainte-Avoie, n. 57, à Paris, un brevet d'invention de cinq ans, pour une machine à copier qu'il appelle *secrétaire*. (Du 10 novembre.)

212. A M. *Mialle* (*Simon*), rue du Cherche-Midi, n. 28, à Paris, un brevet d'invention de quinze ans, pour une méthode d'enseigner à lire en peu de leçons. (Du 16 novembre.)

213. A M. *Montagny* (*Jean-Pierre*), rue des Grands-Augustins, n. 5, à Paris, un brevet d'invention et de perfectionnement de cinq ans, pour des procédés

de fabrication de boutons de toutes couleurs et dimensions imitant la soie. (Du 16 novembre.)

214. A M. *Lépine*, rue Saint-Lazare, n. 37, à Paris, un brevet d'importation de cinq ans, pour un collier de cheval et une sellette. (Du 16 novembre.)

215. A M. *Bridier-Royer*, à Sedan (Ardennes), un brevet d'importation de dix ans, pour un moulin à drêche propre à réduire en farine l'orge germée destinée à la fabrication de la bière. (Du 16 novembre.)

216. A M. *Croisat* (*Ferdinand*), rue de l'Odéon, n. 33, à Paris, un brevet d'invention de cinq ans, pour une brosse qu'il appelle *réservoir*, propre à teindre les cheveux en les brossant. (Du 16 novembre.)

217. A MM. *Guibout* (*Alexandre*) et *Bondot* (*Vincent*), rue Saint-Denis, n. 367, à Paris, un brevet d'invention de cinq ans, pour un système de mécaniques préparatoires, propres à toutes espèces de matières filamenteuses, consistant en un étirage et un métier à lanterne. (Du 16 novembre.)

218. A M. *Gaulofret* fils (*Joseph*), à Marseille (B.-du-Rhône), un brevet d'invention de dix ans, pour un moyen de revivifier le charbon animal. (Du 24 nov.)

219. A M. *Arizolli* (*Barthélemy-François*), rue Saint-Jacques, n. 23, à Paris, un brevet d'invention de quinze ans, pour une cheminée, âtre, chenets, soubassement, etc., tout en fonte. (Du 24 novembre.)

220. A MM. *de Rochelines* et *Fabricius*, à Douai (Nord), un brevet d'invention de cinq ans, pour un mécanisme propre à rendre les diligences inversables. (Du 24 novembre.)

221. A M. *de Bernardière* (*Achille*), rue de Provence, n. 4, à Paris, un brevet d'invention de cinq ans, pour des procédés de fabrication de vannerie fine et cannage de meubles avec des fanons de baleine. (Du 24 novembre.)

222. A M. *Collain* (*Jean-Pierre*), à Salvan (Gard), un brevet d'invention de quinze ans, pour un foyer et une cheminée serpentés faisant corps avec la chaudière que l'on veut mettre en ébullition, et applicables à tous les objets de chauffage. (Du 30 novembre.)

223. A M. *Richard* (*Jean-Jacques*), parvis Notre-Dame, n. 4, à Paris, un brevet d'invention de cinq ans, pour la fabrication de divers objets en fonte de fer poli à l'instar de l'acier fondu. (Du 30 novembre.)

224. A M. *Irwing*, rue de Grenelle-Saint-Germain, n. 98, un brevet d'importation de dix ans, pour un moyen de communiquer la force motrice à l'action des grues, marteaux de forge de toute espèce, ainsi qu'à toutes autres machines exigeant un mouvement rotatoire, ou réciproquement par l'application de la pression atmosphérique et d'un vide ou vide partiel. (Du 30 novembre.)

225. A M. *Simon* (*Nicolas*), à Saint-Dié (Vosges), un brevet d'invention de cinq ans, pour un potager mobile en tôle. (Du 30 novembre.)

226. A MM. *Siau*, *Gaulofret* et *Boffe*, à Marseille (Bouches-du-Rhône), un brevet d'invention de cinq ans, pour un procédé de fabrication de colle-forte par l'extraction des os. (Du 30 novembre.)

227. A M. *Becker (Henri-Guillaume)*, à Strasbourg (Bas-Rhin), un brevet d'invention et de perfectionnement de dix ans, pour une machine à vapeur à haute pression, sans danger, produisant la vapeur instantanément avec économie de combustible, applicable à toutes sortes d'usines, à la navigation et aux voitures. (Du 30 novembre.)

228. A M. *Clément-Desormes*, rue du Faubourg-Saint-Martin, n. 92, à Paris, un brevet d'invention de quinze ans, pour des procédés de construction de chambres destinées à la fabrication de l'acide sulfurique. (Du 30 novembre.)

229. A M. *Migeon*, à Morvillars (Doubs), un brevet d'invention de dix ans, pour une machine propre à frapper à chaud les têtes des vis à bois faites avec des fils de fer de tous les numéros, et ayant des têtes de toutes les formes connues, rondes, plates, carrées, etc. (Du 7 décembre.)

230. A M. *Delacoux*, passage Cendrier, n. 1, à Paris, un brevet d'invention et de perfectionnement de dix ans, pour une harpe perfectionnée. (Du 7 décembre.)

231. A madame *Choel*, rue Mondétour, n. 16, à Paris, un brevet d'invention de cinq ans, pour un moyen de denteler les bords des pièces de tulle sans les couper. (Du 7 décembre.)

232. A M. *Thinat*, à Nantes (Loire-Inférieure), un brevet d'invention de dix ans, pour une machine à vapeur nouvelle, à haute pression. (Du 7 décembre.)

233. A M. *Lamothe (Jean)*, à Montréal (Gers), un

brevet d'invention et de perfectionnement de dix ans, pour un moyen de rendre portatif et distillant sur charrette, l'appareil de distillation de Baglioni. (Du 7 décembre.)

234. A M. *Strybosch* (*William*), à Lyon (Rhône), un brevet d'invention de cinq ans, pour un procédé de fabrication de chandelles imitant la bougie. (Du 7 décembre.)

235. A M. *Perkins* (*Jacob*), rue des Jeûneurs, n. 8, un brevet d'importation de quinze ans, pour des améliorations dans les machines à vapeur. (Du 7 décembre.)

236. A M. *Bernhard* (*Antoine*), rue Charlot, n. 16, à Paris, un brevet d'invention de quinze ans, pour un appareil qu'il appelle *appareil Bernhard*, propre à élever l'eau, ou tout autre fluide, à l'aide seulement de la pression de l'air atmosphérique, et par l'emploi de la chaleur. (Du 14 décembre.)

237. A M. *Chamborédon* (*Louis-César*), à Alais (Gard), un brevet d'invention de cinq ans, pour un moteur mécanique qu'il appelle *conservateur des forces*, lequel mis en mouvement reçoit ses forces de lui-même, et paraît propre à remplacer toute espèce de moteurs. (Du 14 décembre.)

238. A M. *Wright* (*Welman*), rue Neuve-Saint-Augustin, n. 28, à Paris, un brevet d'importation et de perfectionnement de quinze ans, pour une nouvelle grue perfectionnée. (Du 14 décembre.)

239. A M. *Petitpierre*, rue Pavée-Saint-André-des-Arcs, n. 5, à Paris, un brevet d'invention de cinq

ans, pour une machine typo-mélographique propre à graver la musique. (Du 14 décembre.)

240. A MM. *Boche* et *Aubin*, rue Montorgueil, n. 84, à Paris, un brevet d'invention de cinq ans, pour une poire à poudre qui détermine d'elle-même la quantité de poudre qui doit former la charge. (Du 14 décembre.)

241. A MM. *Rollé* et *Schwilgué*, à Strasbourg (Bas-Rhin), un brevet d'invention et de perfectionnement de dix ans, pour une balance à pont, propre à peser les voitures chargées. (Du 14 décembre.)

242. A M. *Niogret* (*Guillaume*), rue Saint-Paul, n. 5, à Paris, un brevet d'invention de dix ans, pour un mode de transport des voyageurs et marchandises par terre et par eau, au moyen d'un bateau-voiture, de voitures, bateaux et navires, mis en mouvement et dirigés sans vapeur, sans chevaux, en employant de nouvelles puissances à simple, double et triple effet. (Du 21 décembre.)

243. A M. *Chamblant* (*Marie-Nicolas*), rue des Fossés-Saint-Germain-des-Prés, à Paris, n. 12, un brevet d'invention de quinze ans, pour un nouvel élément mécanique dit *machine principe de conversion du mouvement rectiligne en mouvement circulaire*, avec une force constante et uniforme, sans le secours du volant. (Du 21 décembre.)

244. A M. *Duclos* (*Philippe*), rue des Marais-Saint-Germain, n. 3, à Paris, un brevet d'invention de cinq ans, pour une ceinture, qu'il appelle *ménorrhéenne*, à l'usage des femmes. (Du 21 décembre.)

245. A M. *Bostock* (*James-Béthune*), rue Neuve-Saint-Augustin, n. 28, à Paris, un brevet d'importation et de perfectionnement de quinze ans, pour un système de mécaniques perfectionnées, propre à fabriquer des vis métalliques, communément appelées *vis à bois*. (Du 21 décembre.)

246. A M. *Batilliat* (*Pierre*), à Mâcon (Saône-et-Loire), un brevet d'invention de dix ans, pour une substance chimique propre à remplacer en partie la pâte de chiffons dans la fabrication du papier, auquel elle communique plusieurs propriétés particulières. (Du 21 décembre.)

247. A M. *Gibon* (*Jacques-Louis*), rue de Richelieu, n. 9, à Paris, un brevet d'invention de cinq ans, pour de nouveaux cadres inaltérables ou bordures de tableaux. (Du 21 décembre.)

248. A M. *Poupon* (*Claude*), à Nuits (Côte-d'Or), un brevet d'invention de cinq ans, pour une nouvelle presse propre à presser les raisins et autres substances. (Du 21 décembre.)

249. A M. *Arnett* (*Thomas*), rue du Faubourg-Poissonnière, n. 8, à Paris, un brevet d'importation de dix ans, pour un lit flottant perfectionné. (Du 28 décembre.)

250. A MM. *Moitessier*, *Marchand* et *Mazeline*, à Carcassonne (Aude), un brevet d'invention de cinq ans, pour une machine à tondre les draps et autres étoffes, qu'ils nomment *vélociforce*. (Du 28 décembre.)

251. A MM. *Delaporte* (*Pierre*) et *Berthier* (*Jérôme*),

rue des Deux-Portes-Saint-Sauveur, n. 18, à Paris, un brevet d'invention de cinq ans, pour des outils et procédés de fabrication de dés à coudre, en acier, en fer, en cuivre, en argent et en or. (Du 28 décembre.)

252. A MM. *Ascherman* et *Perrin*, rue de Montmorency, n. 7, à Paris, un brevet d'importation de dix ans, pour une machine servant à éjarrer et nettoyer les poils à l'usage de la chapellerie, et connue sous le nom de *blowing-machine*. (Du 28 décembre.)

253. A M. *Caplain* aîné, au Petit-Couronne (Seine-Inférieure), un brevet d'invention de cinq ans, pour une machine à tondre les draps et autres étoffes, qu'il appelle *tondeuse à mouvement alternatif*. (Du 28 décembre.)

PRIX PROPOSÉS ET DÉCERNÉS

PAR DIFFÉRENTES SOCIÉTÉS SAVANTES,

NATIONALES ET ÉTRANGÈRES.

I. SOCIÉTÉS NATIONALES.

ACADÉMIE ROYALE DES SCIENCES.

SÉANCE PUBLIQUE DU 11 JUIN 1827.

Prix décernés.

Six pièces, soit imprimées, soit manuscrites, ont été envoyées au concours pour le prix de physiologie expérimentale fondé par M. *de Montyon*. Le prix consistant en une médaille d'or de la valeur de 895 fr., a été décerné à un Mémoire adressé par M. *Adolphe Brongniart*, et qui a pour objet la génération des végétaux.

L'ouvrage dont M. *Dutrochet* est auteur, et qui est intitulé *l'Agent immédiat du mouvement vital dévoilé dans sa nature et dans ses effets*, a aussi fixé l'attention de l'Académie comme rempli d'observations intéressantes et d'expériences ingénieuses; mais l'annonce de quelques unes étant très récente, et toutes n'ayant pas été répétées, l'Académie a conservé à l'auteur le droit de représenter son ouvrage au concours prochain.

L'Académie avait proposé le sujet suivant pour le prix de physique de cette année.

Présenter l'histoire générale et comparée de la circulation du sang dans les quatre classes d'animaux vertébrés, avant et après la naissance, et à différens âges.

Elle n'a reçu qu'un seul mémoire avec cette épigraphe : *Natura non facit saltus.* Ce travail étant entièrement physiologique, et non pas historique et anatomique, comme la question l'indiquait, l'Académie a remis ce sujet au concours pour l'année 1829. Le prix sera une médaille d'or de 3,000 fr.

L'Académie avait proposé pour second prix de mathématiques à décerner cette année la question suivante :

1°. *Déterminer, par des expériences multipliées, la densité qu'acquièrent les liquides, et spécialement le mercure, l'eau, l'alcool et l'éther sulfurique, par des compressions équivalentes aux poids de plusieurs atmosphères ;*

2°. *Mesurer les effets de la chaleur produite par ces compressions.*

Ce prix, consistant en une médaille de 3,000 fr., a été décerné au mémoire de MM. *Colladon* et *Sturm*, sur la compression des liquides.

La médaille fondée par feu M. *Delalande* a été partagée entre MM. *Pons* et *Gambart*, pour leurs observations sur les comètes.

Parmi les pièces envoyées au concours pour le prix fondé par M. *de Montyon* en faveur de celui qui aura découvert le moyen de rendre un art ou un métier moins insalubre, celui qui a pour objet de prouver que les tisserands peuvent, au moyen d'un encollage ou parement particulier, établir leurs métiers dans des endroits sains et éclairés, a paru seul digne de remarque. Le procédé indiqué paraît efficace; néanmoins l'Académie a pensé qu'il convenait d'attendre encore une année avant de le juger définitivement.

L'Académie a reçu 36 mémoires ou ouvrages imprimés, destinés à concourir pour le prix fondé par M. *de Montyon* en faveur de ceux qui auront perfectionné l'art de guérir. L'impossibilité où elle serait d'examiner chaque année des travaux aussi étendus et aussi disparates, l'oblige de rappeler aux concurrens que, d'après les termes du testament et de l'ordonnance royale qui en règle l'exécution, elle n'est appelée à récompenser que des travaux qui auraient déjà conduit, au moment de sa décision, à un moyen nouveau et d'une efficacité constatée de traiter une ou plusieurs maladies. D'après les termes formels de l'ordonnance du Roi, des recherches physiologiques, pathologiques, anatomiques, quelque intérêt qu'elles puissent présenter, quelque sagacité qu'elles supposent, n'ont droit à ces prix qu'à partir de l'époque où l'on en a déduit une nouvelle méthode de guérir. L'Académie, en conséquence, n'a décerné que deux prix.

L'un, de 10,000 fr., à MM. *Pelletier* et *Caventou*, à qui l'art de guérir est redevable de la découverte du sulfate de quinine.

L'autre, de 10,000 fr., à M. *Civiale*, comme ayant pratiqué le premier, sur le vivant, la lithotritie, et pour avoir opéré avec succès par cette méthode beaucoup de calculeux.

L'Académie a cru pouvoir encore, pour cette fois seulement, décerner les médailles d'encouragement suivantes.

Une médaille de 5,000 fr., pour la deuxième édition de l'ouvrage de M. *Laennec* intitulé *de l'Auscultation médiate.*

A M. *Leroy d'Etioles*, 2,000 fr., pour son exposé des divers procédés employés jusqu'à ce jour pour guérir la pierre sans avoir recours à l'opération de la taille.

A M. *Henry* (*Ossian*), 2,000 fr., pour avoir perfectionné l'art d'extraire le sulfate de quinine, et avoir fait diminuer de beaucoup la valeur commerciale de ce sel.

A M. *Rostan*, 1,500 fr., pour l'ouvrage intitulé *Cours de médecine clinique.*

A M. *Gendrin*, 1,500 fr., pour son *Histoire anatomique des inflammations.*

A M. *Bretonneau*, 1,500 fr., pour son *Traité des inflammations spéciales du tissu muqueux.*

A M. *Ollivier*, d'Angers, 1,500 fr., pour son *Traité de la moelle épinière et de ses maladies.*

A M. *Bayle*, 1,500 fr., pour son *Traité des maladies du cerveau.*

Enfin une somme de 1000 fr., à M. *Rochoux*, pour l'aider à faire imprimer ses *Recherches sur les différentes maladies qu'on appelle fièvre jaune.*

PRIX PROPOSÉS POUR LES ANNÉES 1828, 1829 ET 1830.

Prix proposés pour l'année 1829.

Prix de mathématiques. — Presque toutes les tentatives faites pour découvrir les lois de la résistance des fluides, pèchent contre la première règle des expériences par laquelle on doit s'attacher à décomposer les phénomènes dans leurs circonstances les plus simples. En effet, on s'est le plus souvent borné à observer le temps employé par différens corps à parcourir un espace donné dans un fluide en repos, ou le poids qui maintient en équilibre un corps exposé au choc d'un fluide, ce qui peut faire connaître le résultat total des diverses actions que ce fluide exerce sur chacun des points de la surface du corps, actions très variées et souvent contraires. Dans cet état de choses, il s'opère des compensations qui masquent les lois primordiales du phénomène, et rendent les données de l'observation inappréciables pour tout autre cas que celui qui les a fournies. M. Dubuat, auteur des *Principes d'hydraulique*, paraît être le premier qui se soit aperçu de ce défaut, et qui, pour l'éviter, ait cherché à mesurer les pressions locales dans les diverses parties de la surface des corps exposés au choc d'un fluide en mouvement. Ses expériences, en petit nombre, qu'il ne lui a pas été possible de varier beaucoup quant à la forme des corps, présentent néanmoins des résultats curieux. L'Académie a pensé qu'il était utile de reprendre ces expériences avec des instrumens perfectionnés, de les multiplier et d'en varier encore plus les circonstances; et elle propose en conséquence, pour sujet de prix, le programme suivant :

« Examiner dans ses détails le phénomène de la « résistance de l'eau, en déterminant avec soin, par « des expériences exactes, les pressions que suppor- « tent séparément un grand nombre de points con- « venablement choisis sur les parties antérieures, « latérales ou postérieures d'un corps, lorsqu'il est « exposé au choc de ce fluide en mouvement, et « lorsqu'il se meut dans le même fluide en repos; « mesurer la vitesse de l'eau en divers points des filets « qui avoisinent le corps; construire sur les données « de l'observation les courbes qui forment les filets; « déterminer le point où commence leur déviation « en avant du corps; enfin établir, s'il est possible, « sur les résultats de ces expériences, des formules « empiriques que l'on comparera ensuite avec l'en- « semble des expériences faites antérieurement sur le « même sujet. »

Le prix consistera en une médaille d'or de la valeur de 3,000 fr. Il sera décerné dans la séance publique du premier lundi de juin 1828.

Prix de physiologie expérimentale fondé par M. de Montyon. — Feu M. le baron *de Montyon* a offert une somme à l'Académie des Sciences avec l'intention que le revenu fût affecté à un prix de physiologie expérimentale à décerner chaque année, et le Roi ayant autorisé cette fondation par une ordonnance du 22 juillet 1818, l'Académie annonce qu'elle adjugera une médaille d'or de la valeur de 895 fr. à l'ouvrage imprimé ou manuscrit qui lui paraîtra avoir le plus contribué aux progrès de la physiologie expérimentale. Le prix sera décerné dans la séance publique du premier lundi de juin 1828.

Prix divers du legs Montyon. — Conformément au testament de feu M. le baron de Montyon, la somme annuelle résultant du legs, et destinée à récompenser les perfectionnemens de la médecine et de la chirurgie, sera employée pour moitié, en un ou plusieurs prix à décerner par l'Académie royale des Sciences, à l'auteur ou aux ouvrages des auteurs ou découvertes qui ayant pour objet le traitement d'une maladie interne, seront jugés les plus utiles à l'art de guérir; et l'autre moitié, en un ou plusieurs prix à décerner par la même académie, à l'auteur ou aux auteurs des ouvrages ou découvertes qui ayant eu pour objet le traitement d'une maladie externe, seront également les plus utiles à l'art de guérir.

La somme annuelle provenant du legs fait par le même testateur en faveur de ceux qui auront trouvé les moyens de rendre un art ou un métier moins insalubre, sera également employée en un ou plusieurs prix à décerner par l'Académie aux ouvrages ou découvertes qui auront paru dans l'année sur les objets les plus utiles et les plus propres à concourir au but que s'est proposé le testateur.

Les sommes qui seront mises à la disposition des auteurs des découvertes ou des ouvrages couronnés ne peuvent être indiquées d'avance avec précision, parce que le nombre des prix n'est pas déterminé; mais les libéralités du fondateur ont donné à l'Académie les moyens d'élever ces prix à une valeur considérable, en sorte que les auteurs soient dédommagés des expériences ou recherches dispendieuses qu'ils auraient entreprises, et reçoivent des récompenses proportionnées aux services qu'ils auraient rendus, soit en prévenant ou diminuant beaucoup l'insalubrité de certaines professions, soit en perfectionnant les sciences médicales.

Le jugement de l'Académie sera annoncé à la séance publique du premier lundi de juin 1828.

Prix proposés pour l'année 1829. — L'Académie a remis au concours la question relative au calcul des perturbations du mouvement elliptique des comètes; elle appelle l'attention des géomètres sur cette théorie, afin de donner lieu à un nouvel examen des méthodes et à leur perfectionnement. Elle demande en outre qu'on fasse l'application de ces méthodes à la comète de 1759, et à l'une des deux autres comètes dont le retour périodique est déjà constaté. Le prix est de 3,000 fr.

Prix de physique. — L'Académie remet au concours la question suivante : *Présenter l'histoire générale et comparée de la circulation du sang dans les quatre classes d'animaux vertébrés, avant et après la naissance, et à différens âges.* Le prix, consistant en une médaille d'or de la valeur de 3,000 fr., sera décerné dans la séance publique de juin 1829.

Prix fondé par M. Alhumbert. Feu M. Alhumbert

ayant légué une rente annuelle de 300 fr. pour être employée aux progrès des sciences et des arts, le Roi a autorisé les Académies des Sciences et des Beaux-Arts à décerner alternativement chaque année un prix de cette valeur.

L'Académie n'ayant point reçu de mémoires satisfaisans sur les questions mises au concours, a arrêté que les sommes destinées à cet emploi seront réunies avec celles qui doivent écheoir pour former un prix de 1200 fr., lequel sera décerné dans la séance publique du mois de juin 1829, au meilleur mémoire sur la question suivante : *Exposer d'une manière complète, et avec des figures, les changemens qu'éprouvent le squelette et les muscles des grenouilles et des salamandres dans les différentes époques de leur vie.*

Nouveau prix de sciences naturelles, proposé pour 1830.

L'Académie propose, comme sujet de prix qui sera distribué dans la séance publique du premier lundi de juin 1830,

Une description, accompagnée de figures suffisamment détaillées, de l'origine et de la distribution des nerfs dans les poissons. On aura soin de comprendre dans ce travail au moins un poisson chondroptérygien, et, s'il est possible, une lamproie, un achondroptérygien thoracique, et un malacoptérygien.

Rien n'empêchera que ceux qui en auront la facilité ne multiplient les espèces sur lesquelles porteront leurs observations; mais ce que l'on désire surtout, c'est que le nombre des espèces ne nuise pas au détail et à l'exactitude de leurs descriptions; et un travail qui se bornerait à trois espèces, mais qui en exposerait plus complétement les nerfs, serait préféré à celui qui, embrassant des espèces plus nombreuses, les décrirait plus superficiellement.

Le prix sera une médaille d'or de la valeur de 3000 fr. Les mémoires devront être remis avant le 1er janvier 1830.

SOCIÉTÉ ROYALE ET CENTRALE D'AGRICULTURE.

Séance publique du 24 avril 1827.

Aucun prix n'a été décerné dans cette séance. La grande médaille d'or a été accordée, savoir :

1°. A M. *Guiller de Souancé*, propriétaire à Mont-Doucet (Eure-et-Loir), pour avoir substitué un assolement sans jachère à l'assolement triennal.

2°. A M. *Gasquet*, propriétaire à Sorgues (Var), pour le même objet.

3°. A M. *Gautier*, propriétaire à Gerouilly (Saône-et-Loire), pour le même objet.

4°. A madame la baronne *Micoud*, pour des plantations considérables qu'elle a fait exécuter dans son domaine d'Herry, près la Charité-sur-Loire (Nièvre), et qui n'ont pas moins contribué à l'amélioration qu'à l'embellissement de sa propriété.

5°. A M. *Isambert*, propriétaire cultivateur à Tivernon (Loiret), pour des améliorations agricoles importantes, et notamment la suppression presque totale des jachères sur une exploitation fort considérable, l'établissement d'un haras, la culture des plantes oléagineuses, etc.

6°. A M. *Bénard*, vétérinaire à Boulogne-sur-Mer (Pas-de-Calais), pour des observations de médecine vétérinaire.

Des médailles d'or à l'effigie d'Olivier de Serres ont été délivrées,

1°. A M. *Deban*, vétérinaire à Lunéville (Meurthe), pour des observations de médecine vétérinaire.

2°. A M. *Marrel*, vétérinaire à Vauréas (Vaucluse), pour le même objet.

3°. A M. *Deslandes*, propriétaire à Bazouges (Sarthe), pour une traduction manuscrite du traité de Columelle : *de re Rusticâ*.

4°. A M. *Lalouette*, garde-général des forêts à Corcieux (Vosges), pour des travaux d'amélioration exécutés par lui dans les forêts confiées à sa surveillance.

5°. A M. *Dubroca*, propriétaire à Mugron (Landes), pour des essais de culture du mûrier blanc, et l'éducation des vers à soie, qu'il a tentés avec succès sur sa propriété.

6°. A M. *Basquiat-Mugret*, propriétaire à Souprosse (Landes), pour les semis et plantations de pins d'Écosse, de chênes-liéges et d'oliviers, qu'il a effectués sur des terrains dont la plus grande partie était en friche.

Des médailles d'argent ont été décernées,

1°. A M. *Maugin*, vétérinaire à Verdun (Meuse), pour des observations de médecine vétérinaire.

2°. A M. *Mousis*, vétérinaire à Oléron (Basses-Pyrénées), pour le même objet.

3°. A M. *Natté*, vétérinaire du train d'artillerie en Espagne, pour *idem*.

4°. A M. *Mathieu-Bonafous*, directeur du Jardin d'Agriculture à Turin, pour un moyen de détruire la cuscute ;

5°. A M. *Schiess*, brigadier-forestier, pour des travaux d'amélioration exécutés dans la forêt de Falkenstein (Bas-Rhin), confiée à sa surveillance.

6°. A M. *Klein*, brigadier-forestier, pour de semblables travaux exécutés dans la forêt de Houve de Merten, arrondissement de Thionville (Moselle).

7°. A M. *Clerc*, propriétaire à Châtillon-sur-Seine (Côte-d'Or), pour l'exemple qu'il a donné dans ce pays de la méthode de cultiver la vigne en cordon.

8°. A mesdemoiselles Virginie et Octavie *Basquiat-Mugret*, à Souprosse (Landes), pour avoir fait planter plusieurs milliers de mûriers blancs, dont la feuille est destinée, et a déjà été employée par elles, à élever des vers à soie.

PRIX PROPOSÉS.

Pour être décernés en 1828. — 1°. Pour l'introduction dans un canton de la France, d'engrais ou d'amendemens qui n'y étaient pas usités ; 2°. pour des essais comparatifs faits en grand, sur différens genres de culture, de l'engrais terreux (*urate calcaire*), extrait des matières liquides des vidanges ; 3°. pour la traduction, soit complète soit par extrait, d'ouvrages ou mémoires relatifs à l'économie rurale ou domestique, écrits en langues étrangères, qui offriraient des observations ou des pratiques neuves et utiles ; 4°. pour des notices biographiques sur des agronomes, des cultivateurs ou des écrivains dignes d'être mieux connus pour les services qu'ils ont rendus à l'agriculture ; 5°. pour des ouvrages, des mémoires ou des observations pratiques de médecine vétérinaire ; 6°. pour la pratique des irrigations ; 7°. pour des renseignemens sur la statistique des irrigations en France, et sur la législation relative aux cours d'eau et aux irrigations dans les pays étrangers ; 8°. pour la culture du pommier ou du poirier à cidre, dans les cantons où elle n'est pas encore établie.

La valeur de ces huit sujets de prix consiste en médailles d'or et d'argent.

9°. Un premier prix de 1000 fr. et un deuxième prix de 500 fr. pour un manuel pratique propre à guider les habitans des campagnes et les ouvriers dans les constructions rustiques ; 10°. un premier prix de 2000 fr. et un second prix de 1000 fr. pour la rédaction d'un manuel ou guide des propriétaires de domaines ruraux affermés ; 11°. un premier prix de 1000 fr. et un deuxième prix de 500 fr. pour la rédaction de mémoires, ou instructions destinées à faire connaître aux agriculteurs quel parti ils pourraient tirer des animaux qui meurent dans les campagnes, soit de maladie, soit de vieillesse, ou par accident ; 12°. un premier prix de 1200 fr. et un deuxième prix de 600 fr. pour la construction et l'établissement de machines domestiques mues à bras, propres à égrener le trèfle et à nettoyer sa graine. Pour avoir droit au prix de 1200 fr., il faudra que la machine présentée au concours procure une économie de la moitié au moins de la dépense qu'exige, dans le pays où le concurrent réside, le procédé de l'égrenage du trèfle et du nettoiement de sa graine au moyen du fléau. Pour celui de 600 fr., la même économie ne sera pas nécessaire; mais la machine devra se recommander par son bas prix.

Pour être décernés en 1830. — 13°. Un prix de 1000 fr. pour le meilleur mémoire fondé sur des observations et des expériences suffisantes, à l'effet de déterminer si la maladie connue sous le nom de *crapaud*, des bêtes à cornes et à laine, est ou non contagieuse; 14°. un prix de 1500 fr. pour les meilleurs mémoires sur la cécité des chevaux, et sur les causes qui peuvent y donner lieu dans les diverses localités; sur les moyens de les prévenir et d'y remédier.

Pour être décernés en 1831. — 15°. Un prix de 1000 fr. pour la culture du pavot (*œillette*), dans les arrondissemens où cette culture n'était point usitée avant l'année 1820, époque de l'ouverture du premier concours sur cet objet.

Pour être décernés en 1832. — 16°. Des médailles d'or et d'argent pour la substitution d'un assolement sans jachères, spécialement de l'assolement quadriennal, à l'assolement triennal usité dans la plus grande partie de la France.

Pour être décernés en 1834. — 17°. Un premier prix de 3000 fr., un second prix de 2000 fr., et un troisième prix de 500 fr. pour la plus grande étendue de terrain de mauvaise qualité qui aurait été semée en chêne-liége dans les parties des départemens méridionaux, où l'existence de quelques pieds, en 1822, prouve que la culture de cet arbre peut être encore fructueuse; de manière qu'en 1834 il s'y soit conservé des semis de cette année et des trois années suivantes, au moins 2000 pieds espacés d'environ 6 mètres dans tous les sens, ayant une tige droite et bien venante.

Le prix de 600 fr. pour l'indication d'un moyen efficace de détruire la cuscute a été retiré.

SOCIÉTÉ D'HORTICULTURE, SÉANT A PARIS.

Cette Société propose, pour être décerné en 1830, un prix de la valeur de 400 fr. à celui qui aura trouvé un procédé chimique ou autre, simple, peu dispendieux, capable d'être employé par les gens de la campagne, et qui, par son action souterraine, fasse périr la larve du hanneton dite *ver blanc* (*melolontha vulgaris*), qui cause tant de ravages dans nos jardins, sans nuire aux végétaux, et sans changer la nature du terrain.

Le concours restera ouvert jusqu'au 1er mai 1830. Les Mémoires devront être adressés rue Taranne, n° 12.

ACADÉMIE DES SCIENCES, BELLES-LETTRES ET ARTS DE BORDEAUX.

Prix proposés pour les années 1828 *et* 1830.

Pour être décernés en 1828. — 1°. Pour la découverte d'une pierre calcaire propre à produire, par la calcination, de la chaux hydraulique; un prix de 300 fr.

2°. Pour la recherche et la découverte, dans le département de la Gironde, d'un gisement d'argile très-réfractaire, propre à la fabrication des creusets, des enveloppes de fourneaux, des briques composant les fours à réverbère, etc.; un prix de 300 fr. Les concurrens au prix devront joindre aux échantillons d'argile quelques vases ou quelques briques fabriquées avec cette argile.

3°. Pour des essais présentant des résultats décisifs sur le mélange des fontes françaises, et notamment de celles du Périgord et des Landes, afin de parvenir à obtenir une fonte de seconde fusion propre à être limée, forée et alésée; un prix de 200 fr.

4°. Comparer les avantages et les inconvéniens respectifs des enduits, feutres et métaux, particulièrement du cuivre et du zinc employés à la conservation de la carène des navires; préciser le degré d'utilité des armatures d'après le mode proposé par le chimiste Davy, et faire connaître dans quel cas il convient d'y avoir recours.

5°. Déduire d'une série d'observations et d'expériences la résistance du bois de pin (*pinus maritima*), employé soit à l'état de pin *gemmé*, soit à l'état de pin non *gemmé*; examiner dans lequel de ces deux états cette essence a le plus de durée, soit dans les ouvrages sous l'eau, soit dans les constructions à l'air; indiquer les divers genres d'altération provenant, soit de pourriture, soit de piqûres d'insectes auquel il est sujet; enfin, comparer la résistance et la durée de ce bois avec celle du bois de chêne.

6°. Déterminer par des expériences comparatives la qualité des houilles d'Angleterre, de France, et notamment de celles des bassins de la Dordogne et de la Garonne; déterminer dans quel cas la bûche du pin maritime, soit par ses qualités, soit par sa valeur actuelle, doit être préférée à la houille pour le chauffage des chaudières, des machines à vapeur, pour la fusion des métaux, pour l'évaporation des liquides, etc. Les concurrens à ce dernier prix pourront consulter utilement les détails des expériences faites récemment en Allemagne et dans les États-Unis d'Amérique, dans l'objet de déterminer la quantité de calorique dégagée par divers combustibles.

L'Académie propose, en outre, pour sujet d'un prix de la valeur de 600 fr., à décerner dans sa séance publique de l'année 1830, les questions suivantes :

Exposer le mode d'administration suivi dans les principales villes de l'Europe, pour prévenir et éteindre les incendies; indiquer les précautions apportées dans la construction des maisons et des cheminées; les mesures de police observées; le mode d'organisation des compagnies de pompiers; le mécanisme des pompes, des échelles, et autres moyens mis en œuvre, et discuter avec soin les avantages et les inconvéniens du système suivi dans chaque ville; placer en parallèle le tableau des compagnies qui se chargent de l'assurance des édifices; comparer entre eux les statuts de ces sociétés, les chances favorables ou nuisibles qu'elles présentent aux intéressés; enfin examiner l'influence que chaque système d'administration ou chaque mode d'assurance peut avoir sur la sûreté publique, sur le caractère et les mœurs de la population.

ACADÉMIE ROYALE DES SCIENCES, SÉANT A TOULOUSE.

Prix proposés pour l'année 1829. — 1°. Une médaille d'or de 1000 fr. pour une théorie physico-mathématique des pompes aspirante et foulante, faisant connaître le rapport entre la force motrice employée à la quantité d'eau réellement élevée, et la hauteur de l'élévation étant connue, en ayant égard à tous les obstacles que la force peut avoir à vaincre, tels que l'inertie de la colonne d'eau élevée, son frottement contre les parois des tuyaux, son étranglement en passant par les ouvertures des soupapes, le poids et le frottement des pistons, le poids des clapets ou soupapes, l'inégalité entre la surface supérieure et la surface inférieure de ces clapets au moment où la pression va les ouvrir, etc. Cette théorie doit être basée sur des expériences positives, et les formules qui en seront déduites doivent être faciles à employer dans la pratique.

2°. Une médaille d'or de 500 fr. à décerner en 1830, au meilleur Mémoire sur cette question : Déterminer la manière dont les réactifs anti-fermentescibles et anti-putrescibles connus, tels que le gaz acide sulfureux, le peroxide et le perchlorure de mercure, le camphre, l'ail, etc., mettent obstacle à la décomposition spontanée des substances végétales ou animales, et préviennent ainsi la fermentation de l'alcool dans les premières, et de l'ammoniaque dans les secondes, en même temps qu'ils empêchent tout développement de moisissure et d'insectes même microscopiques. Les concurrens devront porter toute leur attention sur les substances qui agissent à de très petites doses, et ne pas s'attacher au cas particulier où les réactifs anti-fermentescibles et anti-putrescibles étant employés en forte proportion, il s'établit des combinaisons insolubles dont la stabilité suffit pour rendre raison du phénomène; car il est sensible que ce dernier ordre de faits est absolument indépendant du premier, et c'est celui qui fait le véritable sujet de la question.

SOCIÉTÉ INDUSTRIELLE DE MULHAUSEN.

Prix proposé pour 1828. — Prix de 500 fr. à celui qui trouvera un moyen prompt et facile de déterminer comparativement la valeur des garances.

Prix de 1500 fr. pour la séparation de la matière colorante de la garance, et la détermination de la quantité qu'en contient un poids donné.

Voici les nouveaux prix proposés :

Prix de 1000 fr. pour la découverte d'une composition propre à couvrir les cylindres de pression employés dans les filatures de coton.

Prix de 300 fr. pour la fabrication du fer nommé *imperial steel.*

Médaille pour la mesure de la force des grands moteurs employés dans les usines.

Prix de 500 fr. pour la filature du fil de laine dite *de Lancashire*, propre à la confection des harnais de tisserands.

Médaille pour un Mémoire sur les causes de l'inflammation spontanée des cotons gras.

II. SOCIÉTÉS ÉTRANGÈRES.

SOCIÉTÉ HOLLANDAISE DES SCIENCES, SÉANT A HARLEM.

Prix proposés pour l'année 1829. — 1°. Quel est l'état actuel des connaissances concernant le mouvement des sucs dans les plantes? Quelles sont les observations et les expériences qui fournissent quelques lumières sur la cause de ce mouvement, et sur les vaisseaux et organes dans lesquels il a lieu? De tout ce que les physiciens ont écrit sur ce sujet, que peut-on regarder comme suffisamment prouvé par des expériences bien vérifiées, et comme étant moins prouvé ou seulement hypothétique? Quelle utilité enfin peut-on tirer de la connaissance acquise à cet égard pour la culture des plantes?

2°. Quelles sont l'origine et la nature de ce que Grew, Duhamel et d'autres, ont nommé *cambium* dans les troncs des arbres et des arbrisseaux? Est-ce effectivement, comme plusieurs physiciens l'ont supposé, une substance particulière bien différente des autres sucs des plantes, dans laquelle les nouvelles couches de bois et d'écorce sont produites, ou bien est-ce, comme d'autres physiciens le supposent, une substance déjà organisée et qui se développe? Quelle utilité peut-on tirer de ce que nous connaissons de cette substance pour la culture des plantes usuelles?

3°. Que sait-on aujourd'hui sur l'origine des matières vertes et autres, qui se produisent dans les eaux stagnantes, ou à la surface de celles-ci et d'autres corps? Doit-on, d'après des observations bien décisives, considérer ces matières comme des productions végétales, ou comme des végétaux d'une structure plus simple? Doit-on les rapporter à la même espèce, ou peut-on en indiquer la différence par des caractères spécifiques? Quelles sont les observations qui restent encore à faire, surtout par le moyen d'instrumens microscopiques, pour perfectionner la connaissance de ces êtres? On désire que ce sujet soit éclairci par des observations réitérées, et que les objets observés soient décrits et figurés exactement.

Le prix pour chacune des trois questions ci-dessus est une médaille d'or de la valeur de 150 florins; plus, une gratification de 150 florins, également d'Hollande.

ACADÉMIE DES SCIENCES DE BERLIN.

Question proposée pour le concours de 1829.

L'entomologie est sans contredit celle des diverses

branches de la zoologie qui a le plus excité l'intérêt des amateurs et des savans; et parmi ces derniers, on distingue des observateurs du talent le plus éminent. Cette réunion d'efforts était plus nécessaire ici que partout ailleurs, vu le nombre prodigieux des espèces diverses, qui se trouve encore à peu près doublé par la métamorphose presque totale que la plupart subissent, et qui amène non seulement des formes toutes différentes, mais surtout, pour surcroît de difficultés, une différence complète dans les localités d'habitation et dans le genre de vie.

On conçoit aisément que la métamorphose des insectes, l'objet le plus important de l'entomologie, soit néanmoins le plus imparfaitement connu. Les papillons sont presque les seuls insectes dont les formes antérieures soient suffisamment avérées; parmi les coléoptères, il s'en trouve quelques uns dont les larves ont été bien reconnues; mais ce n'est pas, à beaucoup près, le plus grand nombre. Pour tous les autres ordres l'incertitude va toujours croissant, et surtout pour les diptères, dont quelques larves, prises anciennement pour des vers, passent encore aujourd'hui sous cette dénomination, et dont la majeure partie nous est absolument inconnue.

Pour contribuer à dissiper une incertitude aussi fâcheuse, l'Académie propose la question suivante :

Tracer pour les larves d'insectes des ordres et des familles naturelles tellement caractérisés, qu'on puisse, par les caractères de la larve, reconnaître, sinon le genre, du moins la famille de l'insecte parfait.

Cette nomenclature des larves devra être spécialement détaillée pour les *dipterea*, Lin., et appliquée aux genres les moins connus sous ce rapport.

Les mémoires seront adressés avant le 31 mars 1829. Le prix de 50 ducats sera décerné dans la séance publique du 3 juillet même année.

SOCIÉTÉ D'ENCOURAGEMENT DE SARTS ET DES MANUFACTURES, SÉANT A LONDRES.

PRIX ET MÉDAILLES DÉCERNÉS PENDANT L'ANNÉE 1826.

Agriculture.

1. A M. *Stickney*, à Richemont, près Hull, pour la culture d'une nouvelle variété de ray-grass (*lolium perenne*) supérieure à celle employée jusqu'à présent; la grande médaille d'argent.

2. A M. *J. Milton*, à Londres, pour une nouvelle ruche à hausse tournante; la médaille d'argent.

Chimie.

3. A M. *H. Abraham*, à Scheffield, pour un procédé propre à neutraliser le magnétisme dans les balanciers et autres pièces d'acier du mouvement des montres; la grande médaille d'argent.

4. A M. *Roberts*, à St.-Hélens, comté de Lancaster, pour des perfectionnemens ajoutés à la lampe de sûreté des mineurs; la médaille d'argent et 10 guinées.

Mécanique.

5. A M. *Cowen*, écuyer, à Carlisle, pour un appa-

reil propre à chasser la poussière produite par l'émoudage à sec des outils et instrumens tranchans; la grande médaille d'or.

6. A M. *Spencer*, à Chatham, pour sa nouvelle méthode de mouiller les ancres des navires; la médaille d'or.

7. A M. *G. Edwards*, à Lynn, comté de Norfolk, pour un instrument propre à niveler et à arpenter la surface des terrains; la médaille d'or.

8. A M. *J. P. Holmes*, à Londres, pour un nouveau forceps propre à être employé dans les accouchemens; la médaille d'or.

9. A M. *J. Goodwin*, à Londres, pour une table servant aux opérations de la chirurgie vétérinaire; la médaille d'or.

10. A M. *Hartley*, à Londres, pour un instrument propre à déterminer la forme et la courbure des rampes d'escalier; la grande médaille d'argent.

11. A M. *Palmer*, à Londres, pour un chariot perfectionné à l'usage des graveurs, propre à tracer des lignes sur des planches de cuivre; la grande médaille d'argent.

12. A M. *Fay*, à Londres, pour ses instrumens à l'usage des dentistes; la grande médaille d'argent.

13. A M. *William*, à Ratcliffe, pour une drague propre à retirer de l'eau les noyés; la médaille d'argent et 5 guinées.

14. A M. *Collett*, à Londres, pour des cisailles propres à couper les ferets des lacets; la médaille d'argent.

15. A M. *Carey*, à Bristol, pour des perfectionnemens dans la construction des pièces nommées *cap de mouton*, à bord des navires, et destinées à donner passage aux rides des haubans; la médaille d'argent.

16. A M. *Goode*, à Ride, dans l'île de Wight, pour un store destiné aux croisées cintrées; la médaille d'argent.

17. A M. *Adcock*, à Londres, pour un mécanisme propre à opérer la fermeture des portes; la médaille d'argent.

18. A M. *Towson*, à Davenport, pour un nouveau balancier de compensation pour les chronomètres; la médaille d'argent et 10 guinées.

19. A M. *J. P. Clark*, à Londres, pour un appareil perfectionné, propre à placer des ventouses; la médaille d'argent.

20. A M. *Alderson*, à Manchester, pour une collection de dessins représentant la principale partie d'une machine à vapeur; une récompense de 30 guinées.

21. A M. *Henry*, à Limehouse, pour une collection de dessins représentant un bateau à vapeur; 20 guinées.

22. A M. *J. Skinner*, à Londres, pour une diligence perfectionnée; 30 guinées.

23. Au même, pour une souricière; 5 guinées.

24. A M. *J. Jenour*, à Londres, pour des cartouches perfectionnées propres aux fusils de chasse; 15 guinées.

25. A M. *Alderson*, à Pimlico, pour un instrument

propre à tracer des arcs de cercles dont les centres ne sont pas donnés; 10 guinées.

26. A M. *Hopper*, à Chelsea, pour un niveau à l'usage des constructeurs; 5 guinées.

27. A M. *Magson*, à Londres, pour une soupape et tuyaux de conduite pour les réservoirs d'eau.

Beaux-Arts.

28. A M. *W. Cooke*, à Londres, pour des perfectionnemens introduits dans la gravure à l'eau forte sur acier; la médaille d'or.

29. A M. *W. Humphrys*, à Londres, pour la composition d'une liqueur propre à graver à l'eau forte sur acier; la médaille d'or.

30. A M. *Fox*, à Derby, pour une nouvelle méthode de moulage dans le plâtre de Paris; la grande médaille d'argent.

31. A M. *Galpin*, à Charmouth, comté de Dorset, pour une nouvelle application de la plombagine à l'exécution des dessins; la médaille d'argent.

32. A M. *Tuson*, à Londres, pour des fruits exécutés en cire; la médaille d'argent.

33. A M. *Cathery*, à Londres, pour un nouveau procédé de gravure coloriée sur ivoire; une récompense de 5 guinées.

D'autres médailles d'or et d'argent à divers artistes, pour des peintures à l'huile, des dessins à l'aquarelle, à l'encre de la Chine, et au crayon; des modèles en plâtre, en cire; des gravures en bois et sur cuivre, etc.

Manufactures.

34. A mademoiselle *Pether*, pour des échantillons de soie cultivée en Angleterre; la grande médaille d'argent.

35. A MM. *Muir*, à Greenock, pour des chapeaux fabriqués avec de la paille cultivée en Angleterre; la grande médaille d'argent.

36. A M. *J. Long*, à Barham près Ipswich, pour le même objet, 10 guinées.

37. A M. *Mainwaring*, à Benneden près Cranbroock, pour *idem*, 10 guinées.

38. A M. *F. Cobbins*, à Bury-St.-Edmonds, pour *idem*, 8 guinées.

39. A M. *Ingledon*, à Aldborough, comté d'York, pour *idem*, 5 guinées.

40. A M. *Lowrey*, à Exeter, pour un chapeau fait avec de la paille de froment fendue; 5 guinées.

41. A M. *Horne*, de Kenninghall près Bury-St.-Edmonds, pour le même objet, 10 guinées.

Commerce et Colonies.

42. A M. *Barbé*, de l'île Maurice (Ile-de-France), pour avoir importé 76 tonneaux d'huile extraite de la noix de coco; la médaille d'or.

Mentions honorables.

A M. *Bryan-Donkin*, membre du comité des arts mécaniques, pour avoir fait hommage à la Société d'une tarière en usage en Allemagne, et d'une plume à tracer employée en France.

A M. *Mainwaring*, pour un modèle fonctionnant d'une machine à pression hydraulique, établie par lui à Whitby.

A M. *Huxham*, de Travancore dans l'Inde, pour une méthode d'empêcher le coulage des futailles contenant de l'huile de noix de coco.

FIN.

TABLE MÉTHODIQUE DES MATIÈRES.

PREMIÈRE SECTION.

SCIENCES.

I. SCIENCES NATURELLES.

Géologie.

Zoologie.

Botanique.

Minéralogie.

II. SCIENCES PHYSIQUES.

Physique.

Chimie.

Électricité et Galvanisme.

Optique.

Météorologie.

III. SCIENCES MÉDICALES.

Médecine et Chirurgie.

Pharmacie.

IV. SCIENCES MATHÉMATIQUES.

Mathématiques.

Astronomie.

Navigation.

DEUXIÈME SECTION.

ARTS.

I. BEAUX-ARTS.

Dessin.

Gravure.

Musique.

Pierres précieuses.

II. ARTS INDUSTRIELS.

ARTS MÉCANIQUES.

Agrafes.

Bouteilles.

Briques.

Horlogerie.

Incendie.

Machines hydrauliques.

Machines à vapeur.

Alliages métalliques.

Antimoine.

Aréomètres.

Blanc de plomb.

Bleu de Prusse.

Cimens.

Couleurs.

Creusets.

Cuirs.

Cuivre.

Étain.

Fer.

Fonte.

Garance.

Houille.

Incombustibilité.

Papier.

Pierres.

Plaqué.

Plomb.

Porcelaine.

Siphon.

Sucre.

Teinture.

Canons de fusil.

Cire.

Cristaux.

Distillation.

Éclairage.

Gaz hydrogène.

Glacières.

Lampes.

Levain.

Mastic.

Matelas.

Mèches.

Nacre de perle.

Parapluies.

Pipes.

Plâtre.

Stores.

Suif.

Tapis.

III. AGRICULTURE.

ÉCONOMIE RURALE.

Blé.

Engrais.

Pommes de terre.

Spergule.

Taupes.

HORTICULTURE.

Ananas.

Animaux nuisibles.

Greffe.

Melons.

Raves.

Serres.

INDUSTRIE NATIONALE DE L'ANNÉE 1827.

I.

EXPOSITION PUBLIQUE DES PRODUITS DE L'INDUSTRIE FRANÇAISE, DANS LES SALLES DU PALAIS DU LOUVRE, LE 1er AOUT 1827.

II.

SOCIÉTÉ D'ENCOURAGEMENT POUR L'INDUSTRIE NATIONALE, SÉANT A PARIS.

III.

PRIX PROPOSÉS ET DÉCERNÉS PAR DIFFÉRENTES SOCIÉTÉS SAVANTES, NATIONALES ET ÉTRANGÈRES.

I. SOCIÉTÉS NATIONALES.

II. SOCIÉTÉS ÉTRANGÈRES.

FIN DE LA TABLE MÉTHODIQUE.

DE L'IMPRIMERIE DE CRAPELET,
RUE DE VAUGIRARD, n° 9.

www.ingramcontent.com/pod-product-compliance
Lightning Source LLC
LaVergne TN
LVHW080537160826
845677LV00008B/1490
* 9 7 8 2 3 2 9 7 4 0 3 7 9 *